高等学校计算机专业系列教材

计算机控制技术

李敬兆　王卫平　宗欣欣
徐　辉　程　建　李　洁　　编著

西安电子科技大学出版社

内 容 简 介

本书共 12 章，分两大部分：第一部分主要介绍了计算机控制系统的组成、输入输出接口与过程通道、数字程序控制技术、数字控制器设计方法、控制系统软件设计方法等计算机控制系统必备的基础知识；第二部分以 PC 总线工业控制机、嵌入式系统、可编程控制器、单片机为控制工具，系统地阐述了计算机控制系统的设计和工程实现方法。

本书体系新颖，兼顾理论与应用，突出系统和实践，融入了计算机控制领域的一些新方法及作者的一些科研成果。

本书可作为高等院校计算机、自动化、测控技术等专业的本科生或研究生教材，也可供这些领域的工程技术人员用作参考书或培训教材。

图书在版编目(CIP)数据

计算机控制技术/李敬兆等编著.
—西安：西安电子科技大学出版社，2010.12(2022.2 重印)
ISBN 978 - 7 - 5606 - 2480 - 8

Ⅰ. ①计… Ⅱ. ①李… Ⅲ. ①计算机控制—高等学校—教材 Ⅳ. ①TP273

中国版本图书馆 CIP 数据核字(2010)第 188754 号

策 划	臧延新
责任编辑	张晓燕 臧延新
出版发行	西安电子科技大学出版社(西安市太白南路 2 号)
电 话	(029)88202421 88201467 邮 编 710071
网 址	www.xduph.com 电子邮箱 xdupfxb001@163.com
经 销	新华书店
印刷单位	广东虎彩云印刷有限公司
版 次	2010 年 11 月第 1 版 2022 年 2 月第 4 次印刷
开 本	787 毫米×1092 毫米 1/16 印张 13.5
字 数	310 千字
印 数	2601～3100 册
定 价	35.00 元

ISBN 978 - 7 - 5606 - 2480 - 8/TP

XDUP 2772001 - 4

＊＊＊如有印装问题可调换＊＊＊

前　言

计算机控制技术课程是信息学科自动化、电子信息类专业的一门专业必修课。计算机控制技术把计算机技术与自动化控制系统融为一体，是以计算机为核心部件的过程控制工程和运动控制工程的综合性技术。计算机控制技术涉及自动化技术、计算机技术、通信技术等诸多学科，呈现出智能化、信息电子化与网络化的特点，并以日新月异的速度发展。

本书的编写体系新颖，兼顾理论与应用，突出系统和实践，融入了计算机控制领域的一些新方法及作者的一些科研成果。本书首先讲述了计算机控制系统的基础知识；然后通过典型微机总线结构的讲解，阐明了一般输入输出接口技术和将生产现场各种物理量引入计算机中的方法，为实现计算机对生产现场的检测、控制提供了必要的硬件基础；随后介绍了数字控制器的设计方法，并结合控制技术发展的新动向介绍了新型控制策略的设计与实现方法；最后通过典型计算机控制系统设计实例的讲解，培养学生设计计算机控制系统的能力。

全书共 12 章，分两大部分。第一部分为计算机控制系统的基础知识，内容包括：第 1 章绪论，介绍了计算机控制系统的概念、组成、分类及发展趋势；第 2 章输入输出接口技术，介绍了多路开关及采样/保持器、开关量和模拟量输入输出接口以及电动机控制接口等接口技术；第 3 章人机交互接口技术，介绍了键盘、LCD 等各类人机交互接口技术；第 4 章程序控制和数值控制，介绍了顺序控制和开环数值控制技术；第 5 章过程控制数字处理方法，主要介绍了数据处理的查表技术、数字滤波技术以及量程自动转换和标度变换；第 6 章数字 PID 控制算法，介绍了数字 PID 控制算法及其改进、PID 控制器参数选择等。第二部分为计算机控制系统的设计与实践，以 PC 总线工业控制机、嵌入式系统、可编程控制器、单片机为控制工具，系统地阐述了计算机控制系统的设计和工程实现方法，内容包括：第 7 章计算机控制系统设计介绍，讲解了微机控制系统设计的基本要求和特点、设计方法及步骤，以及几种典型的计算机控制系统；第 8 章监控组态软件设计与应用，介绍了目前常用组态软件及其发展、组态软件的图形开发环境、工艺控制流程图的组态、复杂图形对象的组态及应用、程序的运行与调试等；第 9 章 PLC 控制系统设计，对 S7 - 200 PLC 的基本单元、扩展模块、指令系统和简单应用实例作了介绍，随后给出了一个基于 S7 - 200 PLC 的控制系统设计实例——高浓度啤酒稀释计算机控制系统；第 10 章单片机控制系统设计，对增强型 51 单片机 CPU 内核、片上资源、指令系统及应用进行了介绍，并给出了一个单片机控制系统设计实例——温度控制系统；第 11 章 IPC 控制系统设计，利用 PC 总线的工业控制计算机对 IPC 模板、IPC 软件设计进行分析，并给出了一个应用实例；第 12 章嵌入式控制系统设计，对基于 ARM 核的嵌入式系统的指令系统、嵌入式操作系统（μC/OS2）、嵌入式微控制器、μC/OS2 的移植以及嵌入式控制系统设计实例进行了介绍和分析。

本书可作为高等院校计算机、自动化、测控技术等专业的本科生或研究生教材，也可供这些领域的工程技术人员用作参考书或培训教材，还可供相关人员参考使用。

由于作者水平有限，书中难免存在一些缺点和错误，恳请广大读者批评指正。

编　者
2010 年 10 月

目　　录

第一部分　计算机控制系统的基础知识

第一部分

计算机控制系统的基础知识

第 1 章 绪 论

1.1 计算机控制系统概述

计算机控制技术以自动控制理论和计算机技术为基础。自动控制理论的发展给计算机控制系统奠定了理论基础，而计算机技术的发展为实现新型控制规律、构造高性能的计算机控制系统提供了物质基础，两者的结合极大地推动了计算机控制技术的发展。目前，计算机控制已广泛应用于各类工业生产过程的控制。人们在计算机控制技术推广应用的实践中不断总结、创新，促进了计算机控制系统设计理论和分析方法的发展，而且随着工程实践技术的不断发展和完善，计算机控制技术逐渐成为一门以控制理论和计算机技术为基础的新的工程科学技术，并成为从事自动化技术工作的科技人员必须掌握的一门专业知识。

1.1.1 计算机控制系统的概念

计算机控制系统就是利用计算机（单片机、ARM、PLC、PC 机、工控机等）来实现生产过程自动控制的系统。顾名思义，计算机控制系统强调计算机是构成整个控制系统的核心。将自动控制系统中的模拟调节器由计算机来实现，就组成了一个典型的计算机控制系统，如图 1-1 所示。

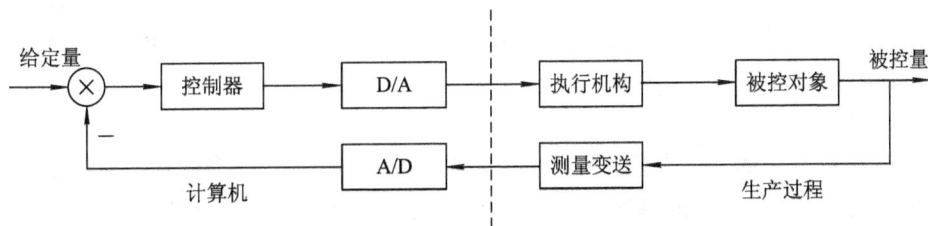

图 1-1 典型的计算机控制系统框图

1.1.2 计算机控制系统的组成

不同计算机控制系统所采用的计算机型号不同，系统组成也不尽相同，但各类计算机控制系统的组成基本是相同的，其硬件都是由主机、外设、输入输出通道、检测元件和执行机构组成的，而软件则由系统软件和应用软件两部分组成。

1. 计算机控制系统的硬件

计算机控制系统的组成框图如图 1-2 所示。

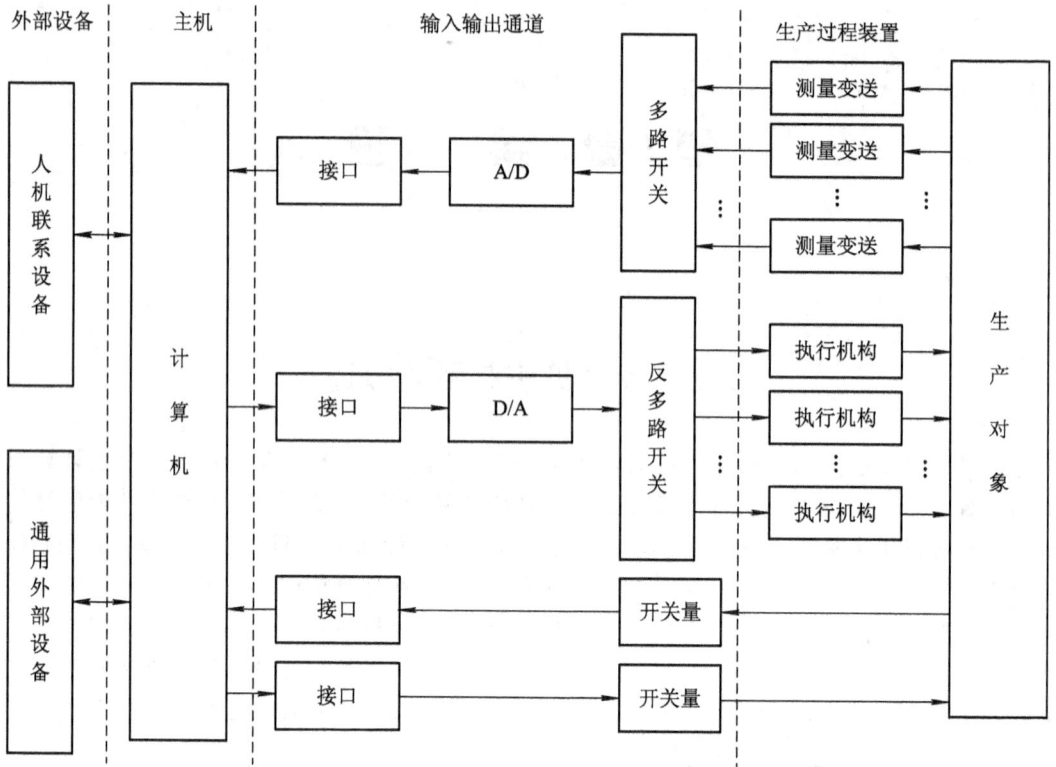

图 1-2 中计算机控制系统组成框图

1) 主机

主机由中央处理器(CPU)和内存储器(RAM 和 ROM)通过系统总线连接而成,是整个控制系统的核心。它按照预先存放在内存中的程序指令,不断由过程输入通道获取反映被控对象运行工况的信息,并按程序中规定的控制算法,或操作人员通过键盘输入的操作命令自动地进行运算和判断,及时地产生并通过过程输出通道向被控对象发出相应控制命令,以实现对被控对象的自动控制。

2) 外部设备

通用计算机常用的外部设备有四类:输入设备、输出设备、外存储器和通信设备。

(1) 输入设备:最常用的是键盘,用来输入(或修改)程序、数据和操作命令,鼠标也是一种常见的输入装置。

(2) 输出设备:通常有 CRT 显示器、LCD 或 LED 显示器、打印机等,它们以字符、图形、表格等形式反映被控对象的运行工况和有关的控制信息。

(3) 外存储器:最常用的是磁盘(包括硬盘和软盘),它们具有输入和输出两种功能,用来存放程序和数据,作为内存储器的后备存储器。

(4) 通信设备:用来与其他相关计算机控制系统或计算机管理系统进行联网通信,形成规模更大、功能更强的网络分布式计算机控制系统。

以上的常规外部设备通过接口与主机连接便构成通用计算机,但是这样的计算机不能直接用于自动控制。如果要用于控制,还需要配备过程输入输出通道构成工业控制计算机。

　3）输入输出通道

　　输入输出通道是计算机与生产过程之间进行信息联系的桥梁和纽带。计算机与生产过程之间的信息传递都是通过输入输出通道进行的。作为一台控制计算机，输入输出通道是必不可少的。输入输出通道分为模拟量和数字量两大类型。

　　（1）模拟量通道：包括模拟量输入通道（简称 AI 通道）和模拟量输出通道（简称 AO 通道）。AI 通道用来将测量仪表测得的被控对象各种参数的模拟信号变换成数字量输入计算机；AO 通道将计算机产生的数字控制信号转换为模拟信号，然后输出到驱动执行装置对被控对象实施控制。

　　（2）数字量通道：包括数字量输入通道（简称 DI 通道）和数字量输出通道（简称 DO 通道）。DI 通道用来接收和反映被控对象状态的开关量或数字信号；DO 通道将计算机产生的开关量控制命令输出并驱动相应的电器开关或信号灯等。

　4）测量元件和执行机构

　　测量元件将被控对象需要监视和控制的各种参数（如温度、流量、压力、液位、位移、速度等）转换为电的模拟信号（或数字信号），而执行机构将计算机经 AO 通道输出的模拟控制信号转换为相应的控制动作，去改变被控对象的被控量。

2. 计算机控制系统的软件

　　计算机控制系统必须配备相应的软件系统才能实现预期的各种自动化功能。计算机控制系统的软件程序不仅决定其硬件功能的发挥，而且也决定了控制系统的控制品质和操作管理水平。软件通常由系统软件和应用软件组成。

　1）系统软件

　　系统软件是计算机的通用性、支撑性软件，是为用户使用、管理、维护计算机提供方便的程序的总称。它主要包括操作系统、数据库管理系统、各种计算机语言编译和调试系统、诊断程序以及网络通信等软件。系统软件通常由计算机厂商和专门软件公司研制，可以从市场上购置。计算机控制系统的设计人员需要了解和学会使用系统软件，才能更好地开发应用软件。

　2）应用软件

　　应用软件是计算机在系统软件支持下实现各种应用功能的专用程序。计算机控制系统的应用软件是设计人员根据要解决的某一具体生产过程而开发的各种控制和管理程序，其性能优劣直接影响控制系统的控制品质和管理水平。计算机控制系统的应用软件一般包括过程输入和输出接口程序、控制程序、人机接口程序、显示程序、打印程序、报警和故障连锁程序、通信和网络程序等。一般情况下，应用软件应由计算机控制系统设计人员根据所确定的硬件系统和软件环境来开发编写。

　　计算机控制系统中的控制计算机与通常用作信息处理的通用计算机相比，它要对被控对象进行实时控制和监视，其工作环境一般都较恶劣且需要不间断长期可靠地工作，这就要求计算机系统必须具有实时响应能力和很强的抗干扰能力以及很高的可靠性。除了选用高可靠性的硬件系统外，在选用系统软件和设计编写应用软件时，还应该考虑到软件的实时性要求和应用程序的可靠性。

1.2　计算机控制系统的分类

计算机控制系统的分类方法很多，可以按照系统的功能、控制规律或控制方式等进行分类。按照系统的功能，计算机控制系统可以分为以下几种。

1. 操作指导控制系统

如图 1-3 所示，计算机根据一定的算法，依据检测元件测得的信号数据，数据处理系统对生产过程的大量参数进行巡回检测、处理、分析、记录以及参数的超限报警等。通过对大量参数的积累和实时分析，可以对生产过程进行各种趋势分析，为操作人员提供参考，或者计算出可供操作人员选择的最优操作条件及操作方案，操作人员则根据计算机输出的信息去改变调节器的给定值或直接操作执行机构。

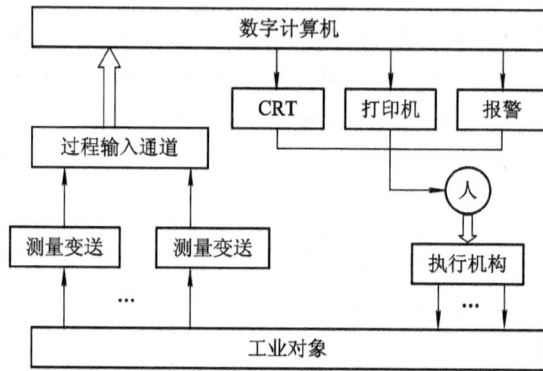

图 1-3　操作指导控制系统组成框图

2. 直接数字控制系统(Direct Digital Control，DDC)

如图 1-4 所示，计算机通过测量元件对一个或多个物理量进行循环检测，经采样、A/D 转换将被测参量转换为数字量，并根据规定的规律进行运算，然后发出控制信号直接控制执行机构，使各个被控量达到预定的要求。

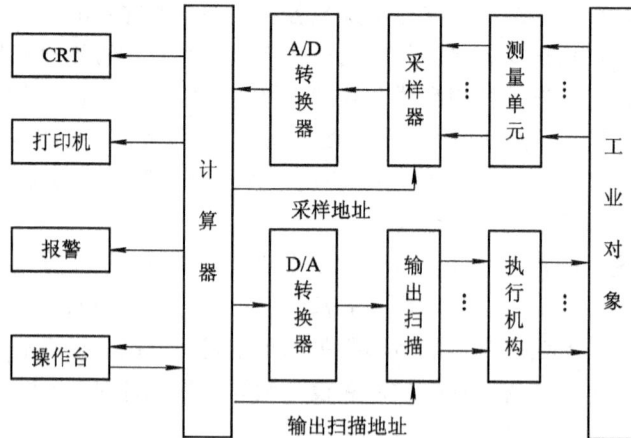

图 1-4　直接数字控制系统示意图

　　DDC 系统中的计算机参加闭环控制过程，它不仅能完全取代模拟调节器，实现多回路的 PID（比例、积分、微分）调节，而且不需改变硬件，只通过改变程序就能有效地实现较复杂的控制，如前馈控制、非线性控制、自适应控制、最优控制等。

　　DDC 系统是计算机用于工业生产过程控制的最典型的一种系统，在热工、化工、机械、冶金等部门已获得广泛应用。

3. 监督控制系统（Supervisory Computer Control, SCC）

　　在 SCC 系统中，由计算机按照描述生产过程的数学模型计算出最佳给定值，送给模拟调节器或 DDC 计算机，最后由模拟调节器或 DDC 计算机控制生产过程，使得生产过程始终处于最优工作状况。SCC 系统较 DDC 系统更接近生产变化实际情况，它不仅可以进行给定值控制，同时还可以进行顺序控制、最优控制等。

　　监督控制类系统有两种结构形式：一种是 SCC＋模拟调节器；另一种是 SCC＋DDC 控制系统。

　　1）SCC＋模拟调节器控制系统

　　该系统原理图如图 1-5 所示。在此系统中，由计算机系统对各物理量进行巡回检测，按一定的数学模型计算出最佳给定值并送给模拟调节器，此给定值在模拟调节器中与检测值进行比较，其偏差值经模拟调节器计算，然后输出到执行机构，以达到调节生产过程的目的。当 SCC 计算机出现故障时，可由模拟调节器独立完成控制操作。

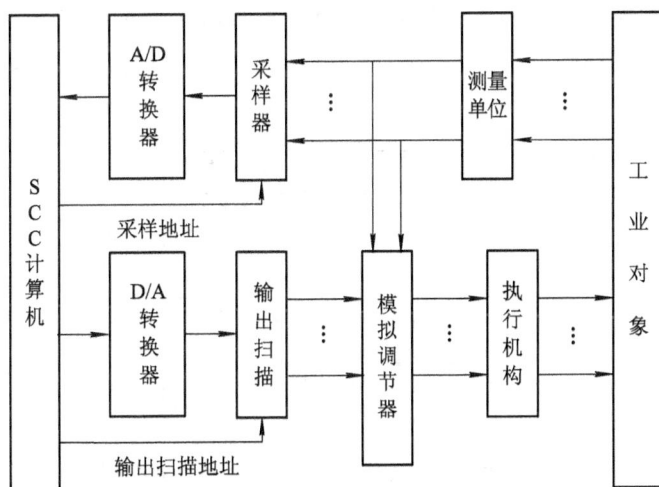

图 1-5　SCC＋模拟调节器控制系统

　　2）SCC＋DDC 控制系统

　　该系统原理图如图 1-6 所示。这实际上是一个两级控制系统，一级为监控级 SCC，另一级为控制级 DDC。SCC 的作用与 SCC＋模拟调节器控制系统中的 SCC 一样，完成车间或工段一级的最优化分析和计算，并给出最佳给定值，送给 DDC 级计算机直接控制生产过程。两级计算机之间通过接口进行信息联系。当 DDC 级计算机出现故障时，可由 SCC 级计算机代替，因此大大提高了系统的可靠性。

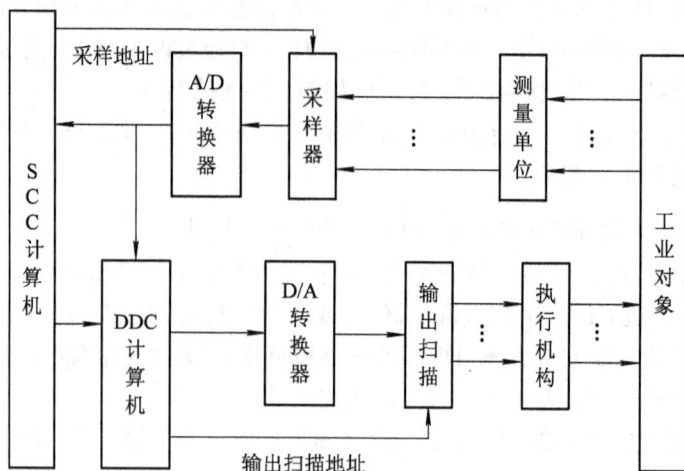

图 1-6 SCC＋DDC 控制系统

4. 集散控制系统(Distributed Control System，DCS)

DCS 以计算机为核心，把计算机、工业控制计算机、数据通信系统、显示操作装置、输入输出通道等有机地结合起来，既实现地理上和功能上的分散控制，又通过高速数据通道把各个分散点的信息集中进行监视和操作，并实现高级复杂规律的控制。

现在欧、美、日等地区和国家以及国内的浙大中控技术有限公司等都已大批量生产各种型号的集散综合控制系统。尽管型号不同，功能各异，但是它们的基本结构都基本相同，如图1-7所示。

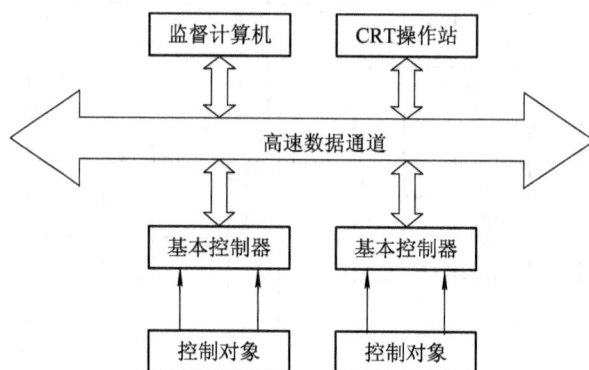

图 1-7 集散控制系统示意图

集散控制的优点主要有：容易实现复杂的控制规律；系统采用积木式结构，组建灵活，可大可小，易于扩展；系统可靠性高；采用 CRT 显示技术和智能操作，操作、监视十分方便；电缆及其敷设成本低，施工周期短；易于实现程序控制。其缺点是：调节器与被控对象之间传输的仍然是 4～20 mA 的模拟信号。

5. 现场总线控制系统

现场总线是用于现场仪表与控制室之间的一种开放、全数字化、双向、多站的通信系统，它使系统成为具有测量、控制、执行和过程诊断的综合能力的控制网络。

现场总线既是开放的通信网络，又可组成全分布的控制系统，用现场总线把组成控制系统的各种传感器、控制器、执行机构等连接起来就构成了现场总线控制系统（Fieldbus Control System，FCS）。FCS 有两个显著特点：一是系统内各设备的信号传输实现了全数字化，提高了信号传输的速度、精度和距离，使系统的可靠性提高；二是实现了控制功能的彻底分散，即把控制功能分散到各现场设备和仪表中，使现场设备和仪表成为具有综合功能的智能设备和仪表。

1.3　计算机控制系统的发展趋势

计算机控制系统的发展与其核心组成部分——微型计算机的发展紧密相连。微型计算机和微处理器自 20 世纪 70 年代以来发展极为迅猛：芯片的集成度越来越高，半导体存储器的容量越来越大，控制系统和计算机性能几乎每两年就提高一个数量级。另外，大量新型接口和专用芯片不断涌现，软件日益完善和丰富，这些都大大扩展了微型计算机的功能，为促进计算机控制系统的发展创造了条件。

目前，计算机控制技术正向智能化、网络化和集成化方向发展。计算机控制系统的发展趋势表现在以下几个方面：

（1）以工业 PC 为基础的低成本工业控制自动化将成为主流。工业控制自动化主要包含三个层次，从下往上依次是基础自动化、过程自动化和管理自动化，其核心是基础自动化和过程自动化。传统的自动化系统，基础自动化部分基本被 PLC 和 DCS 所垄断，过程自动化和管理自动化部分主要由小型机组成。20 世纪 90 年代以来，由于基于 PC 的工业计算机（工业 PC）的发展，以工业 PC、I/O 装置、监控装置、控制网络组成的基于 PC 的自动化系统得到了迅速普及，成为实现低成本工业自动化的重要途径。

由于基于 PC 的控制器被证明可以像 PLC 一样可靠，并且被操作和维护人员所接受，所以，一个接一个的制造商至少在部分生产中正在采用 PC 控制方案。基于 PC 的控制系统易于安装和使用，有高级诊断功能，为系统集成商提供了更灵活的选择。从长远角度看，PC 控制系统维护成本低。

（2）PLC 在向微型化、网络化、PC 化和开放性方向发展。长期以来，PLC 始终处于工业控制自动化领域的主战场，为各种各样的自动化控制设备提供非常可靠的控制方案，与 DCS 和工业 PC 形成了三足鼎立之势。同时，PLC 也承受着来自其它技术产品的冲击，尤其是工业 PC 所带来的冲击。

微型化、网络化、PC 化和开放性是 PLC 未来发展的主要方向。在基于 PLC 的自动化的早期，PLC 体积大而且价格昂贵，但在最近几年，微型 PLC 已经出现，价格只有几百元。随着软 PLC 控制组态软件的进一步完善和发展，安装有软 PLC 组态软件和基于 PC 控制的系统的市场份额将逐步得到增长。

当前，过程控制领域最大的发展趋势之一就是 Ethernet 扩展技术，现在越来越多的 PLC 供应商开始提供 Ethernet 接口。可以相信，PLC 将继续向开放式控制系统方向转移，尤其是基于工业 PC 的控制系统。

（3）面向测控管一体化设计的 DCS 系统。小型化、多样化、PC 化和开放性是未来 DCS 发展的主要方向。目前小型 DCS 正逐步与 PLC、工业 PC、FCS 共享市场。今后小型

DCS 可能首先与这三种系统融合，而且"软 DCS"技术将首先在小型 DCS 中得到发展。基于 PC 的控制将更加广泛地应用于中小规模的过程控制，各 DCS 厂商也将纷纷推出基于工业 PC 的小型 DCS 系统。开放性的 DCS 系统将同时向上和向下双向延伸，使来自生产过程的现场数据在整个企业内部自由流动，实现信息技术与控制技术的无缝连接，向测控管一体化方向发展。

（4）控制系统正在向现场总线（FCS）方向发展。由于 3C 技术的发展，过程控制系统将由 DCS 发展到 FCS。FCS 可以将 PID 控制彻底分散到现场设备中。基于现场总线的 FCS 又是全分散、全数字化、全开放和可互操作的新一代生产过程自动化系统，它将取代现场一对一的 4～20 mA 模拟信号线，给传统的工业自动化控制系统体系结构带来革命性的变化。

根据 IEC 61158 的定义，现场总线是安装在制造或过程区域的现场装置与控制室内的自动控制装置之间的数字式、双向传输、多分支结构的通信网络。现场总线使测控设备具备了数字计算和数字通信能力，提高了信号的测量、传输和控制精度，提高了系统与设备的性能。

除了 IEC 61158 的 8 种现场总线外，IEC TC17B 通过了三种总线标准：SDS、ASI、Device NET。另外，ISO 公布了 ISO 11898 CAN 标准。目前在各种现场总线的竞争中，以 Ethernet 为代表的 COTS 通信技术正成为现场总线发展中新的亮点。

采用现场总线技术构造低成本的现场总线控制系统，促进现场仪表的智能化、控制功能分散化、控制系统开放化，符合工业控制系统的技术发展趋势。

总之，计算机控制系统的发展在经历了基地式气动仪表控制系统、电动单元组合式模拟仪表控制系统、集中式数字控制系统以及集散控制系统（DCS）后，将朝着现场总线控制系统（FCS）的方向发展。虽然以现场总线为基础的 FCS 发展很快，但仍有很多工作要做，如统一标准、仪表智能化等。另外，传统控制系统的维护和改造还需要 DCS，因此 FCS 完全取代传统的 DCS 还需要一个较长的过程，同时 DCS 本身也在不断地发展与完善。可以肯定的是，结合 DCS、工业以太网、先进控制等新技术的 FCS 将具有强大的生命力。工业以太网以及现场总线技术作为一种灵活、方便、可靠的数据传输方式，在工业现场得到了越来越多的应用，并将在控制领域中占有更加重要的地位。

计算机网络技术、无线技术以及智能传感器技术的结合，产生了"基于无线技术的网络化智能传感器"的全新概念。这种基于无线技术的网络化智能传感器使得工业现场的数据能够通过无线链路直接在网络上传输、发布和共享。无线局域网技术能够在工厂环境下，为各种智能现场设备、移动机器人以及各种自动化设备之间的通信提供高带宽的无线数据链路和灵活的网络拓扑结构，在一些特殊环境下有效地弥补了有线网络的不足，进一步完善了工业控制网络的通信性能。

习　题

1.1　什么是计算机控制系统？它由哪几部分组成？

1.2　计算机控制系统是怎样分类的？按功能分为几类？

1.3　操作指导控制系统与 DDC 系统的主要区别在哪里？

1.4　计算机控制系统的发展趋势主要表现在哪几个方面？

第 2 章　输入输出接口技术

2.1　多路开关及采样/保持器

1. 多路开关

不少微控制器具有 A/D 转换通道，但通道数有限，当采集的模拟量较多时需扩展大量的 A/D 转换器，致使成本增加。当模拟量的变化不是很快时，可以采用多路开关来实现用较少的通道采集较多模拟量的功能。

多路开关又称多路转换器，是用来进行模拟电压信号切换的关键元件。利用多路开关可将各个输入信号依次地或随机地连接到公用放大器或 A/D 转换器上。为了提高过程参数的测量精度，对多路开关提出了较高的要求。理想的多路开关其开路电阻为无穷大，接通时的接通电阻为零。此外，还要求多路开关切换速度快、噪音小、寿命长、工作可靠。这类器件中有的只能做一种用途，称为单向多路开关，如 AD7501；有的则既能做多路开关，又能做多路分配器，称为双向多路开关，如 CD4051。从输入信号的连接来分，有的是单端输入，有的则允许双端输入（或差动输入），如 CD4051 是单端 8 通道多路开关，CD4052 是双端 4 通道多路开关等。

CD4051 带有 3 个通道选择输入端 A、B、C 和一个禁止输入端 INH。A、B、C 端的信号用来选择并接通 8 个通道中的一个。INH="1"，即 INH=U_{DD} 时，所有通道均断开，禁止模拟量输入；当 INH="0"，即 INH=U_{SS} 时，通道接通，允许模拟量输入。

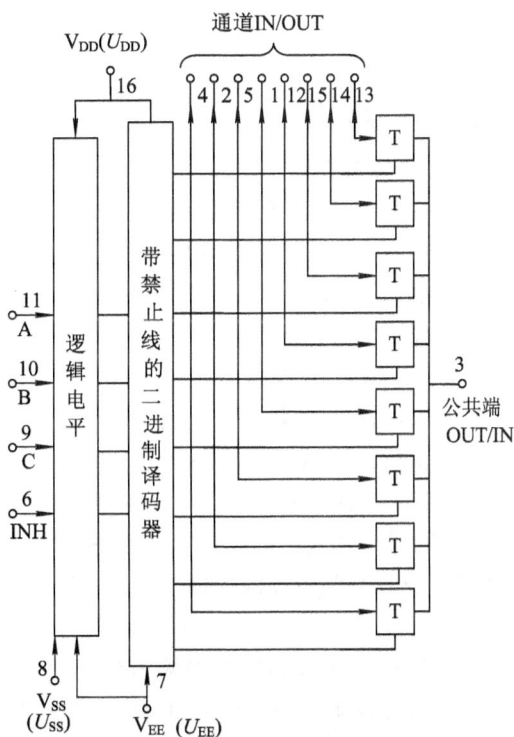

图 2-1　CD4051 原理电路图

输入信号 U_i 的范围是 $U_{DD} \sim U_{SS}$。所以，用户可以根据输入信号范围和数字控制信号的逻辑电平来选择 V_{DD}、V_{SS} 的电压值。该类芯片 $V_{DD} \sim V_{SS}$ 允许使用的电压范围是 $-0.5 \sim +15$ V。CD4051 的原理电路图如图 2-1 所示。

在图 2-1 中，逻辑转换单元完成 TTL 到 CMOS 的电平转换。由此，这种多路开关输入电平范围大，数字控制信号逻辑"1"的电平可选为 $3 \sim 15$ V，模拟量可达 15 V。CD4051 可以用做二进制 3-8 译码器，对选择输入端 C、B、A 的状态进行译码，以控制开关电路 T，使某一路开关接通，从而连接输入和输出通道。CD4051 的真值表见表 2-1。

表 2-1 CD4051 的真值表

输入状态				接通通道
INH	C	B	A	
0	0	0	0	0
0	0	0	1	1
0	0	1	0	2
0	0	1	1	3
0	1	0	0	4
0	1	0	1	5
0	1	1	0	6
0	1	1	1	7

2. 采样/保持器

在 A/D 转换期间，如果输入信号变化较大，就会引起误差。所以，一般情况下采样信号都不直接送至 A/D 转换器转换。输入到 A/D 转换器的模拟量在整个转换过程中保持不变，但转换之后 A/D 转换器的输入信号应能够跟随模拟量变化，能够完成此任务的器件叫采样保持器(Sample/Hold)，简称 S/H。

采样保持器有两种工作方式，一种是采样方式，另一种是保持方式。在采样方式时，采样保持器的输出跟随模拟量输入电压变化。在保持方式时，采样保持器的输出将保持命令发出时刻的模拟量输入值，直到保持命令撤销(即再次接到采样命令时)为止。

采样保持器的主要作用是：

(1) 保持采样信号不变，以便完成 A/D 转换；

(2) 同时采样几个模拟量，以便进行数据处理和测量；

(3) 减少 D/A 转换器的输出毛刺，从而消除输出电压的峰值及缩短稳定输出值的建立时间；

(4) 把一个 D/A 转换器的输出分配到几个输出点，以保证输出的稳定性。

常用的集成采样保持器有 LF198/298/398、AD582/585/346/389 等，均采用 TTL 逻辑电平控制采样和保持。LF398 的逻辑控制端电平为"1"时采样，电平为"0"时保持；AD582 则相反。采样保持器的偏置输入端用于零位调整；保持电容 C_H 通常外接，其取值与采样频率和精度有关，常选 $510 \sim 1000$ pF，减小 C_H 可提高采样频率，但会降低精度，一般选用聚苯乙烯、聚四氟乙烯等高质量电容器作 C_H。

2.2　开关量输入输出接口

　　计算机用于生产过程的自动控制，需处理一类最基本的输入输出信号，即开关量（数字量）信号，这些信号包括开关的闭合与断开、指示灯的亮与灭、继电器或接触器的吸合与释放、电机的启动与停止、阀门的打开与关闭等，这些信号的共同特征是信号只有两个状态：“导通”和“截止”。需要经过一定的电路变换将两个状态用二进制的逻辑“1”和“0”表示，计算机检测逻辑“1”和“0”以确定上述物理装置的状态，输出逻辑“1”和“0”以实现对上述物理装置的控制。在计算机控制系统中，对应的二进制数码的每一位都可以代表生产过程的一个状态，这些状态是控制的依据。

　　接口是计算机与外部设备交换信息的桥梁，它包括输入接口和输出接口。接口技术是研究计算机与外部设备之间如何交换信息的技术。外部设备的各种信息通过输入接口送到计算机，而计算机的各种信息通过输出接口送到外部设备。系统运行过程中，信息的交换是频繁发生的。

1. 开关量输入接口

　　对生产过程进行控制，往往要收集生产过程的状态信息，根据状态信息再给出控制量。可用三态门缓冲器 74LS244 取得状态信息：经过端口地址译码，得到片选信号 $\overline{CS}$，当 CPU 执行 IN 指令时，产生 $\overline{IOR}$ 信号，使 $\overline{IOR}=\overline{CS}=0$，则 74LS244 直通，被测的状态信息可通过三态门送到计算机的数据总线，然后装入 AL 寄存器。设片选地址为 PORT，可用如下指令来完成取数操作：

```
MOV    DX    PORT        ;设置端口地址
IN     AL    DX          ;IOR=CS=0
```

　　三态门缓冲器 74LS244 用来隔离输入和输出线路，在两者之间起缓冲作用。另外，74LS244 有 8 个通道，可同时输入 8 个开关状态。

2. 开关量输出接口

　　对生产过程进行控制时，一般控制状态需要保持，直到下次给出新值为止，这时输出就要锁存。可用锁存器 74LS273 作 8 位输出口，对输出信号状态进行锁存。计算机的 I/O 端口写总线周期时序关系中，总线数据 $D_0 \sim D_7$ 比 $\overline{IOW}$ 前沿（下降沿）稍晚，因此可以利用 $\overline{IOW}$ 的后沿产生的上升沿锁存数据，经过端口地址译码，得到片选信号 $\overline{CS}$。当执行 OUT 指令周期时，产生 $\overline{IOW}$ 信号，使 $\overline{IOW}=\overline{CS}=0$，设片选端口地址为 PORT，可利用以下指令完成数据的输出控制：

```
MOV    AL,    DATA
MOV    DX,    PORT
OUT    DX,    AL
```

　　74LS273 有 8 个通道，可输出 8 个开关状态，并可驱动 8 个输出装置。

2.3　模拟量输入通道接口技术

　　模拟量输入通道的任务是将模拟量转换成数字量。能够完成这一任务的器件，称之为模/数转换器，简称 A/D 转换器。

A/D 转换器的种类很多，就位数来分，有 8 位，10 位、12 位、16 位等。位数越高，其分辨率也越高，但价格也越贵。A/D 转换器就其结构而言，有单一的 A/D 转换器（如 ADC0801、AD673 等），有内含多路开关的 A/D 转换器（如 ADC0809、AD7581 均带有 8 路多路开关）。随着大规模集成电路的发展，又生产出多功能 A/D 转换芯片，如 AD363，其内部具有 16 路多路开关、数据放大器、采样/保持器及 12 位 A/D 转换器。这种芯片本身就已构成了一个完整的数据采集系统。

2.3.1 A/D 转换原理

A/D 转换的常用方法有：计数器式 A/D 转换、逐次逼近型 A/D 转换、双积分式 A/D 转换和 V/F 变换型 A/D 转换。在这些转换方式中，计数器式 A/D 转换线路比较简单，但转换速度较慢，所以现在很少应用。双积分式 A/D 转换精度高，多用于数据采集及精度要求比较高的场合。逐次逼近型 A/D 转换既照顾了转换速度，又具有一定的精度，所以是目前应用最多的一种。这里介绍逐次逼近型 A/D 转换原理，如图 2-2 所示。

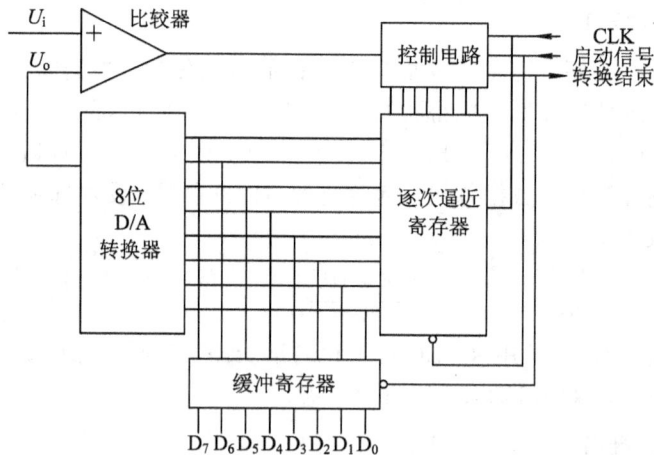

图 2-2 逐次逼近型 A/D 转换原理

在这种转换器中，以 A/D 转换器为主，加上比较器、逐次逼近寄存器、控制逻辑及时钟，便构成完整的 A/D 转换电路。

A/D 转换过程如下：当向 A/D 转换器发出一启动脉冲后，在时钟的作用下，控制逻辑将首先使 N 位逐次逼近寄存器的最高位 D_{N-1} 置 1（其余 $N-1$ 位均为 0），经 A/D 转换器转换成模拟量 U_o，与输入的模拟量 U_i 在比较器中进行比较，由比较器给出比较结果：当 $U_i \geqslant U_o$ 时，保留这一位；否则，该位清零。然后，再使 D_{N-2} 位置 1，与上一位 D_{N-1} 一起进入 A/D 转换器，经 A/D 转换后的模拟量 U_o 再与模拟量 U_i 进行比较，如此继续下去，直至最后一位 D_0 比较完成为止。此时，N 位寄存器中的数字量即为模拟量所对应的数字量。当 A/D 转换结束后，由控制逻辑发出一个转换结束信号，以便告诉微型机，转换已经结束，可以读取数据了。

这种比较方法类似于对分搜索的方法：对于一个 N 位 A/D 转换器来讲，只需比较 N 次，即可形成对应的数字量，因而转换速度快。

正因如此，目前相当多的 A/D 转换器都采用这种转换方法，如 8 位的 ADC0801/0804/0808/0809，10 位 AD7570、AD573、AD575、AD579，12 位的 AD574、AD578、AD7582 等。

2.3.2　8 位 A/D 转换器

由于微型计算机运行速度快，而许多模拟量的变化速度慢，故通常一台微型计算机可以采集多个数据。为满足系统的要求，在一些 A/D 转换器中除设有 A/D 转换电路外，还含有多路开关，用以选择模拟量输入信号的通道号，使通道中的任何一个模拟信号都能直接进入 A/D 转换器。目前市售产品中，有含 8 路多路开关的，如 ADC0809、AD7581，也有含 16 路多路开关的，如 ADC0816/0817 等。下边以应用最多的 ADC0808/0809 为例，介绍带有多通道选择的 A/D 转换器的原理。

1. 电路组成及转换原理

ADC0808/0809 都是带有 8 位 A/D 转换器、8 路多路开关、与微型计算机兼容的控制逻辑的 CMOS 组件。8 位 A/D 转换器采用逐次逼近法。在 A/D 转换器内部含有一个高阻抗斩波稳定比较器、一个带有模拟开关树组的 256 电阻分压器，以及一个逐次逼近寄存器。8 路的模拟开关由地址锁存器和译码器控制，可以在 8 个通道中任意访问一个单边的模拟信号。其原理框图如图 2-3 所示。

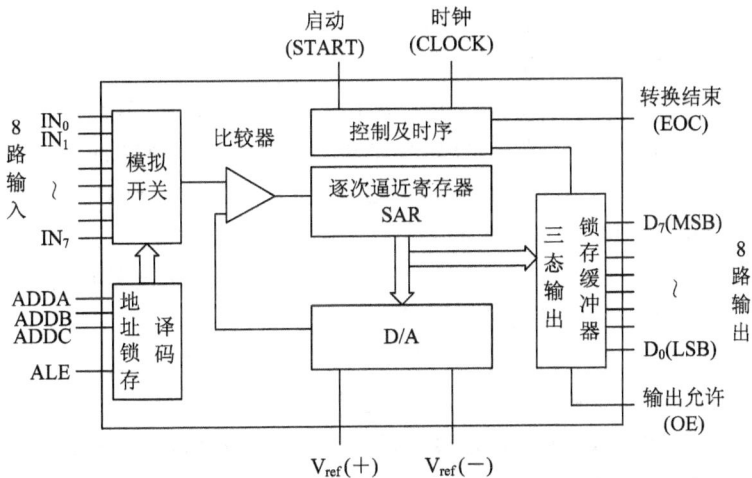

图 2-3　ADC0808/0809 原理框图

这种器件无需进行零位和满量程调整。由于多路开关的地址输入部分能够进行锁存和译码，而且其三态 TTL 输出也可以锁存，所以它易于与微型计算机接口。

ADC0808/0809 由两部分组成。第一部分为 8 通道多路模拟开关，其基本原理与 CD4051 类似，控制 C、B、A 和地址锁存允许端子，可使其中一个通道被选中。第二部分为一个逐次逼近型 A/D 转换器，它由比较器、控制逻辑、输出锁存缓冲器、逐次逼近寄存器以及开关树组和 256R 梯型电阻网络组成，由后两种电路(开关树组和 256R 梯型电阻网络)组成 A/D 转换器。控制逻辑用米控制逐次逼近寄存器从高位到低位逐次取"1"，然后将此数字量送到开关树组(8 位)，以控制开关 $S_7 \sim S_0$ 是否与参考电平相连，参考电平经

256R 梯型电阻网络输出一个模拟电压 U_o，U_o 与输入模拟量 U_i 在比较器中进行比较。当 $U_o>U_i$ 时，该位 $D_i=0$；若 $U_o<U_i$，则 $D_i=1$，且一直保持到比较结束。因此，依 $D_7 \rightarrow D_0$ 序比较 8 次，逐次逼近寄存器中的数字量即与模拟量 U_i 所相当的数字量。此数字量送入输出锁存器，同时发出转换结束信号。

2. ADC0808/0809 的引脚功能

ADC0808/0809 的引脚图如图 2-4 所示。

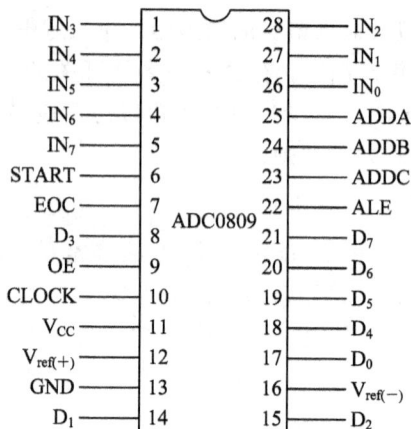

图 2-4　ADC0808/0809 引脚图

（1）$IN_7 \sim IN_0$：8 个模拟量输入端。

（2）START：启动信号。当 START 为高电平时，A/D 转换开始。

（3）EOC：转换结束信号。当 A/D 转换结束后，发出一个整脉冲，表示 A/D 转换完毕。此信号可用作 A/D 转换是否结束的检测信号，或向 CPU 申请中断的信号。

（4）OE(Output Enable)：输出允许信号。当此信号被选中时，允许从 A/D 转换器的锁存器中取数字量。此信号即为 ADC0808/0809 的片选信号，高电平有效。

（5）CLOCK：实时时钟，可通过外接 *RC* 电路改变时钟频率。

（6）ALE：地址锁存允许，高电平有效。当 ALE 为高电平时，允许 C、B、A 所示的通道被选中，并把该通道的模拟量接入 A/D 转换器。

（7）ADDA、ADDB、ADDC：通道号选择端子，C 为最高位，A 为最低位。

（8）$D_7 \sim D_0$：数字量输出端。

（9）$V_{ref(+)}$、$V_{ref(-)}$：参考电压端子，用以提供 A/D 转换器权电阻的标准电平，分别为 +5 V 和 0 V。

（10）V_{CC}：电源端子，接 +5 V。

（11）GND：接地端。

3. 时序

ADC0808/0809 的启动脉冲 START 和地址锁存允许脉冲 ALE 的上升沿将地址送上地址总线，模拟量经 C、B、A 选择开关所指定的通道送至 A/D 转换器，在 START 信号下降沿的作用下，逐次逼近过程开始；在时钟的控制下，一位一位地逼近。转换结束后，信号 EOC 呈低电平状态。由于逐次逼近需要一定的过程，在此期间，模拟输入值应维持不变，比较器需一次次进行比较，直到转换结束。此时，若计算机发出一个允许命令(OE 呈高电平)，则可读出数据。

4. ADC0808/0809 的技术指标

(1) 单一电源，+5 V 供电，模拟输入范围为 0～5 V。

(2) 分辨率为 8 位。

(3) 最大不可调误差：

ADC0808＜±1/2LSB；

ADC0809＜±1LSB。

(4) 功耗为 15 mW。

(5) 转换速度取决于芯片的时钟频率，时钟频率范围为 10～1280 kHz。当 CLOCK 等于 500 kHz 时，转换速度为 128 μs。

(6) 可锁存三态输出，输出与 TTL 兼容。

(7) 无需进行零位及满量程调整。

(8) 温度范围为 −40℃～+85℃。

总之，ADC0808/0809 具有较高的转换速度和精度，受温度影响较小，能较长时间保证精度，重现性好，功耗较低，且具有 8 路模拟开关，所以用于过程控制是比较理想的器件。

2.3.3　8 位 A/D 转换器接口技术

A/D 转换器的种类很多，无论是哪一种型号，也不管其内部结构怎样，在将其与单片机接口时，都会遇到许多实际的技术问题，如 A/D 转换器与系统的接法，A/D 转换器的启动方式，模拟量输入通道的接法，参考电源如何提供，状态的检测及锁存以及时钟信号的引入等。与 D/A 转换器比较，A/D 转换器的接口及控制的信息要多一些。下边讲述 A/D 转换器与计算机接口的要点。

1. 模拟量输入信号的连接

A/D 转换器所要求接收的模拟量大都为 0～5 V 的标准电压信号，但是有些 A/D 转换器的输入也可能是双极性的，用户可通过改变外接线路来改变 A/D 转换器的量程。有的 A/D 转换器还可以直接接入传感器的信号，如 AD670。

另外，在模拟量输入通道中，除了单通道输入外，还有多通道输入方式。在单片机系统中，多通道输入可采用两种方法：一种方法是采用单通道 A/D 芯片，如 AD7574 和 AD574A 等，在模拟量输入端加接多路开关，有些还要加采样/保持器；另一种方法是采用带有多路开关的 A/D 转换器，如 ADC0808、AD7581 和 ADC0816 等。

2. 数字量输出引脚的连接

A/D 转换器数字输出引脚和单片机的连接方法与其内部结构有关。对于内部未含输出锁存器的 A/D 转换器来说，一般通过锁存器或 I/O 接口与单片机相连，常用的接口及锁存器有 Intel 8155/8255/8243 以及 74LS273、74LS373 等。当 A/D 转换器内部含有数据输出锁存器时，可直接与单片机相连。有时为了增加控制功能，也采用 I/O 接口连接。

3. A/D 转换器的启动方式

任何一个 A/D 转换器在开始转换前，都必须加一个启动信号才能开始工作，芯片不同要求的启动方式也不同。启动方式一般分为脉冲启动和电平启动两种。

脉冲启动型芯片，只要在启动转换输入引脚加一个启动脉冲即可，如 ADC0809、ADC80、AD574A 等均属于脉冲启动转换芯片。

所谓电平启动，就是在 A/D 转换器的启动引脚上加上要求的电平，电平加上以后 A/D 转换即开始，而且在转换过程中必须保持这一电平，否则将停止转换。因此，在这种启动方式下，CPU 控制必须通过锁存器保持一段时间，一般可采用 D 触发器、锁存器或并行 I/O 接口等来实现。AD570/571/572 等都属电平启动控制转换电路。

4. 转换结束信号的处理方法

在 A/D 转换器中，当 CPU 向 A/D 转换器发出一个启动信号后，A/D 转换器便开始转换，必须经过一段时间以后，A/D 转换才能结束。当转换结束时，A/D 转换器芯片内部的转换结束触发器置位，同时输出一个转换结束标志信号，通知单片机，A/D 转换已经完成，可以进行读数。

单片机检查判断 A/D 转换结束的方法有以下几种：

（1）中断方式。将转换结束标志信号接到单片机的中断申请引脚或允许中断的 I/O 接口的相应引脚上，当转换结束时，即提出中断申请，单片机响应后，在中断服务程序中读取数据。这种方法使 A/D 转换器与单片机的工作同时进行，因而节省机时，常用于实时性要求比较强或多参数的数据采集系统。

（2）查询方式。把转换结束信号经三态门送到 CPU 数据总线或 I/O 接口的某一位上，单片机向 A/D 转换器发出启动信号后，便开始查询 A/D 转换是否结束，一旦查询到 A/D 转换结束，则读出结果数据。这种方法的程序设计比较简单，且实时性也比较强，因此是应用最多的一种方法，特别是在单片机系统中，因为它具有很强的位处理功能。

（3）软件延时方法。其具体作法是，单片机启动 A/D 转换后，就根据转换芯片完成转换所需要的时间，调用一段软件延时程序（为保险起见，通常延时时间略大于 A/D 转换过程所需的时间）；延时程序执行完以后，A/D 转换也已完成，即可读出结果数据。这种方法可靠性比较高，不必增加硬件连线，但占用 CPU 的机时较多，多用在 CPU 处理任务较少的系统中。

5. 参考电平的连接

在 A/D 转换器中，参考电平的作用是供给其内部 D/A 转换器标准电源，它直接关系到 A/D 转换的精度，因而对电源的要求比较高，一般要求由稳压电源供电。不同的 A/D 转换器，参考电源的提供方法也不一样。通常 8 位 A/D 转换器采用外电源供电，如 AD7574、ADC0809 等；但是对于精度要求比较高的 12 位 A/D 转换器，则常在 A/D 转换器内部设置有精密参考电源，如 AD574A、ADC80 等，而不必外加电源。

在一些单、双极性模拟量均可接收的 A/D 转换器中，参考电源往往有两个引脚：$V_{ref(+)}$ 和 $V_{ref(-)}$。根据模拟量输入信号极性不同，这两个参考电源引脚的接法也不同。当模拟量信号为单极性时，$V_{ref(-)}$ 端接模拟地，$V_{ref(+)}$ 端接参考电源正端；当模拟量信号为双极性时，$V_{ref(+)}$ 和 $V_{ref(-)}$ 端分别接至参考电源的正、负极性端。

6. 时钟的连接

A/D 转换器的另一个重要连接信号是时钟，其频率是决定芯片转换速度的基准。整个

A/D 转换过程都是在时钟作用下完成的。

A/D 转换时钟的提供方法也有两种：一是由芯片内部提供，一是由外部时钟提供。外部时钟可以使用单独的振荡器，更多的则是将 CPU 时钟经分频后送至 A/D 转换器相应的时钟端子。若 A/D 转换器内部设有时钟振荡器，一般不需任何附加电路。

7. 接地问题

A/D 转换器应用的设计，主要涉及两方面的问题：一是硬件连接问题，另一是软件程序设计问题。在硬件设计方面，除了前面讲的几种连接方式之外，还有一个需要注意的问题就是地线的连接。在由 A/D 转换器组成的数据采集系统中，有许多接地点，这些接地点通常被看做是逻辑电路的返回端(数字地)、模拟公共端(模拟电路返回端)、模拟地。在连接时，必须将模拟电源、数字电源分别接地，模拟地和数字地也要分别连接，有些 A/D、D/A 转换器还单独提供了模拟地和数字地接线端，各有独立的引脚。在连接时，应将这两种接地引脚分别接至系统的数字地和模拟地上，然后再把这两种"地"用一根导线连接起来。

2.3.4 8 位 A/D 转换器的程序设计

A/D 转换器的程序设计与具体芯片的转换时间、系统的参数、变换速度有关。一般来讲，如果系统的参数不多，且变换速度比较快，A/D 转换器的转换时间就比较短，则多采用查询方式或延时方式进行转换。相反，如果系统参数比较多，变换速度比较慢，所采用的 A/D 转换芯片的转换速度又比较慢，一般可采用中断方式进行转换。具体采用哪种方式，要根据实际情况来确定。

A/D 转换器的程序设计主要分三步：启动 A/D 转换；查询或等待 A/D 转换结束；读出转换结果。对于 8 位 A/D 转换器，只需一次读数即可。但如果位数超过 8 位，则要分两次(或三次)读入转换结果，此时，应注意数据的存放格式。

在设计 A/D 转换器程序时，必须与硬件接口电路结合起来进行。下边结合实际例子讲解用中断方式进行 A/D 转换程序的设计。

例 2.1 如图 2-5 所示，试用中断方式编写程序，对 IN_5 通道上的数据进行采集，并将转换结果送入内部 RAM20H 单元。

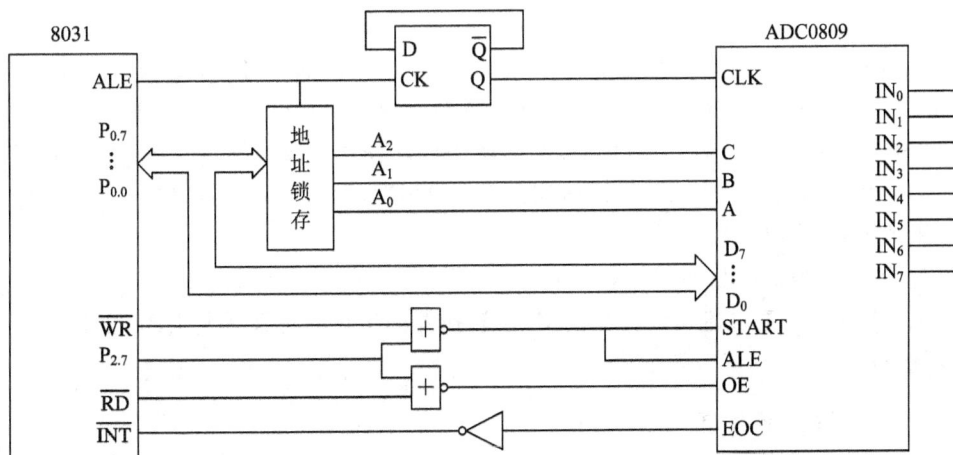

图 2-5 ADC0809 与 8031 的接线图

解　中断方式程序清单：

```
        ORG     0000H
        MOV     DPTR，#7FF5H
        MOVX    @DPTR，A          ；启动 A/D 转换
        SETB    EA
        SETB    EX1              ；开外中断 1
        SETB    IT1              ；外中断请求信号为下降沿触发方式
LOOP：  SJMP    LOOP             ；等待中断
        END
```

中断服务程序：

```
        ORG     0013H            ；外中断 1 的入口地址
        LJMP    1000H            ；转中断服务程序的入口地址
        ORG     1000H
        MOVX    A，@DPTR          ；读取 A/D 转换数据
        MOV     20H，A            ；存储数据
        RETI                     ；中断返回
```

2.4　模拟量输出通道接口技术

在微型机控制系统与智能化仪器中，被测物理量，如温度、压力、流量、物位、成分、位移、速度等都是模拟量，而计算机只能接收数字量，所以在上述系统中，必须首先把传感器(有时需要通过变送器)输出的模拟量转换成数字量，然后再送到计算机进行数据处理，以便实现控制或进行显示。能够变模拟量为数字量的器件称为模/数转换器(简称 A/D 转换器)。同理，经计算机处理后的数字量输出，不能直接用以控制执行机构，这是由于大多数执行机构如电动执行机构、气动执行机构以及直流电机等只能接收模拟量。为此，还必须把数字量变成模拟量，即完成数/模转换(简称 D/A 转换)。

D/A 转换器的输出多数为电流形式，如 DAC0832、AD7522 等。有些芯片内部设有放大器，可直接输出电压信号，如 AD558、AD7224 等。电压输出型 D/A 转换器又有单极性输出和双极性输出两种形式。按输入数字量位数来分，D/A 转换器有 8 位、10 位、12 位和 16 位等。为适应各种场合的需要，现在又生产出各种用途的 D/A 转换器，如双 D/A (AD7528)、4D/A(AD7226)转换器及串行 D/A 转换器(DAC80)等，有的甚至可以直接接收 BCD 码(如 AD7525)。为了与自动控制系统中广泛使用的电动单元组合仪表配合使用，还生产出能直接输出 4～20 mA 标准电流的 D/A 转换器(如 AD1420/1422)，使 D/A 转换器的应用范围越来越广。

尽管 D/A 转换器的品种繁多，性能各异，但就其转换原理来讲基本上是相同的。因此，在这一节中，着重讲述几种常见的 D/A 转换器的工作原理及其与 CPU 的接口形式和程序设计方法。

2.4.1　D/A 转换器原理

D/A 转换器由参考电源(标准电源)、数字开关控制、模拟转换、数字接口及放大器组

成，其原理图如图 2-6 所示。

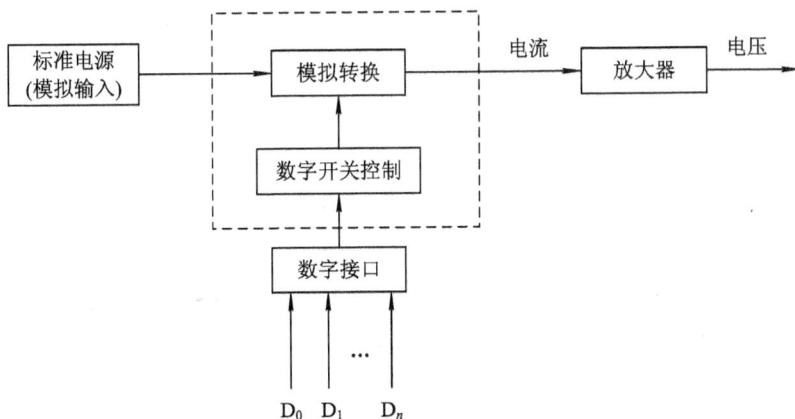

图 2-6　D/A 转换器原理图

在图 2-6 中，待转换的数字量经数字接口控制各位相应的开关，以接通或断开各自的解码电阻，从而改变标准电源经电阻解码网络所产生的总电流，该电流经放大器放大后，输出与数字量相对应的模拟电压。

图 2-6 所示是一个完整的 D/A 转换器，然而市售的 D/A 转换器中并非都包含上述五部分，但图 2-6 中虚线框内的部分是必不可少的。因此，数字开关控制及模拟转换部分是 D/A 转换器件的核心。标准电源是保证 D/A 转换精度的重要前提，要求其稳定度高，漂移小。标准电源可设置在转换器件内部（如 AD558），但大部分芯片采用外接电源的形式。带有电压放大器的为电压输出型 D/A 转换器；不含放大器的为电流输出型 D/A 转换器。数字接口通常由锁存器组成，用来锁存被转换的数字量。为与微型计算机接口方便，目前大部分 D/A 转换器都带有锁存器，但有些产品没有锁存器，如 AD7533。

D/A 转换器中的数字开关大都由晶体管或场效应管组成。D/A 转换器的解码网络（包含在模拟转换单元中）有两种结构：一种是权电阻解码网络，另一种为 $R-2R$ T 形解码网络。

权电阻解码网络由于各位的权电阻阻值（$2^i R_i$）不同，因而要求电阻的种类较多，制作工艺比较复杂，特别是在集成电路芯片中受到电阻间阻值差异的限制（最低位电阻值与最高位电阻值之比超过 2^n-1，即不能良好地匹配），从而制约了 D/A 转换器位数的增加（上限为 5 位）。$R-2R$ T 形解码网络中电阻种类比较少，制作比较容易，故目前大都采用这种解码网络。

$R-2R$ T 形解码网络的原理电路图如图 2-7 所示。

在图 2-7 中，整个电路由若干个相同的支路组成，每个支路包括两个电阻和一个开关。开关 S_i 是按二进制位进行控制的。当 $D_i=1$ 时，开关置向左方，使加权电阻与电流输出端 I_{out1} 接通；$D_i=0$ 时，开关动作，将加权电阻与电流输出端 I_{out2} 连通。

由于 I_{out2} 接地，I_{out1} 为虚地，所以

$$I = \frac{U_{ref}}{\sum R}$$

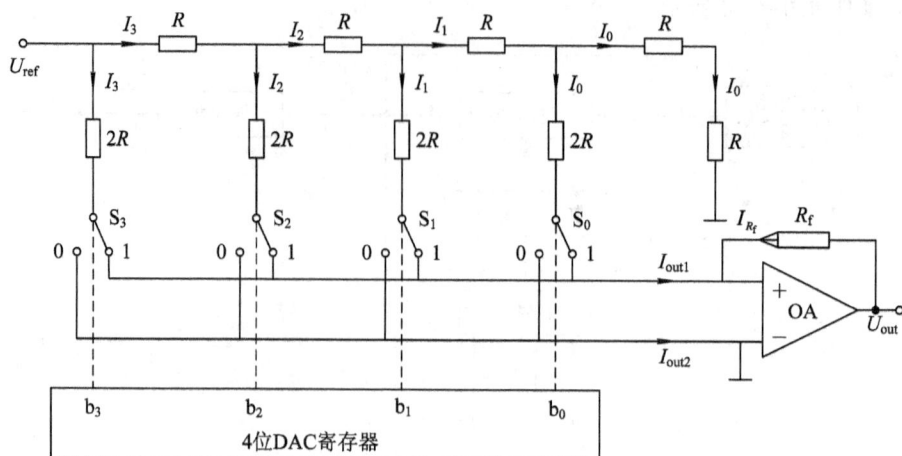

图 2-7 R-$2R$ T 形解码网络的原理图

流过每个权电阻 R_i 的电流依次为

$$I_1 = \frac{1}{2^n} \times \frac{U_{ref}}{\sum R}$$

$$I_2 = \frac{1}{2^{n-1}} \times \frac{U_{ref}}{\sum R}$$

$$\vdots$$

$$I_n = \frac{1}{2^1} \times \frac{U_{ref}}{\sum R}$$

由于 I_{out1} 端输出的总电流是置"1"各位加权电流的总和，I_{out2} 端输出的总电流是置"0"各位加权电流的总和，所以，当 D/A 转换器输入为全"1"时，I_{out1} 和 I_{out2} 分别为

$$I_{out1} = \frac{U_{ref}}{\sum R} \times \left(\frac{1}{2^1} + \frac{1}{2^2} + \frac{1}{2^3} + \cdots + \frac{1}{2^n} \right)$$

$$I_{out2} = 0$$

当运算放大器的反馈电阻 R_f 等于反向端输入电阻 $\sum R$ 时，其输出模拟电压为

$$U_{out1} = -I_{out1} \times R_f = -U_{ref} \left(\frac{1}{2^1} + \frac{1}{2^2} + \frac{1}{2^3} + \cdots + \frac{1}{2^n} \right)$$

对于任意二进制码，其输出模拟电压为

$$U_{out} = -U_{ref} \left(\frac{a_1}{2^1} + \frac{a_2}{2^2} + \frac{a_3}{2^3} + \cdots + \frac{a_n}{2^n} \right)$$

当 $a_i = 1$ 或 $a_i = 0$ 时，由上式便可得到相应的模拟量输出。

2.4.2 8 位 D/A 转换器及其接口技术

D/A 转换是微型机测控系统中典型的接口技术。现阶段 D/A 转换接口的设计主要是根据系统的要求，选择适用的 D/A 集成芯片，配置外围电路及器件，实现数字量到模拟量的转换。因此，下面介绍常用的 D/A 转换芯片 DAC0832。

DAC0832 是美国数据公司的 8 位 D/A 转换器,与微处理器完全兼容。该器件采用先进的 CMOS 工艺,因此功耗低,输出漏电流误差较小,其特殊的电路结构可与 TTL 逻辑输入电平兼容。

1. DAC0832 的结构及原理

DAC0832 D/A 转换器的内部具有两级输入数据缓冲器和一个 R-$2R$ T 形电阻网络,其原理框图如图 2-8 所示。

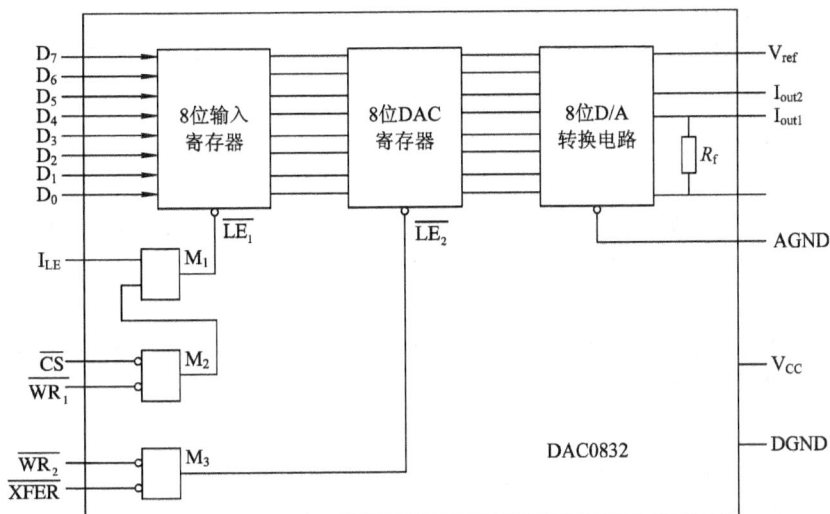

图 2-8　DAC0832 原理框图

当 $I_{LE}=1$,$\overline{CS}=\overline{WR_1}=0$ 时,预灭 $\overline{LE_1}=1$,允许数据输入;当 $\overline{WR_1}=1$ 时,$\overline{LE_1}=0$,数据被锁存。能否进行 D/A 转换,除了取决于 $\overline{LE_1}$ 外,还依赖于 $\overline{LE_2}$。由图可知,当 $\overline{WR_2}$ 和 $\overline{XFER}$ 为低电平时,$\overline{LE_2}=1$,此时,允许 D/A 转换;否则,$\overline{LE_2}=0$,停止 D/A 转换。

在使用时,可以通过对控制管脚的不同设置,采用双缓冲方式(两级输入锁存),也可以用单缓冲方式(只用一级输入锁存,另一级始终直通),或者接成完全直通的形式。

2. DAC0832 的引脚功能

DAC0832 芯片的引脚排列如图 2-9 所示。

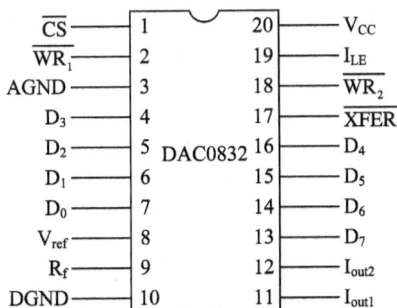

图 2-9　DAC0832 引脚排列

(1)控制类引脚:

$\overline{CS}$——片选信号(低电平有效)。

I_{LE}——输入锁存允许信号(高电平有效)。

$\overline{WR_1}$——输入锁存器写选通信号(低电平有效)。当$\overline{WR_1}$为低电平时,将输入数据传送到输入锁存器;当$\overline{WR_1}$为高电平时,输入锁存器中的数据被锁存;只有当I_{LE}为高电平,且$\overline{CS}$和$\overline{WR_1}$同时为低电平时,方能将锁存器中的数据进行更新。以上三个控制信号联合构成第一级输入锁存控制。

$\overline{WR_2}$——DAC寄存器写选通信号(低电平有效)。该信号与$\overline{XFER}$信号配合,可使锁存器中的数据传送到DAC寄存器中进行转换。

$\overline{XFER}$——数据传送控制信号(低电平有效)。该信号与$\overline{WR_2}$信号联合使用,构成第二级锁存控制。

(2)其它引脚:

$D_0 \sim D_7$——数字量输入线。D_7是最高位(MSB),D_0是最低位(LSB)。

I_{out1}——DAC电流输出1。当输入的数字量为全1时,I_{out1}输出为最大值;输入为全0时,I_{out1}输出为最小值(近似为0)。

I_{out2}——DAC电流输出2。在数值上,$I_{out2}=$常数$-I_{out1}$,单极性输出时I_{out2}常常接地。

R_f——反馈信号输入线。为外部运算放大器提供一个反馈电压,R_f可由芯片内部提供,也可以采用外接电阻的方式。

V_{ref}——参考电压输入线,要求外接一精密电源。

V_{CC}——数字电路供电电压,一般为$+5 \sim +15$ V。

AGND,DGND——模拟地和数字地。这是两种不同性质的地,应单独连接,但在一般情况下,这两种地最后总有一点接到一起以提高抗干扰能力。

3. D/A转换器的输出方式

D/A转换器的输出有电流和电压两种。其中电压输出又有单极性电压输出和双极性电压输出两种形式。这里所说的电流输出,是指接上负载后D/A输出为电流。

D/A转换器的输出方式只与模拟量输出端的连接方式有关,而与其位数无关。这里仅以8位D/A为例进行讨论。

(1)单极性电压输出。一般而言,电压输出型D/A转换器即为单极性电压输出方式。在电流输出型D/A转换器中,一般要求I_{out2}端接地,否则将使T形网络各臂上的电压发生变化,致使解码网络的线性度变差。对于电流输出型D/A转换芯片,只要在其电流输出端加上一级电压放大器,即可满足电压输出的要求。图2-10所示为典型的DAC0832的单极性电压输出电路图。

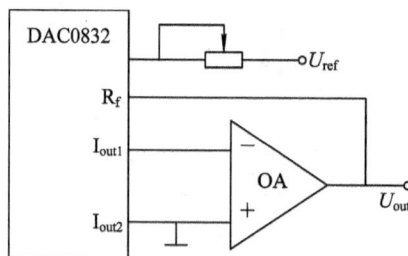

图2-10　DAC0832单极性电压输出电路图

图 2 - 10 中，DAC0832 的电流输出端 I_{out1} 接至运算放大器的反向输入端，故输出电压 U_{out} 与参考电压 U_{ref} 反相。当 U_{ref} 接 ±5 V(或 ±10 V)电压时，D/A 转换器输出电压范围为 ±5 V(或 ±10 V)。

(2) 双极性电压输出。在随动系统中(例如电机控制系统)，由偏差产生的控制量不仅与其大小有关，而且与极性相关。在这种情况下，要求 D/A 转换器输出电压为双极性。双极性电压输出的 D/A 转换电路通常采用偏移二进制码、补码二进制码和符号–数值编码电路。只要在单极性电压输出的基础上，再加一级电压放大器，就可以构成双极性电压输出，这种接法在效果上相当于把数字量的最高位视作符号位。双极性电压输出电路如图 2 - 11 所示。

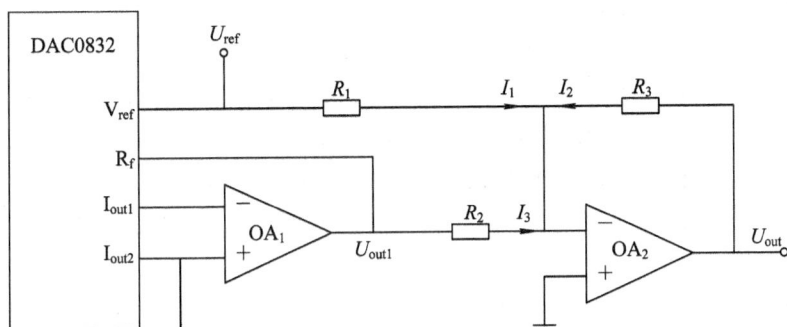

图 2 - 11　DAC0832 双极性电压输出电路

在图 2 - 11 中，运算放大器 OA_2 的作用是把运算放大器 OA_1 的单向输出电压转变为双向输出。其原理是将 OA_2 的反向输入端通过电阻 R_1 与参考电源 U_{ref} 相连，U_{ref} 经 R_1 向 OA_2 提供一个偏流 I_1，其电流方向与 I_2 相反。因此，运算放大器 OA_2 的输入电流为两支路电流 I_1、I_2 之代数和。

由图 2 - 11 可求出 D/A 转换器的总输出电压：

$$U_{out2} = -\left(\frac{R_3}{R_2}U_{out1} + \frac{R_3}{R_1}U_{ref}\right)$$

代入 $R_1(2R)$、$R_2(R)$、$R_3(2R)$ 的值可得

$$U_{out2} = -\left(\frac{2R}{R}U_{out1} + \frac{2R}{2R}U_{ref}\right) = -(2U_{out1} + U_{ref})$$

设 $U_{ref} = +5$ V，则由上式可得出：

当 $U_{out1} = 0$ 时，$U_{out2} = -5$ V；

当 $U_{out1} = -2.5$ V 时，$U_{out2} = 0$ V；

当 $U_{out1} = -5$ V 时，$U_{out2} = +5$ V。

(3) 标准电流输出。在微型机控制系统中，有时为与电动(或气动)执行机构相配合，以完成自动控制任务，要求 D/A 转换器输出 0～10 mA(或 4～20 mA)的标准电流。

4. 8 位 D/A 转换器与单片机的接口及程序设计

由于各种 D/A 转换器的结构不同，它们与单片机接口的方法也有差异，但其基本连接都包括数字量输入、模拟量输出和外部控制信号的连接。关于模拟量的输出前面已经讲述，下面介绍数字量输入与外部控制信号的连接方法。

（1）数字量输入端的连接。D/A 转换器数字量输入端与单片机的接口需要考虑两个问题：一个是位数，另一个是 D/A 转换器的内部结构。当 D/A 转换器内部没有输入锁存器时，必须在 CPU 与 D/A 转换器之间增设锁存器或 I/O 接口；若 D/A 转换器内部含有输入锁存器，则可直接连接。

最常用的也是最简单的连接要属 8 位 D/A 转换器与 8 位单片机的连接，这时只要将单片机的数据总线与 D/A 转换器的 8 位数字输入端一一对应相接即可。

（2）外部控制信号的连接。外部控制信号主要是片选信号、写信号及启动信号，此外还有电源及参考电平，可根据 D/A 转换器的具体要求进行选择。片选信号、写信号、启动信号是 D/A 转换器的主要控制信号，它们一般由 CPU 或译码器提供，其连接方法与 D/A 转换器的结构有关。一般来讲，片选信号主要由地址线经译码器控制。在单片机系统中，可以把 D/A 看成一个存储单元，由 16 位地址来选择，也可以用 P_1 口的某一位来控制。写信号多由单片机的 $\overline{WR}$ 信号控制。启动信号常为片选及写信号的合成。对于一个 8 位 D/A 转换器，其控制方式可以是双缓冲，也可以是单缓冲，此时，D/A 转换器的工作情况不仅取决于上述信号，而且还与其内部各输入寄存器的地址状态有关。

值得一提的是，在 D/A 转换器的设计中，为简单起见，有时把某些控制信号接成直通的形式（接地或接 +5 V）。

（3）D/A 转换器与单片机的接口及程序设计应用举例。由于在 MCS - 51 系列单片机中没有单独的输入/输出指令，所以通常将 D/A 转换器（或其它外部设备）视为外部存储器来编址，用"MOVX@Ri, A（其中 i=1 或 0）"及"MOVX@DPTR, A"等指令进行数据的传送。

关于 D/A 转换器与单片机的接口方法，前边已经作了介绍，下边通过几个实际例子讲述 D/A 转换器具体接口及其程序设计方法。

① 直通方式。DAC0832 的内部有两个起数据缓冲器作用的寄存器，分别受 $\overline{LE_1}$ 和 $\overline{LE_2}$ 控制。如果使 $\overline{LE_1}$ 和 $\overline{LE_2}$ 都为高电平，则 $D_7 \sim D_0$ 上的信号可直通地到达 8 位 DAC 寄存器，进行 D/A 转换。因此，I_{LE} 接 +5 V，$\overline{CS}$、$\overline{XFER}$、$\overline{WR_1}$ 和 $\overline{WR_2}$ 接地，DAC0832 就可在直通方式下工作。直通方式下工作的 DAC0832 常用于不带微机的控制系统。

② 单缓冲方式。所谓的单缓冲方式，就是使 DAC0832 的两个输入寄存器中有一个处于直通方式，而另一个处于受控的锁存方式。在实际应用中，如果只有一路模拟量输出，即单缓冲方式接线如图 2 - 12 所示。

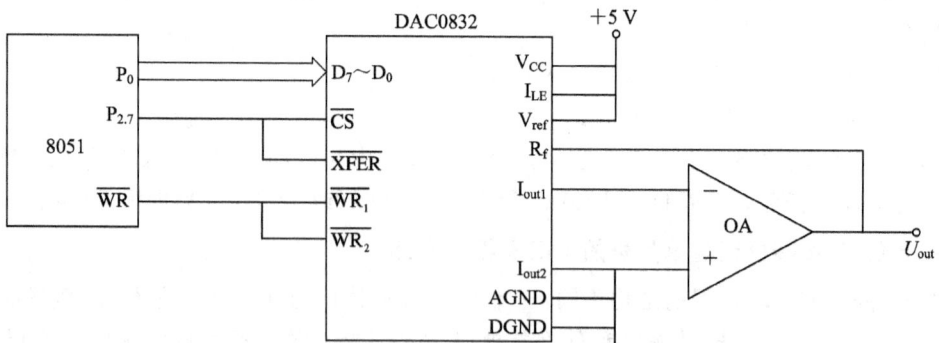

图 2 - 12　DAC0832 单缓冲方式接线

例 2.2　DAC0832 用作波形发生器。试根据图 2-12 接线，分别写出产生锯齿波、三角波和方波的程序，产生的波形如图 2-13 所示。

(a) 锯齿波　　　　　　　(b) 三角波　　　　　　　(c) 方波

图 2-13　例 2.2 所产生的波形

解　针对图 2-12，DAC0832 采用的是单缓冲单极性的接线方式，它的选通地址为 7FFFH。

锯齿波程序：

```
        ORG     0000H
        MOV     DPTR,♯7FFFH      ;输入寄存器地址
        CLR     A                ;转换初值
LOOP:   MOVX    @DPTR,A          ;D/A 转换
        INC     A                ;转换值增量
        NOP              ;延时
        NOP
        NOP
        SJMP    LOOP
        END
```

三角波程序：

```
        ORG     0100H
        CLR     A
        MOV     DPTR,♯7FFFH
DOWN:   MOVX    @DPTR,A          ;线性下降段
        INC     A
        JNZ     DOWN
        MOV     A,♯0FEH          ;置上升阶段初值
UP:     MOVX    @DPTR,A          ;线性上升段
        DEC     A
        JNZ     UP
        SJMP    DOWN
        END
```

方波程序：

```
        ORG     0200H
        MOV     DPTR,♯7FFFH
LOOP:   MOV     A,♯33H           ;置上限电平
        MOVX    @DPTR,A
        ACALL   DELAY            ;形成方波顶宽
        MOV     A,♯0FFH          ;置下限电平
```

```
    MOVX      @DPTR，A
    ACALL     DELAY              ；形成方波底宽
    SJMP      LOOP
    END
```

③ 双缓冲方式。所谓双缓冲方式，就是把 DAC0832 的两个锁存器都接成受控锁存方式。双缓冲方式 DAC0832 的连接如图 2-14 所示。

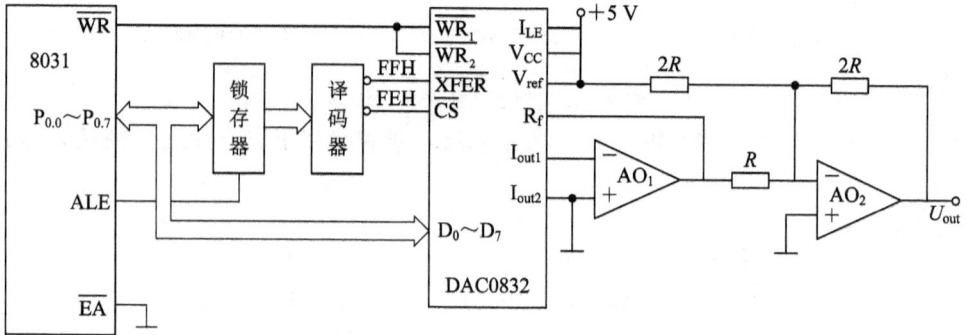

图 2-14 带数据锁存器的 D/A 转换器与单片机的连接

例 2.3 DAC0832 用作波形发生器。试根据图 2-14 接线，分别写出产生锯齿波、三角波和方波的程序，产生的波形如图 2-15 所示。

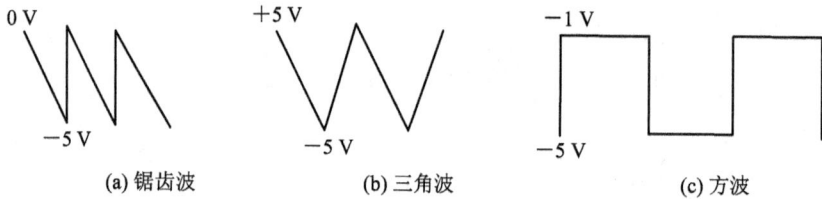

(a) 锯齿波　　　　　(b) 三角波　　　　　(c) 方波

图 2-15 例 2.3 所产生的波形

解 由图 2-14 可以看出，DAC0832 采用的是双缓冲双极性的接线方式，输入寄存器的地址为 FEH，DAC 寄存器的地址为 FFH。

锯齿波程序：

```
              ORG       0000H
LOOP1：       MOV       A，♯80H         ；转换初值
LOOP：        MOV       R0，♯0FEH       ；输入寄存器地址
              MOVX      @R0，A          ；转换数据送输入寄存器
              INC       R0             ；产生 DAC 寄存器地址
              MOVX      @R0，A          ；数据送入 DAC 寄存器并进行 D/A 转换
              DEC       A              ；转换值减少
              NOP                      ；延时
              NOP
              NOP
              CJNE      A，♯0FFH，LOOP   ；-5 V 是否输出？未输出，程序循环
              SJMP      LOOP1          ；-5 V 已输出，返回转换初值
              END
```

三角波程序：

```
                ORG     0100H
                MOV     A，#0FFH
        DOWN：  MOV     R0，#0FEH
                MOVX    @R0，A           ；线性下降段
                INC     R0
                MOVX    @R0，A
                DEC     A
                JNZ     DOWN
        UP ：   MOV     R0，#0FEH        ；线性上升段
                MOVX    @R0，A
                INC     R0
                MOVX    @R0，A
                INC     A
                JNZ     UP
                MOV     A，#0FEH
                SJMP    DOWN
                END
```

方波程序：

```
                ORG     0200H
        LOOP：  MOV     A，#66H
                MOV     R0，#0FEH        ；置上限电平
                MOVX    @R0，A
                INC     R0
                MOVX    @R0，A
                ACALL   DELAY           ；形成方波顶宽
                MOV     A，#00H          ；置下限电平
                MOV     R0，#0FEH
                MOVX    @R0，A
                INC     R0
                MOVX    @R0，A
                ACALL   DELAY           ；形成方波底宽
                SJMP    LOOP
                SJMP    LOOP
                END
```

2.5　电动机控制接口技术

1. 电机控制接口

随着电子技术以及计算机控制技术的发展，现在已生产出多种可供直流电机控制接口的元器件，如固态电器、大功率场效应管、专用接口芯片（如 L290、L291、L292）以及专用接口板。

直流电机与微型机接口可采用以下几种方法:

- 光电隔离器＋大功率场效应管;
- 固态继电器;
- 专用接口芯片;
- 专用接口板。

前两种方法成本低,适用于自行开发的单片机系统。第三种价格比较贵,但可靠性比较好,而且设计电路简单,国外大多采用这种方法。第四种方法适用于 STD 或 PC 总线工业控制机系统,用户只需购买同一总线现成的控制板即可,因而可节省大量的开发时间。

图 2－16 所示为采用固态继电器的直流电机控制电路原理图。

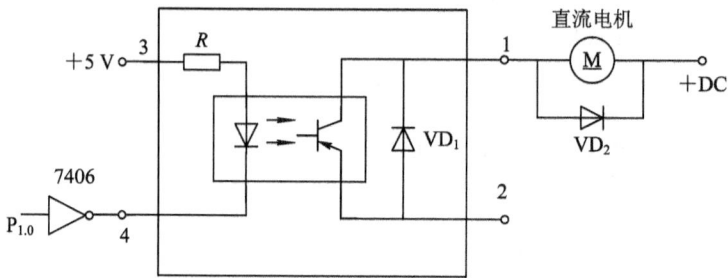

图 2－16　采用固态继电器的直流电机控制电路原理图

图 2－16 中,管脚 3 经限流电阻 R 接＋5 V 直流电流。单片机控制管脚(例如 $P_{1.0}$)经驱动器 7406 接到固态继电器管脚 4。当 $P_{1.0}$ 输出为高平电时,经反向驱动器 7406 输出低电平,使固态继电器发光二极管发光,并使光敏三极管导通,从而使直流电机绕组通电。反之,当 $P_{1.0}$ 输出为低电平时,7406 和发光二极管无电流通过,不发光,光敏三极管随之截止,因而直流电机绕组没有电流通过。图中,VD_1 为固态继电器内部的保护二极管,VD_2 为电机保护二极管。使用时应根据直流电机的工作电压、工作电流来选定合适的固态继电器。

2. 交流电机控制接口技术

在微型机控制系统中,除了直流电机以外,交流电机的应用也非常普遍。因此,交流电机控制技术近年来也得到了迅速的发展,现在已经成为微型计算机控制技术中一个非常活跃的领域。限于篇幅,不便将其详细内容加以介绍,特别是交流调速更是一个比较复杂的问题,有待于今后进一步研究和开发。这里只简单地介绍交流电机与单片机的接口技术及其在自动控制系统中的应用。

1) 交流电机接口方法

由于交流电机所通过的电流有正、反两个方向,因此其接口电路必须保证电流正、负两个周期都能有电流流过。另一方面,交流电机的电压都比较高,一般为 220～380 V,所以在交流电机与微型机接口中需要光电隔离器,通常采用交流固态继电器。下面介绍一种采用光敏电阻作为光电转换元件的交流电机专用集成芯片。

图 2-17 所示为 OPTO 公司生产的 MODEL S51203/240D3 交流电机控制用固态继电器。

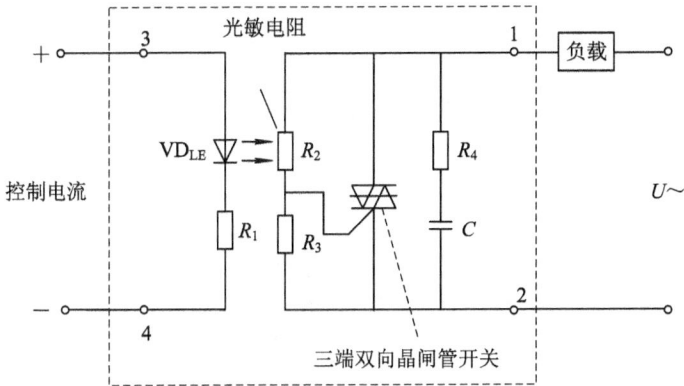

图 2-17　交流电机用固态继电器

该元件采用光电隔离技术，内部用光敏电阻作为光电转换元件，其开关元件用三端双向晶闸管。该元件高压工作电压为 120 V/240 V，峰值重复电压达 500 V，电流为 3 A，控制接通电压为 3 V，断开电压为 1 V，控制电压范围为 3～32 V，因此可用于 TTL/CMOS 和 HMOS 等接口电路。

当 3 端接 +5 V 电压，4 端为低电平时，发光二极管 VD_{LE} 发光，由于过零触发电路由光敏电阻分压电路组成，所以发光二极管 VD_{LE} 将引起过零触发电路至晶闸管的控制电压升高，使晶闸管导通。当 4 端为高电平时，发光二极管 VD_{LE} 熄灭，通过光敏电阻 R_2 使过零触发电路至晶闸管的控制电压下降，使 R_2 关断。由此可控制交流电机的启动和停止。

2）交流电流专用控制接口板

美国 Pro-Log 公司研制的 7504 是一种可用于 STD 总线工业控制机中的交流电机控制接口板。7504 有 8 路三端双向晶闸管开关，每路允许 40～280 V 交流电压和 2 A 电流。该板采用光电隔离技术，每路一个光电隔离器，把 TTL 电平与交流信号隔开，从而大大地提高了系统的抗干扰能力，并保护计算机，使之免于损坏。

从计算机输出的控制信号，经数据总线缓冲器及锁存器，送到 TTL 输入电路。当输出的某一位为高电平时，相应位三端双向晶闸管开关进入工作状态（接通），该状态被保持，直到向该位送低电平或复位信号为止。控制板前端的 8 个发光二极管用来指示各输出位的状态。输入信号 $\overline{SYSRESET}$ 用来使输出口复位，同时使三端双向晶闸管处于关断状态。

7504 广泛应用于交流电机控制，如用于传送带、卷扬机、电梯等设备中。

3. 步进电机控制接口技术

由于步进电机的驱动电流比较大，所以单片机与步进电机的连接都需要专门的接口电路及驱动电路。接口电路可以是单片机内部的 I/O 接口，也可以是可编程接口芯片，如 8255、8155 等。驱动器可用大功率复合管，也可以用专门的驱动器。有时为了抗干扰，或避免一旦驱动电路发生故障造成功率放大器中的高电平信号进入单片机而烧毁器件，在驱动器与单片机之间可以加一级光电隔离器，其原理接口电路图如图 2-18 和图 2-19 所示。

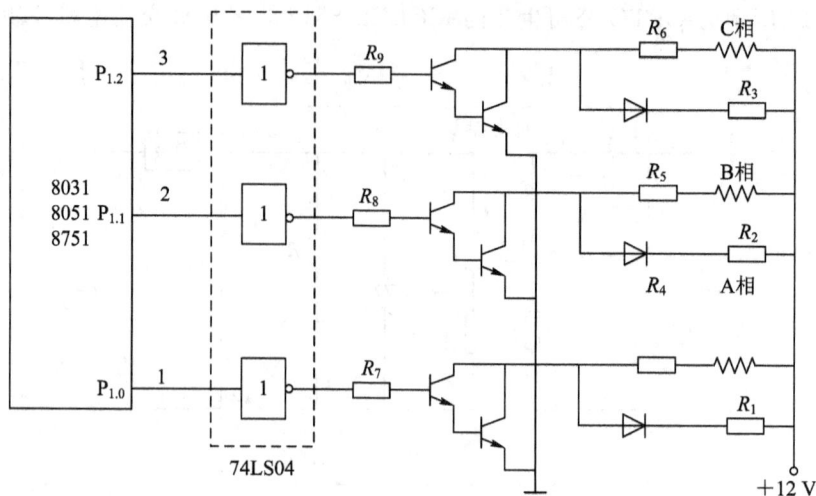

图 2-18　步进电机与单片机接口电路(一)

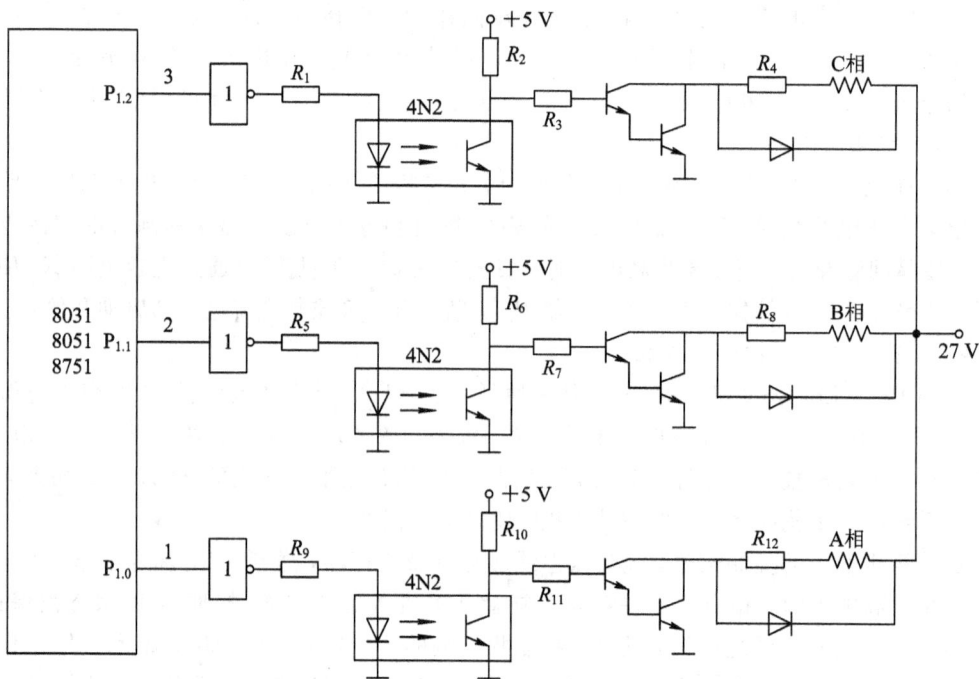

图 2-19　步进电机与单片机接口电路(二)

在图 2-18 中，当 P_1 口的某一位（如 $P_{1.0}$）输出为 0 时，经反向驱动器变为高电平，使达林顿管导通，A 相绕组通电。反之，当 $P_{1.0}=1$ 时，A 相不通电。由 $P_{1.1}$ 和 $P_{1.2}$ 控制的 B 相和 C 相亦然。总之，只要按一定的顺序改变 $P_{1.0} \sim P_{1.2}$ 三位通电的顺序，就可控制步进电机按一定的方向步进。

图 2-19 与图 2-18 的区别是在单片机与驱动器之间增加了一级光电隔离。当 $P_{1.0}$ 输出为 1 时，发光二极管不发光，因此光敏三极管截止，从而使达林顿管导通，A 相绕组通电。反之，当 $P_{1.0}=0$ 时，经反向后，发光二极管发光，光敏三极管导通，从而使达林顿管截止，A 相绕组不通电。

习　题

2.1　简述开关量(数字量)输入输出通道的功能及结构。

2.2　简述模拟量输入输出通道的功能及结构。

2.3　简述 A/D 转换器的主要技术指标。

2.4　采样/保持器的作用是什么?

2.5　利用 74LS244 与 PC 总线工业控制机接口,设计 8 路数字量输入接口和 8 路数字量输出接口。画出电路原理图,并编写相应的程序。

2.6　A/D 转换为什么要进行采样? 采样频率应根据什么选定?

2.7　利用 8255A、DAC1210 和 PC 总线工业控制机设计 D/A 输出接口,画电路图并编写程序。

2.8　请分别画出 D/A 转化器的单极性和双极性电压输出电路,并分别推导出输出电压与输入数字量之间的关系式。

第3章 人机交互接口技术

3.1 人机接口概述

人机接口,是计算机和人机交互设备之间的交接界面,通过接口可以实现计算机与外设之间的信息交换。

1. 人机交互设备

人机交互设备是计算机系统中最基本的设备之一,是人和计算机之间建立联系、交换信息的外部设备。常见的人机交互设备可分为输入设备和输出设备两类。

(1) 输入设备:使用者向计算机输入信息的设备。

(2) 输出设备:向使用者提供计算机运行结果的设备。

2. 人机接口的功能

人机接口是计算机与人机交互设备之间实现信息传输的控制电路。

接口中要分别传送数据信息、命令信息和状态信息。数据信息、命令信息和状态信息都通过数据总线来传送。大多数计算机都把外部设备的状态信息视为输入数据,而把命令信息看成输出数据,并在接口中分设备自相应的寄存器,赋以不同的端口地址,各种信息分时地使用数据总线传送到各自的寄存器中去。所谓串行接口和并行接口,是指外部设备和接口一侧的传送方式;而在主机和接口一侧,数据总是并行传送的。

3.2 键盘与键盘接口

键盘是计算机系统不可缺少的输入设备,人们通过键盘上的按键直接向计算机输入各种数据、命令及指令,从而使计算机完成不同的运算及控制任务。

3.2.1 按键抖动及其消除方法

目前的按键绝大部分利用了机械触点的合、断作用。机械触点由于机械弹性作用的影响,在闭合和断开瞬间均有抖动过程,从而使电压信号出现抖动,如图 3-1 所示。抖动时间的长短与按键开关的机械特性有关,一般为 5~10 ms。

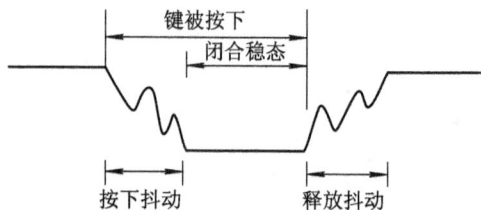

图 3-1 按键抖动波形

为了消除按键抖动的影响，保证在按键闭合稳定状态下读取键值，需要对键盘进行消抖处理。常用的消抖措施有硬件消抖和软件消抖两种。

1. 硬件消抖

硬件消抖是指采用硬件电路的方法对按键的按下抖动及释放抖动进行消抖，经过消抖电路后使按键的电平信号只有两种稳定的状态。常用的消抖电路有触发器消抖电路和滤波消抖电路两种。硬件消抖电路见图 3-2。

硬件消抖电路结构复杂，成本也比较高，因此一般只适用于按键比较少的应用系统。

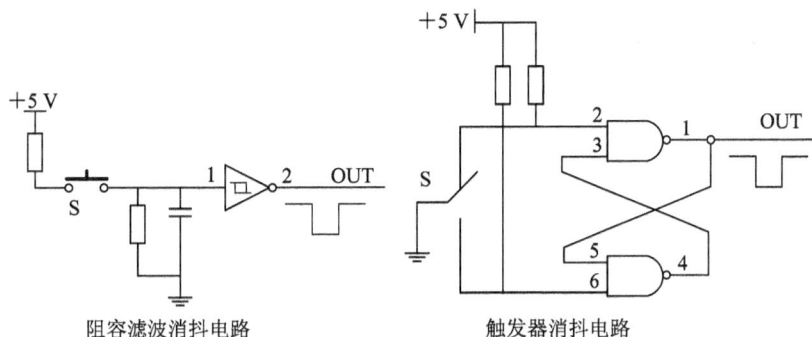

阻容滤波消抖电路　　　　　　触发器消抖电路

图 3-2　硬件消抖电路

2. 软件消抖

当系统中需要按键数量比较多时，可采用软件消抖方法。

软件消抖的基本原理是当第一次检测到有键按下时，根据键抖动时间的统计规律先采用软件延时的方法延时一段时间（一般可取 10 ms），然后再确认键是否仍保持闭合状态，如仍保持闭合状态则键真正被按下，此时可读取键值，否则可视为干扰，对其不予理睬。采用软件消抖方法可省去硬件消抖电路，但键盘的工作速度将降低。

3.2.2　键开关与键盘类型

键盘上的每个按键都起着一个开关的作用，故又被称为键开关。键开关分为接触式和非接触式两大类。

按照键码的识别方法，键盘可分为两大类型：编码键盘和非编码键盘。编码键盘能够自动提供被按键的编码（比如 ASCII 码或二进制编码），具有使用方便、结构复杂、成本高的特点。非编码键盘仅仅简单地提供按键的通或断状态（"0"或"1"），而按键的扫描和识别则由用户的键盘程序来实现，具有结构简单、便于用户自行设计的特点。

按照按键的连接方式，键盘可分为独立式键盘和矩阵式键盘，如图 3-3 和图 3-4 所示。独立式键盘的每个按键占用一根 I/O 端线，其特点是各按键相互独立，电路配置灵活；按键数量较多时，I/O 端线耗费较多，电路结构繁杂；软件结构简单，适用于按键数量较少的场合。矩阵式键盘的 I/O 端线分为行线和列线，按键跨接在行线和列线上，按键按下时，行线与列线发生短路。其特点是：占用 I/O 端线较少；软件结构较复杂，适用于按键较多的场合。

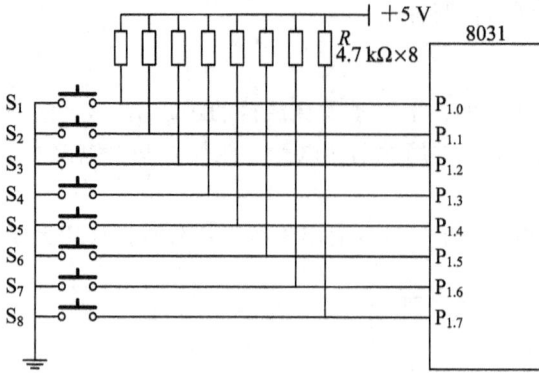

图 3-3 独立式键盘工作原理

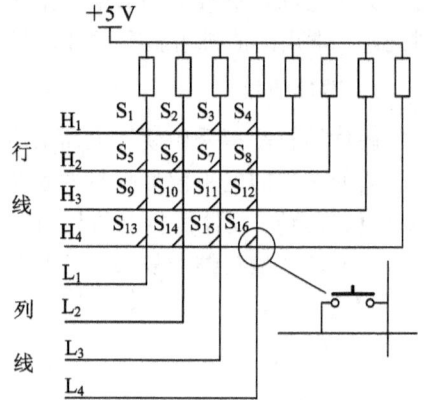

图 3-4 矩阵式键盘工作原理

3.2.3 键识别方法

采用非编码键盘，CPU 必须对所有按键进行监视，一旦发现按键按下，CPU 应通过程序加以识别，并转入相应键的处理程序，实现该键功能。键盘设置在行列交叉点上，行、列线分别连接到按键开关的两端。行线通过上拉电阻连到 V_{cc} 上。平时按键无动作时，行线处于高电平状态，而当有按键按下时，行线电平状态将由与此行线相连的列线电平决定。列线电平如果为低，则行线电平为低；列线电平为高，则行线电平也为高。这是判断键盘是否被按下的关键。

根据上面的分析，得到矩阵式键盘按键的识别方法：让所有列线均置低电平，检查各行电平是否有变化，如果有变化，则说明有键被按下；如果没有变化，则说明无键被按下。

识别具体按键的方法是：逐列置低电平，其余各列置高电平，检查各行电平的变化，如果某行电平由高电平变为低电平，则可以确定此行此列交叉点的按键被按下。

常用的键位置判别方法有扫描法和线反转法两种。

1. 扫描法

设图 3-4 中的行线 $H_1 \sim H_4$ 连接到 51 单片机 P_1 口的 $P_{1.0} \sim P_{1.3}$，列线 $L_1 \sim L_4$ 连接到 P_1 口的 $P_{1.4} \sim P_{1.7}$ 上，可通过如下程序判断哪一个键被按下：

```
KEY:    MOV     P1, #0FH              ；列输出低电平，行输出高电平
        MOV     A, P1                ；读 P1 口状态
        ANL     A, #0FH              ；保留行状态
        CJNE    A, #0FH, KEY0        ；有键按下转 KEY0
        SJMP    KEY                  ；无键按下等待，转键检测
KEY0:   LCALL   DELAY10              ；调 10 ms 延时去抖
        MOV     A, P1
        ANL     A, #0FH
        CJNE    A, #0FH, KEY1        ；不是抖动转键值判断
        SJMP    KEY                  ；是抖动到键检测
KEY1:   MOV     P1, #11101111B       ；第一列键被按下判断
```

```
            MOV       A, P1
            ANL       A, ＃0FH
            CJNE      A, ＃0FH, KEY11      ;第一列键被按下转 KEY11 处理
            MOV       P1, ＃11011111B     ;第二列键被按下判断
            MOV       A, P1
            ANL       A, ＃0FH
            CJNE      A, ＃0FH, KEY11      ;第二列键被按下转 KEY11 处理
            … …
            MOV       P1, ＃01111111B     ;第四列键被按下判断
            MOV       A, P1
            ANL       A, ＃0FH
            CJNE      A, ＃0FH, KEY11      ;第四列键被按下转 KEY11 处理
            LJMP      KEY                ;均不是转到键检测
KEY11：     MOV       A, P1              ;读键值
            键值处理   …
```

从程序中可看出,扫描法实际上是先使列(行)线全输出低(高)电平,然后判断行(列)线状态,若行线全为高电平,表示无键被按下;若行线不全为高电平表示有键被按下;然后依次使列线为低电平,再判断行线状态,当行线全为高电平时,表示被按下的键不在本列,当行线不全为高电平时,表示被按下的键在本列,此时的行线与列线交叉处即为被按下的键的位置。

2. 线反转法

扫描法采用逐行(列)扫描的方法获得按键的位置,当被按下的键在最后一行时需要扫描 N 次(N 为行数),当 N 比较大时键盘工作速度较慢。而线反转法则不论键盘有多少行和多少列,只需经过两步即可获得按键的位置。

线反转法的第一步与扫描法相同,即把列线置低电平,行线置高电平,然后读行状态;第二步与第一步相反,为把行线置低电平,列线置高电平,然后读列线状态。若有键按下,则可通过两次所读状态的结果判别键所在的位置。这样通过两次输出和两次读入即可完成键的识别。

```
KEY：       MOV       P1, ＃0FH          ;列输出低电平,行输出高电平
            MOV       A, P1              ;读 P1 口状态
            ANL       A, ＃0FH           ;保留行状态
            CJNE      A, ＃0FH, KEY0      ;有键按下转 KEY0
            SJMP      KEY                ;无键按下等待,转键检测
KEY0：      LCALL     DELAY10            ;调 10 ms 延时去抖
            MOV       A, P1
            ANL       A, ＃0FH
            MOV       B, A
            CJNE      A, ＃0FH, KEY1      ;不是抖动转键值判断
            SJMP      KEY                ;是抖动到键检测
KEY1：      MOV       P1, ＃0F0H         ;行输出低电平,列输出高电平
            MOV       A, P1
```

```
ANL      A，＃0F0H
ORL      A，B
键值处理  …
```

3.2.4 键盘工作方式

键盘工作方式主要有扫描方式和中断方式两种。

1. 扫描方式

键盘的扫描方式又可分为编程扫描和定时扫描。编程扫描是指在特定的程序位置段上安排键盘扫描程序读取键盘状态，此时用户可输入数据和控制命令。定时扫描是指利用单片机内部或扩展的定时器产生定时中断，在中断中进行键盘扫描。不论哪一种扫描方式，键盘程序都应当完成以下任务：判断键是否被按下，按键消抖处理，判断按键位置等。

2. 中断方式

中断方式是指：当无键按下时，CPU 处理其他工作而不必进行键的扫描；当有键被按下时，通过硬件电路向 CPU 申请键盘中断，在键盘中断服务程序中完成键盘处理。该种方法可提高 CPU 的工作效率。

例3.1 参见图 3-5，试编制中断方式键盘扫描程序，将键盘序号存入 RAM 30H。

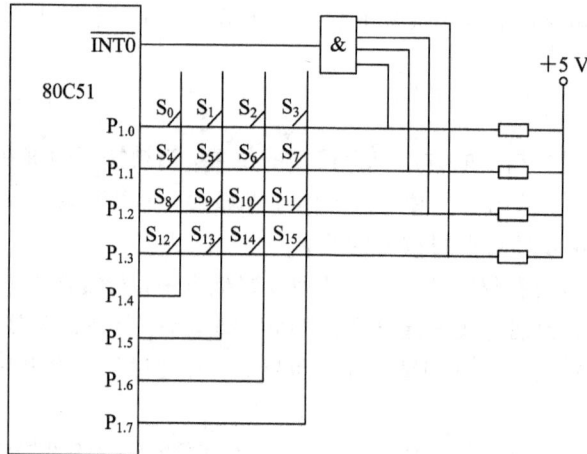

图 3-5 工作于中断方式的矩阵式键盘接口电路

解 程序如下：

```
              ORG     0000H        ;复位地址
              LJMP    STAT         ;转初始化
              ORG     0003H        ;中断入口地址
              LJMP    PINT0        ;转中断服务程序
              ORG     0100H        ;初始化程序首地址
    STAT：    MOV     SP，＃60H     ;置堆栈指针
              SETB    IT0          ;置为边沿触发方式
              MOV     IP，＃00000001B ;置为高优先级中断
              MOV     P1，＃00001111B ;置 P1.0～P1.3 为输入态，置 P1.4～P1.7 输出 0
```

```
                SETB    EA                  ; CPU 开中断
                SETB    EX0                 ; 开中断
                LJMP    MAIN                ; 转主程序，并等待有键按下时中断
                ORG     2000H               ; 中断服务程序首地址
PINT0：         PUSH    ACC                 ; 保护现场
                PUSH    PSW
                MOV     A，P1               ; 读行线(P_{1.0}～P_{1.3})数据
                CPL     A                   ; 数据取反，"1"有效
                ANL     A，♯0FH             ; 屏蔽列线，保留行线数据
                MOV     R2，A               ; 存行线(P_{1.0}～P_{1.3})数据(R2 低 4 位)
                MOV     P1，♯0F0H           ; 行线置低电平，列线置输入态
                MOV     A，P1               ; 读列线(P_{1.4}～P_{1.7})数据
                CPL     A                   ; 数据取反，"1"有效
                ANL     A，♯0F0H            ; 屏蔽行线，保留列线数据(A 中高 4 位)
                MOV     R1，♯03H            ; 取列线编号初值
                MOV     R3，♯03H            ; 置循环数
                CLR     C
PINT01：        RLC     A                   ; 依次左移入 C 中
                JC      PINT02              ; C=1，该列有键按下(列线编号存 R1)
                DEC     R1                  ; C=0，无键按下，修正列编号
                DJNZ    R3，PINT01          ; 判循环结束否？未结束继续寻找有键按下列线
PINT02：        MOV     A，R2               ; 取行线数据(低 4 位)
                MOV     R2，♯00H            ; 置行线编号初值
                MOV     R3，♯03H            ; 置循环数
PINT03：        RRC     A                   ; 依次右移入 C 中
                JC      PINT04              ; C=1，该行有键按下(行线编号存 R2)
                INC     R2                  ; C=0，无键按下，修正行线编号
                DJNZ    R3，PINT03          ; 判循环结束否？未结束继续寻找有键按下行线
PINT04：        MOV     A，R2               ; 取行线编号
                CLR     C
                RLC     A                   ; 行编号×2
                RLC     A                   ; 行编号×4
                ADD     A，R1               ; 行编号×4＋列编号＝按键编号
                MOV     30H，A              ; 存按键编号
                POP     PSW
                POP     ACC
                RETI
```

3.3　其它输入设备及接口

　　计算机系统常用的输入设备除键盘外，还有鼠标、扫描仪、光笔、数字化仪等。键盘输入的是字符和数字信息，鼠标主要输入矢量信息和坐标数据，而扫描仪主要输入图形、图像信息。

1. 鼠标

鼠标是控制显示器光标移动的输入设备，它能在屏幕上实现快速精确的光标定位，可用于编辑、菜单选择和作图。随着 Windows 操作系统环境越来越普及，鼠标已成为计算机系统中必不可少的输入设备。

2. 扫描仪

扫描仪是一种光机电一体化的高科技产品，它是将各种形式的图像信息输入计算机的重要工具，是继键盘和鼠标之后的第三代计算机输入设备，也是功能极强的一种输入设备。

3.4 显示设备及接口

显示设备按显示原理可分为两类：一类是主动显示器件，如 CRT 显示器、发光二极管等，它们是在外加电信号作用下，依靠器件本身产生的光辐射进行显示的，因此也叫光发射器件；另一类叫做被动显示器件，如液晶显示器，这类器件本身不发光，工作时需另设光源，在外加电信号的作用下，依靠材料本身的光学特性变化，使照射在它上面的光受到调制，因此这类器件又叫光调制器件。

3.4.1 CRT 显示器及接口

CRT(Cathode Ray Tube，阴极射线管)显示器由显示适配器(显示卡)和显示器(监视器)两部分组成，显示卡通常插在 PC 机的总线插槽上，也有的计算机主板上集成有显示卡电路。显示卡与显示器通过显示专用接口连接。

CRT 显示器具有屏幕显示尺寸大，图像分辨率高，显示颜色丰富逼真，显示和刷新速度快，图像清晰且亮度高，允许工作温度范围广($-10℃\sim +90℃$)等优点；缺点是体积与功耗较大，易受振动和冲击，容易受到辐射、磁场的干扰。

3.4.2 LCD 显示器

LCD(Liquid Crystal Display)液晶显示器有 4 种类型：无源阵列单色 LCD、无源阵列彩色 LCD、有源阵列模拟彩色 LCD 和最新的有源阵列数字彩色 LCD。

LCD 的技术指标包括：

(1) 速度。结构不同的 LCD 显示器，其响应输入信号的速度差异很大，对于速度的要求取决于 LCD 显示器的用途。

(2) 亮度。高分辨率的显示器已达到较高的亮度级。LCD 的亮度取决于 LCD 的结构和背景照明的类型。

(3) 对比度。对比度通常是指开状态像素与关状态像素亮度的比率。

(4) 视角。视角是指人们观察显示器的范围，它用垂直于显示器平面的法向平面角度来度量。

3.4.3 字母数字显示器

1. LED 显示器

LED 显示器是由发光二极管按照一定的排列规律组成的显示器件，有共阳极和共阴极两种形式。常用的七段 LED 显示器的内部结构和外引脚排列见图 3-6。

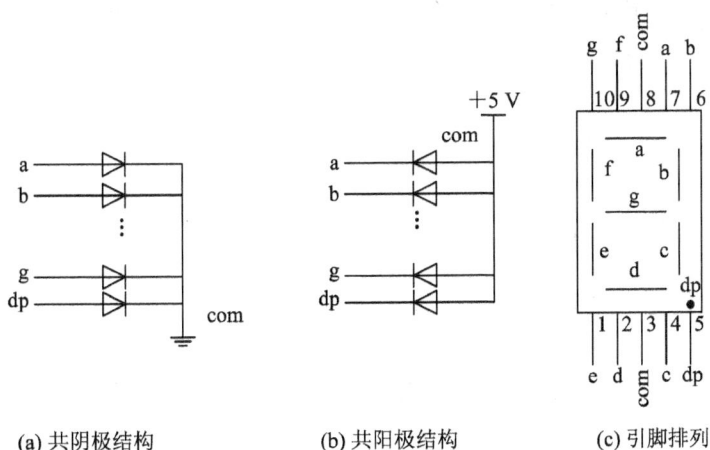

(a) 共阴极结构　　　　　　(b) 共阳极结构　　　　　　(c) 引脚排列

图 3-6　LED 结构及引脚排列图

共阴极七段 LED 结构中，所有发光二极管的阴极接在一起形成公共极 com，使用时 com 接低电平，当某段发光二极管的阳极接高电平时，则该段二极管发光显示字符。

共阳极七段 LED 是把所有的发光二极管的阳极接在一起形成公共端 com，使用时 com 端接高电平，当某段发光二极管的阴极接低电平时，则该段二极管发光进行显示。

表 3-1 给出了七段 LED 的显示字型码。表中的字型码未包括小数点位 dp，段线的排列顺序为 g，f，e，d，c，b，a，即 g 段为显示段码的最高位，a 段为显示段码的最低位。当然段线也可按照其他方式进行排列。从表中可看出，共阴极结构与共阳极结构的显示段码互为反码。

表 3-1　七段 LED 字型码

显示字符	共阴极字型码	共阳极字型码	显示字符	共阴极字型码	共阳极字型码
0	3FH	C0H	A	77H	88H
1	06H	F9H	b	7CH	83H
2	5BH	A4H	C	39H	C6H
3	4FH	B0H	d	5EH	A1H
4	66H	99H	E	79H	86H
5	6DH	92H	F	71H	8EH
6	7DH	82H	P	73H	8CH
7	07H	F8H	—	40H	BFH
8	7FH	80H	全灭	00H	FFH
9	6FH	90H			

1) LED 显示器的显示方式

在实际应用系统中，N 片七段 LED 构成 N 位七段码显示器。LED 的公共端 com 叫做显示器的位选线，a～g 称为段选线，这样 N 位 LED 显示器有 N 根位选线，N×8 根段选线（包括小数点位）。位选线控制 LED 的每一位是否显示，段选线控制每一位的显示字符。根据位选线与段选线的接法，LED 有两种显示方式：静态显示方式和动态显示方式。

（1）静态显示方式。如图 3-7 所示，所有的位选线 com 连接到一起接低电平（共阴极）

或接高电平(共阳极),每一位 LED 的段选线连接到一个 8 位显示输出口上,这样 N 位显示器共需要 $8 \times N$ 根显示输出线,显示时位与位之间是相互独立的。

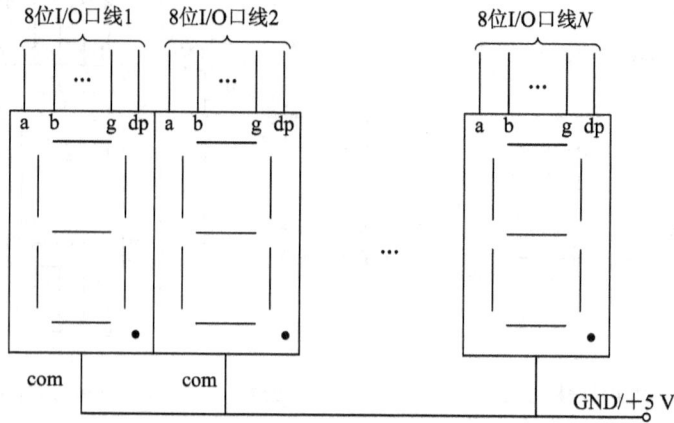

图 3-7　N 位 LED 静态显示原理图

静态显示方式具有显示亮度高,显示稳定,控制方便等优点,但当显示的位数较多时,占用的 I/O 口线较多。

(2) 动态显示方式(见图 3-8)。动态显示与静态显示相比需要的 I/O 口线少,功耗小,但控制程序较复杂,显示亮度低。

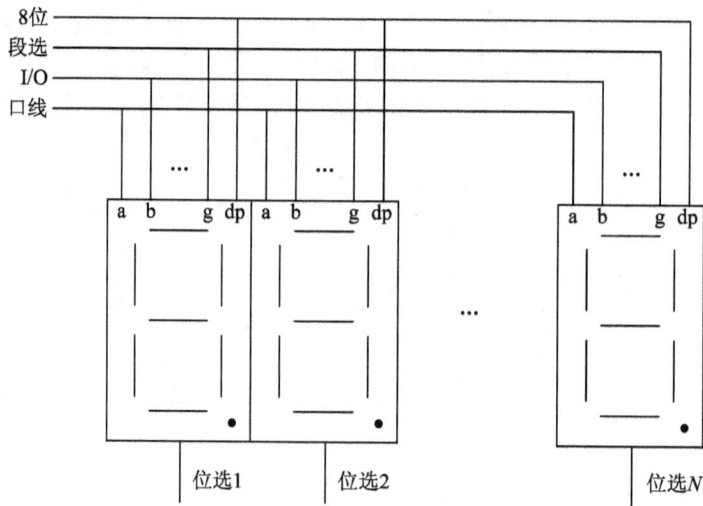

图 3-8　N 位 LED 动态显示原理图

2) LED 显示器接口电路

LED 显示器的接口电路分静态显示接口电路和动态显示接口电路两类,每一类又可分为软件译码和硬件译码两种控制方式。

软件译码方法是指将要显示的字符通过编程的方法译成七段 LED 显示字型码,通过 I/O 口直接输出 LED 的段选码;硬件译码是指将要显示的字符直接输出给硬件译码电路,通过硬件译码电路再把 BCD 码或十六进制码转换成七段 LED 显示字型码。

(1) 软件译码动态显示电路如图 3-9 所示。

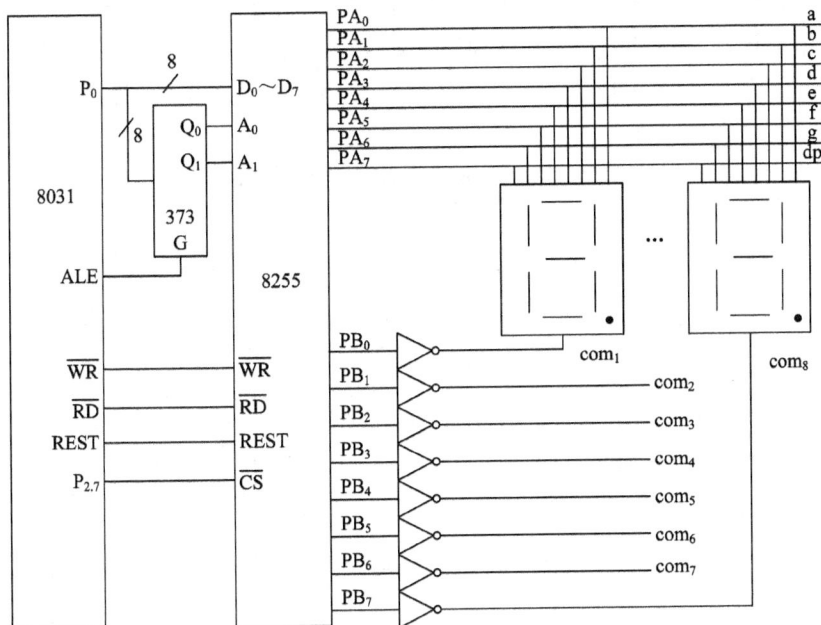

图 3-9　软件译码动态显示电路

按图 3-9 所示电路进行连接时所用 8255 的各端口地址为

PA 口地址：7FFCH；

PB 口地址：7FFDH；

控制口地址：7FFFH。

PA、PB 口均设定为输出工作方式，其控制字为 10000000B。控制程序如下：

DISP：	MOV	DPTR，#7FFFH	；选择 8255 的控制口
	MOV	A，#80H	；PA、PB 口控制字为 80H
	MOVX	@DPTR，A	；8255 初始化
	MOV	R0，#TAB1	；指向显示字符表
	MOV	R7，#08H	；显示位数送 R7
	MOV	B，#01H	；显示初始位位选线 com₁ 有效
LOOP：	MOV	DPTR，#7FFDH	；指向 B 口
	MOV	A，B	
	MOVX	@DPTR，A	；输出位选线
	RL	A	
	MOV	B，A	
	MOV	A，@R0	；取显示字符
	INC	R0	；指向下一个显示字符
	MOV	DPTR，#TAB2	；指向 LED 显示字型表
	MOVC	A，@A+DPTR	；取显示七段字型码
	MOV	DPTR，#7FFCH	；指向 A 口
	MOVX	@DPTR，A	；输出段显码
	LCALL	DELAY	；调延时子程序
	DJNZ	R7，LOOP	；8 位未显示完继续
	…		

（2）硬件译码电路。硬件译码是指采用硬件译码电路来完成显示字符到显示七段码的转换。硬件集成译码电路类型较多，有 BCD 七段译码器、BCD 七段译码驱动器、BCD 七段锁存译码驱动器、十六进制七段锁存译码驱动器等。表 3-2 给出了常用的硬件译码集成电路及其性能。

表 3-2 常用的硬件译码集成电路

元件名称	功能	驱动能力	备注
74LS46	BCD 七段译码/输出驱动器	段驱动 8 mA	输出开路
74LS48	BCD 七段译码/输出驱动器	段驱动 8 mA	输出需上拉电阻
74LS49	BCD 七段译码/输出驱动器	段驱动 8 mA	OC 输出
4511	BCD 七段译码/输出驱动器	段驱动 8 mA	CMOS 器件,输出锁存
MC14558	BCD 七段译码器		无驱动能力
MC14547	BCD 七段译码/输出驱动器	段驱动 8 mA	
MC14513	BCD 七段译码/输出驱动器	段驱动 12 mA	输出锁存
ICM7212	BCD 七段译码/输出驱动器	段驱动 8 mA	可静态驱动 4 位共阳极 LED
ICM7218	8 位动态 BCD 七段译码器	段驱动 20 mA 位驱动 170 mA	可动态驱动 8 位共阳极 LED, 动态扫描频率 250 Hz

硬件译码驱动器与单片机及显示器的连接见图 3-10。

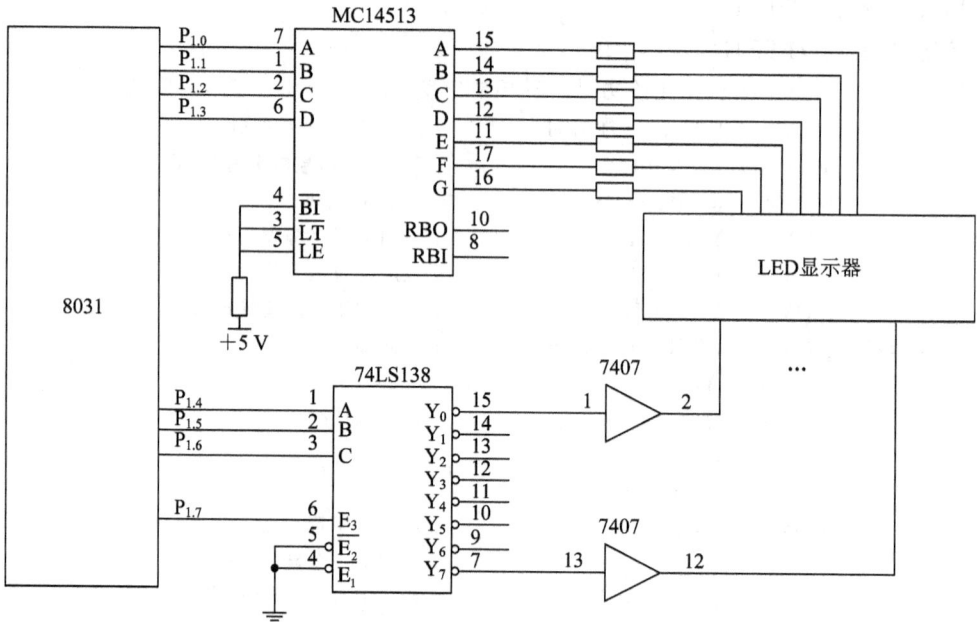

图 3-10 硬件译码驱动器与单片机及显示器的连接

3）LED 驱动电路

LED 的驱动是一个非常重要的问题。如果驱动器驱动能力差，显示亮度就会降低，而且动态和静态显示方式对驱动电路的要求是不一样的。如果是静态显示，不需要考虑 LED 驱动，一般情况下只要将单片机 I/O 口与数码管的段代码连接即可。

　　但是动态显示需要考虑 LED 驱动，因为动态显示是由段选和位选信号共同配合实现的，因此必须同时考虑段和位的驱动能力，并且段的驱动能力决定位的驱动能力。常用的动态显示驱动电路有两种：集成电路芯片，如 SN7407；或简单的三极管放大电路，如图 3 - 11 所示。

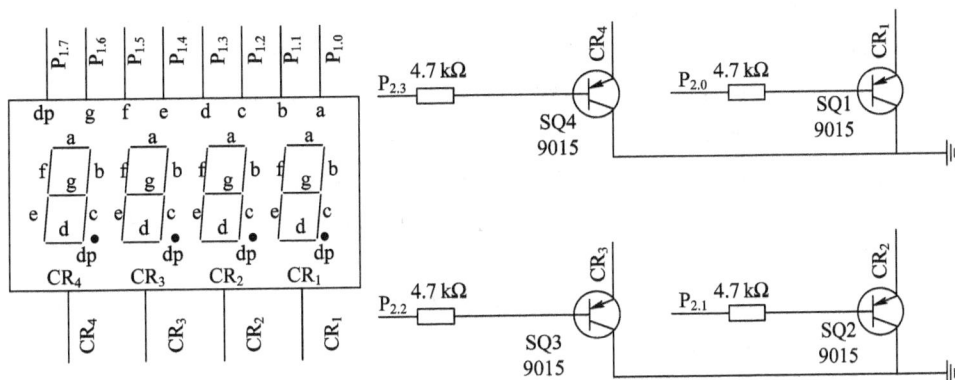

图 3 - 11　三极管放大驱动电路

2. LCD 显示器

1）LCD 显示器基本原理

　　液晶是介于固体和液体之间的一种有机化合物，可流动，又具有晶体的某些光学性质，即在不同方向上它的光电效应不同。液晶显示器为被动显示器，本身不发光，它通过电压控制环境光在显示部位的反射或透射来实现显示。

　　LCD 显示器的基本结构如图 3 - 12 所示。

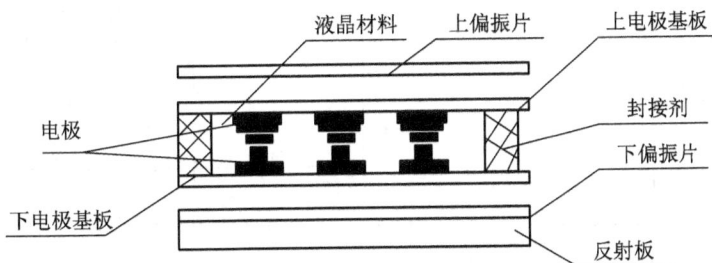

图 3 - 12　LCD 显示器基本结构

2）特点

LCD 显示器的特点有：

（1）功耗小，为每平方厘米 1 μW 以下，是 LED 显示器的几百分之一。

（2）可在明亮环境下正常使用，清晰度不受环境光影响。

（3）外形薄，约为 LED 的 1/3。

（4）显示内容多。

（5）响应时间和余辉时间长，响应速度为 ms 级。

（6）通常需辅助光源。

（7）使用寿命较长（50 000 h 以上）。

（8）工作温度范围窄（－5～＋50℃）。

3）参数

（1）响应时间：从加脉冲电压算起，到透光率达饱和值 90% 所需的时间。

（2）余辉：从去掉脉冲电压算起，到透光率达饱和值 10% 所需的时间。

（3）阈值电压 U_{th}：当脉冲电压大于 U_{th} 时液晶显示，否则不显示。

（4）对比度：在 0 V 时光透过率与在工作电压下透过率的比值。

（5）刷新率：每秒刷新次数。

（6）分辨率：屏幕上水平和垂直方向所能够显示的点数。

（7）视角：可视角度，目前最好的 LCD 已达 160°，接近纯平 CRT 的 180°。

4）背光源

由于液晶显示器是靠反射光线进行显示的器件，因此在环境光线较弱时，需要有光源来使显示变得清晰，这就是液晶显示的采光技术。目前背光源的类型一般分为 LED 型（DC 5 V～DC 24 V）、EL 型（场致发光灯，AC 100 V，400 Hz）、CCFL 型（冷阴极荧光灯，AC 1000 V）。

5）LCD 的驱动方式

（1）静态驱动方式：静态驱动回路及波形如图 3-13 所示，图中 LCD 表示某个液晶显示段。

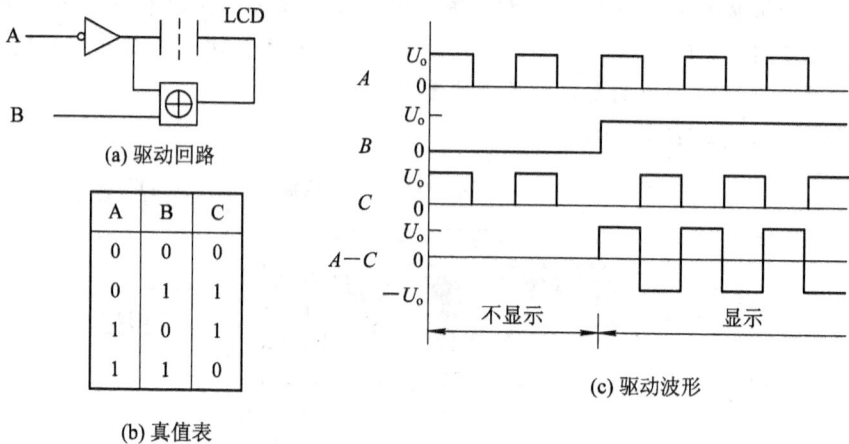

图 3-13 静态驱动回路及波形

（2）时分割驱动电压平均化：当显示字段增多时，为减少引出线和驱动回路数，需要采用时分割驱动法。时分割驱动方式通常采用电压平均化方法，其占空比有 1/2、1/8、1/11、1/16、1/32、1/64 等，偏比有 1/2、1/3、1/4、1/5、1/7、1/9 等。

6）LCD 接口实例

图 3-14 为 6 位液晶静态显示电路。

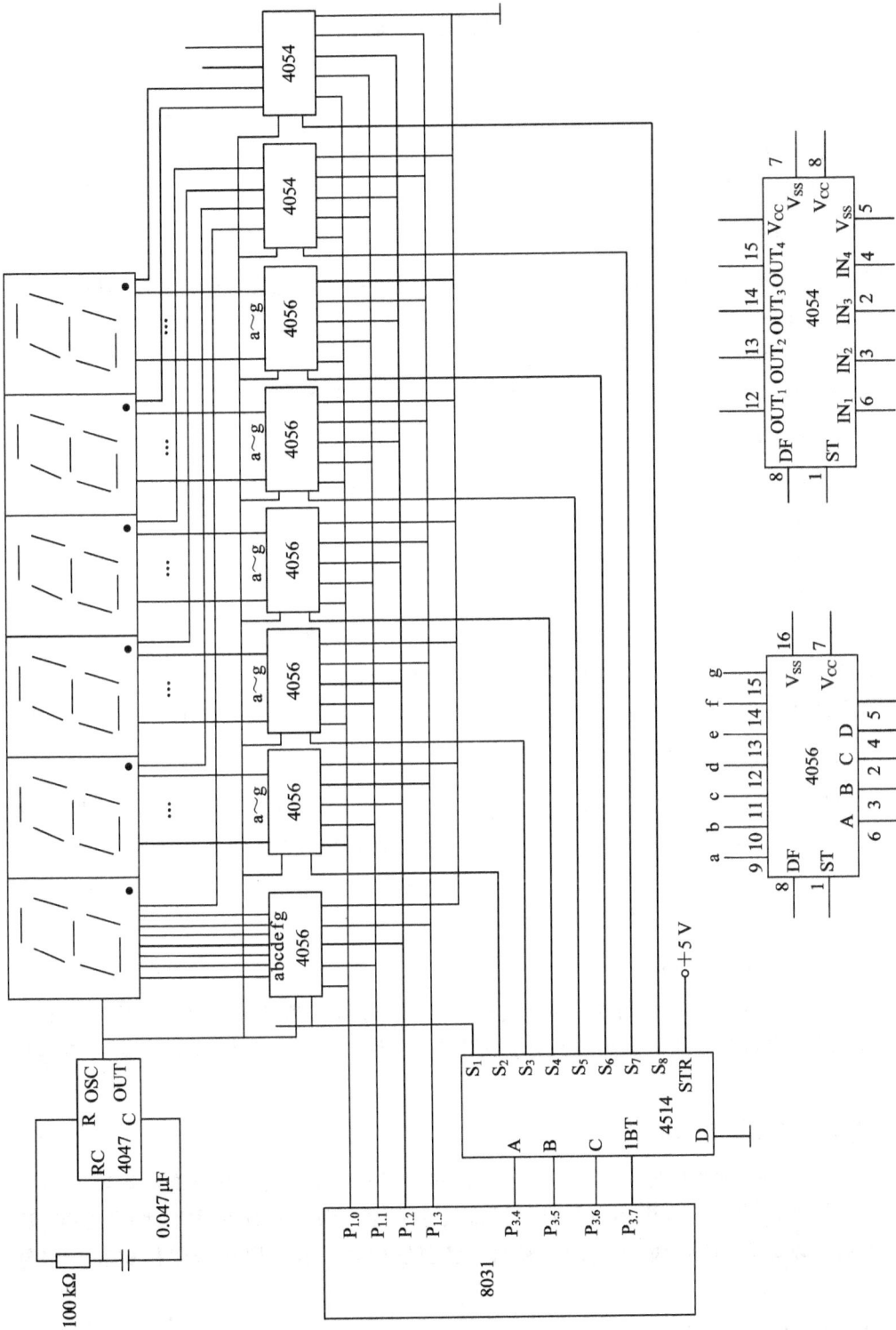

图 3 – 14　6 位 LED 静态显示电路

3.5　打印机及接口

打印机是计算机系统的主要输出设备之一，其功能是将计算机的处理结果以字符或图形的形式打印到纸上，转换成为书面信息，便于人们阅读和保存。由于打印输出结果能永久性保留，故也称打印机为硬拷贝输出设备。

1. 打印机概述

按照打印的工作原理的不同，可分为击打式打印机和非击打式打印机；按照输出工作方式的不同，可分为串行打印机、行式打印机和页式打印机；按印字机构的不同，可分为固定字模(活字)式打印机和点阵式打印机。

打印机通常有两种工作模式，即文本模式(字符模式)和图形模式。

2. 打印机的主要性能指标

(1) 分辨率(DPI)。打印机的打印质量是指打印出的字符的清晰度和美观程度，用分辨率表示，单位为每英寸打印的点数(DPI)。

(2) 打印速度。针式打印机打印速度常用"字/秒"或"行/秒"来表示，喷墨激光打印机打印速度则用"页/分"(ppm)来表示。

(3) 打印幅面。打印机的打印幅面有许多种，如 A3、A4 等。

(4) 接口方式。打印机的接口大多数为标准配置并行接口。

(5) 缓冲区。打印机的缓冲区相当于计算机的内存，单位为 KB 或 MB。

3. 针式打印机工作原理

针式打印机是由若干根打印针印出 $m \times n$ 个点阵组成的字符或汉字、图形。这里 m 表示打印的列数，n 表示打印的行数。点阵越密，印字的质量就越高。需要注意的是，一个字符由 $m \times n$ 个点阵组成，并不意味着打印头就装有 $m \times n$ 根打印针。串行针式打印机的打印头上一般只装有一列 n 根打印针。

4. 喷墨打印机工作原理

喷墨打印机的喷墨方式有两种：连续式和随机式。连续式喷墨打印机是指连续不断地喷射墨水；随机式喷墨打印机的墨滴只在需要打印时才从喷嘴中喷出(又称按需式喷墨打印机)。

5. 激光打印机工作原理

激光打印机是一种光机电一体、高度自动化的计算机输出设备，其成像原理与静电复印机相似，结构比针式打印机和喷墨打印机都复杂得多。激光打印机主要由激光器、激光扫描系统、以碳粉与感光鼓为主的碳粉盒、字型发生器、电子照相转印机构和电路部分组成。

6. TPμP - 40A/16A 打印机接口实例

TPμP - 40A 与 TPμP - 16A 打印机的接口与时序要求完全相同。TPμP - 40A 每行打印 40 个字符，TPμP - 16A 每行打印 16 个字符。

TPμP - 40A/16A 的特性包括：

(1) 采用单片机控制，具有 2 KB 监控程序及标准的 Centronic 并行接口，便于与各种计算机应用系统或智能仪器仪表联机使用。

(2) 具有较丰富的打印命令，命令代码均为单字节，格式简单。

(3) 可产生全部标准的 ASCII 代码字符，以及 128 个非标准字符和图符；有 16 个代码字符(6×7 点阵)，可由用户通过程序自行定义，并可通过命令用此 16 个代码字符去更换任何驻留代码字型，以便用于多种文字打印。

(4) 可打印出 8×240 点阵的图样(汉字或图案点阵)。代码字符和点阵图样可在一行中混合打印。

(5) 字符、图符和点阵图可以在高和宽的方向放大为×2、×3、×4 倍。

(6) 每行字符的点行数(包括字符的行间距)可用命令更换，即字符行间距空点行在 0~256 间任选。

(7) 带有水平和垂直制表命令，便于打印表格。

(8) 具有重复打印同一字符的命令，以减少输送代码的数量。

(9) 带有命令格式的检错功能，当输出错误命令时，打印机立即打印出错误信息代码。

TPμP - 40A 微型打印机与计算机应用系统通过机箱后部的 20 芯扁平电缆及插件相连。

打印机机箱后部接插件引脚信号如图 3 - 15 所示，接口信号时序如图 3 - 16 所示。

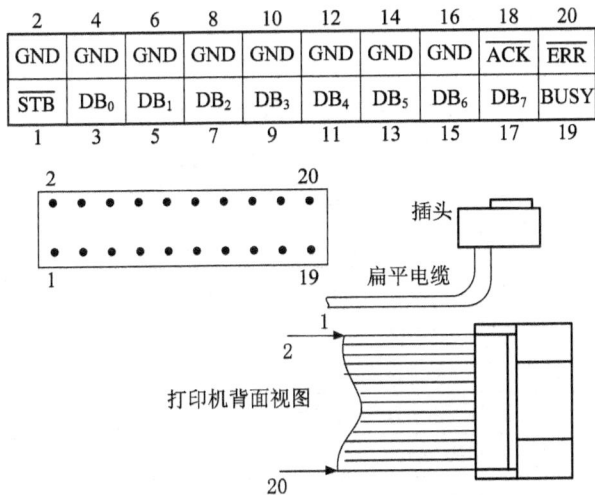

2	4	6	8	10	12	14	16	18	20
GND	GND	GND	GND	GND	GND	GND	GND	$\overline{\text{ACK}}$	ERR
$\overline{\text{STB}}$	DB_0	DB_1	DB_2	DB_3	DB_4	DB_5	DB_6	DB_7	BUSY
1	3	5	7	9	11	13	15	17	19

插头

扁平电缆

打印机背面视图

图 3 - 15 插脚安排(从打印机背视)

TPμP - 40A/16A 全部代码共 256 个，其中 00H 为无效代码。

- 代码 01H~0FH 为打印命令；
- 代码 10H~1FH 为用户自定义代码；
- 代码 20H~7FH 为标准 ASCII 码；
- 代码 80H~FFH 为非 ASCII 码，其中包括少量汉字、希腊字母、块图图符和一些特殊的字符。

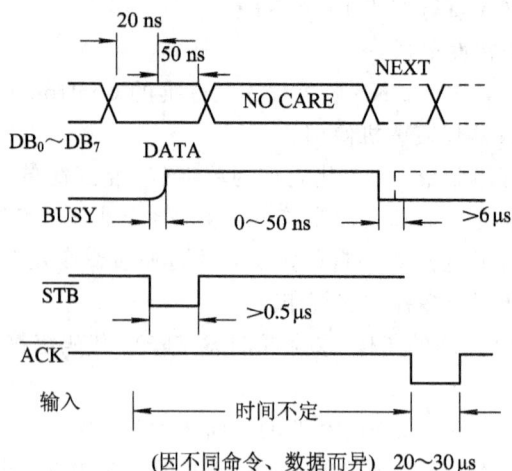

图 3-16　接口信号时序

1）字符代码

TPμP-40A/16A 中全部字符代码为 10H～FFH，字符串的结束代码或称回车换行代码为 0DH。但是，当输入代码满 40/16 个时，打印机自动回车。TPμP-40A 打印命令代码及功能见表 3-3，字符代码串实例如下。

（1）打印字符串"＄3265.37"，输送的代码串为 24，33，32，36，35，2E，33，37，0D。

（2）打印"This is Micro-Printer"，输送的代码串为 54，68，69，73，20，69，73，20，4D，69，63，72，6F，2D，70，72，69，6E，74，65，72，2E，0D。

（3）打印"32.8cm2"，输送的代码为 33，32，2E，38，63，6D，9D，0D。

表 3-3　TPμP-40A 打印命令代码及功能

命令代码	命令功能
01H	打印字符、图等，增宽（×1，×2，×3，×4）
02H	打印字符、图等，增高（×1，×2，×3，×4）
03H	打印字符、图等，宽和高同时增加（×1，×2，×3，×4）
04H	字符行间距更换/定义
05H	用户自定义字符点阵
06H	驻留代码字符点阵式样更换
07H	水平（制表）跳区
08H	垂直（制表）跳区
09H	恢复 ASCII 代码和清输入缓冲区命令
0AH	一个空位后回车换行
0BH～0CH	无效
0DH	回车换行
0EH	重复打印同一字符命令
0FH	打印位点阵图命令

2）命令代码

TPμP - 40A 的控制打印命令由一个命令字和若干个参数字节组成，其格式如下：

　　　CCXX0…XXn

其中：

CC——命令代码字节，01H～0FH；

XXn——n 个参数字节，n＝0～250，随不同命令而异。

命令结束代码为 0DH，除代码为 06H 的命令必须用它结束外，其余情况均可省略。

3）错误代码

当主机向 TPμP - 40A 输入非法命令时，打印机即打印出错代码，用以提示用户。出错代码信息打印格式如图 3 - 17 所示，其含义如下。

ERROR：0——放大系数出界，即放大倍数是 1、2、3 和 4 以外的数字。

ERROR：1——定义代码非法，用户自定义代码不是 10H～1FH。

ERROR：2——非法换码命令，换码命令只能用 10H～1FH 去代换驻留字符代码，否则非法。

ERROR：3——绘图命令错误，指定图形字节数为 0 或大于 240。

ERROR：4——垂直制表命令错误，指定空行数为 0。

```
┌──────────────┐
│  ERROR: 0    │
│              │
│  ERROR: 1    │
│              │
│  ERROR: 2    │
│              │
│  ERROR: 3    │
│              │
│  ERROR: 4    │
└──────────────┘
```

图 3 - 17　出错代码信息

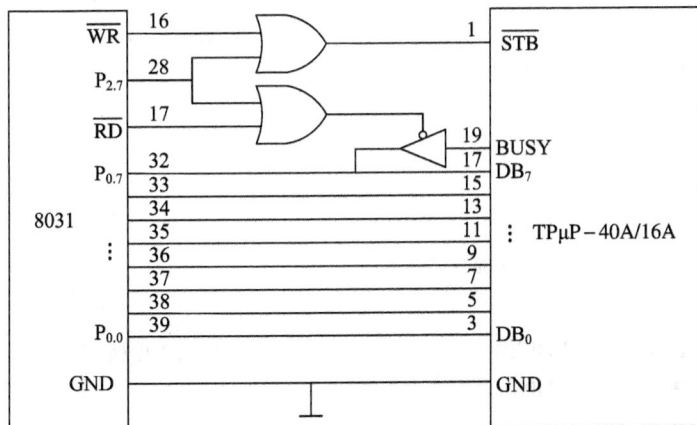

4）TPμP - 40A/16A 与 MCS - 51 单片机接口

TPμP - 40A/16A 没有读写信号线，只有一对握手线和一条 BUSY 线，接口如图 3 - 18 所示。

图 3 - 19 是通过单片机应用系统中的扩展 I/O 口连接的打印机接口电路。

图 3 - 18、图 3 - 19 中打印机的口地址由地址线 P_2 口线决定，使用时，口地址设为 7FFFH。

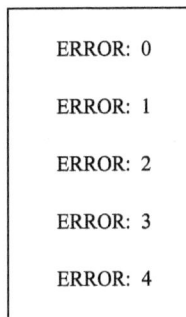

图 3 - 18　TPμP - 40A/16A 与 8031 数据总线接口电路图

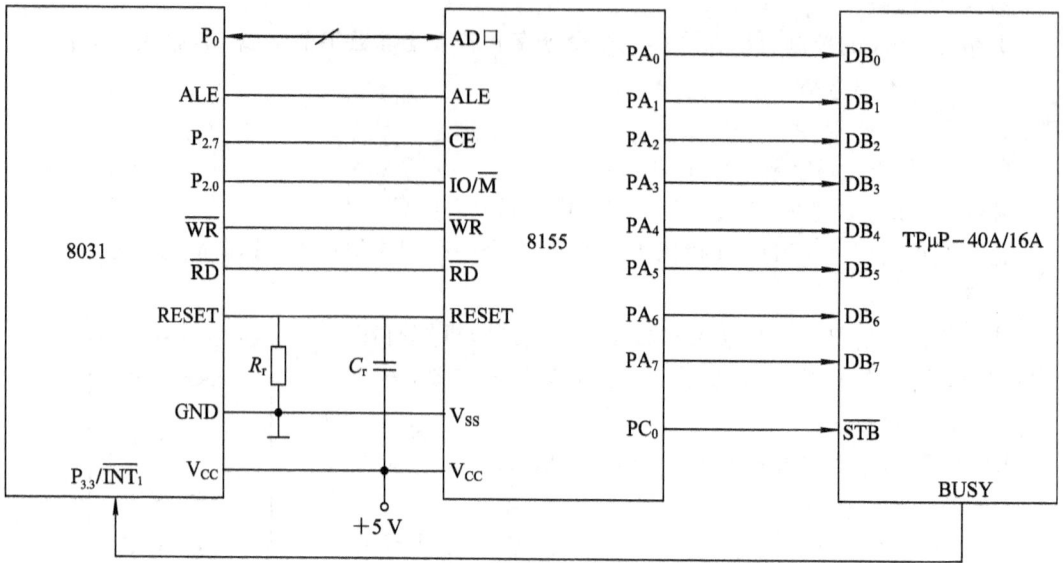

图 3 - 19 TPμP - 40A/16A 与 8031 扩展 I/O 口连接的接口电路图

5) 打印程序实例

下面以图 3 - 19 作为打印机接口，介绍一种使用 TPμP - 16A 打印机打印 16×16 点阵汉字"作业"的程序。程序清单如下：

```
HZDY：  MOV     DPTR，♯TAB2        ；置字型表首址
        MOV     R6，♯02H
DY1：   MOV     B，♯20H
        LCALL   SUB2               ；调用打印机控制子程序
        DJNZ    R6，DY1
        RET
SUB1：  PUSH    DPH                ；DPTR 入栈
        MOV     DPTR，♯TAB1        ；置打印机控制字表首址
        MOV     R5，♯05H           ；送打印控制字串到打印机
SB11：  LCALL   DAY2
        LCALL   DAY1
        DJNZ    R5，SB11
        MOV     A，B
        LCALL   DAY1
        MOV     A，♯00H
        LCALL   DAY1
        POP     DPL                ；DPTR 出栈
        POP     DPH
        RET
SUB2：  MOV     R5，B              ；送由 B 设置个数的汉字字型码到打印机
SB21：  LCALL   DAY2
```

```
           LCALL     DAY1
           DJNZ      R5，SB21
           MOV       A，#0DH                    ;回车换行
           LCALL     DAY1
           RET
DAY1：     PUSH      DPH
           PUSH      DPL
           MOV       DPTR，#7F01H               ;将字型码送 8155 PA 口
           MOVX      @DPTR，A
           MOV       DPTR，#7F03H               ;用 8155 PC 口模拟打印机信号
           MOV       A，#00H
           MOVX      @DPTR，A
           MOV       A，#01H
           MOVX      @DPTR，A
           JB        P3.3，$                    ;打印机忙，等待
           POP       DPL
           POP       DPH
           RET
DAY2：     CLR       A                          ;取字型码子程序
           MOVX      A，@A+DPTR
           INC       DPTR
           RET
TAB1：     DB        1BH，31H，00H，1BH，4BH      ;打印机控制字符串
           ;汉字"作"的下半部字形码
TAB2：     DB        00H，00H，00H，0FFH，0FEH，00H，00H
           DB        00H，0FFH，0FFH，20H，20H，20H，60H，20H
           ;汉字"业"下半部字形码
           DB        00H，02H，02H，0E2H，0C2H，0FEH，0FEH，02H
           DB        02H，0FEH，0FEH，62H，0C2H，02H，06H，02H
           ;汉字"作"的上半部字形码
           DB        00H，01H，06H，1FH，0F7H，60H，02H，0CH
           DB        38H，0FFH，5FH，12H，12H，16H，32H，10H
           ;汉字"业"的上半部字形码
           DB        00H，08H，07H，03H，00H，0FFH，7FH，00H
           DB        00H，0FFH，7FH，00H，03H，1FH，0CH，00H
```

习　　题

3.1　为什么要消除按键的机械抖动？消除按键的机械抖动的方法有哪几种？原理是什么？

3.2　说明矩阵式键盘按键按下的识别原理。

3.3 键盘有哪两种工作方式，它们各自的工作原理及特点是什么？

3.4 LED 的静态显示方式与动态显示方式有何区别？各有什么优缺点？

3.5 写出表 3-1 中仅显示小数点"."的段码。

3.6 LCD 显示与 LED 显示原理有什么不同？这两种显示方法各有什么优缺点？

3.7 设计 TPμP-40A/16A 微型打印机与 MCS-51 单片机直接连接时的电路(不使用 8155)，说明如何连接控制线。

第 4 章　程序控制与数值控制

在现代化的工厂里，顺序控制是生产过程中常用的控制技术，如在运输、加工、装配、包装等过程中都需要进行顺序控制和程序控制，是许多大型复杂的自动化系统的重要组成部分。数字控制技术是综合应用计算机、自动控制、自动检测精密机械等高新技术的产物，主要应用于数控车床，是制造自动化的主要组成部分。

本章主要介绍用微型计算机来实现的顺序控制和数值程序控制。

4.1　顺 序 控 制

1. 顺序控制概念

顺序控制是指以预先规定好的时间或条件为依据，按预先规定好的动作次序，对控制过程各阶段顺序地进行自动化控制。在工业控制方面，顺序控制的应用极为广泛。例如，在某种条件下，继电器的接通或断开、电磁阀的打开或关闭、电动机的启动或停止、定时器预定时间是否达到、计数器预定计数值是否计满等，用开关且按时间或条件进行操作而实现生产过程的都属于顺序控制。

2. 顺序控制原理

根据应用的场合和工艺要求，划分各种不同的工步，然后按预先规定好的时间或条件，按次序完成各工步的动作并保证各工步动作所需的持续时间。持续时间随产品类型和材料性能不同而定，常常可通过操作员来设定或调整。"条件"是指被控制装置中运动部件移动到了一个预定位置，或者管道、容器中的液体或气体的压力达到了某个预定值，或者加热部件的温度到达某个预定点等。顺序控制器把这些条件是否满足作为本工步动作的持续或结束信号。而这些条件一般是通过行程开关（或限位开关）、压力开关或温度开关等传感器所提供的开关量被测信号而获取的。

下面举例说明顺序控制过程。

例 4.1　冷加工自动线中钻孔动力头钻孔过程的顺序控制原理如图 4-1 所示。

钻孔过程分为以下 5 步：

（1）动力头在起始位置（行程开关 SQ1 受压），按启动开关按钮后，电磁阀 YA1 通电，动力头快进。

（2）快进到位时压下行程开关 SQ2，使

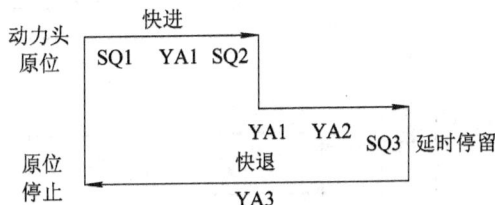

图 4-1　钻孔动力头工步图

电磁阀 YA2 通电(YA1 保持通电),动力头由快进转工进(钻孔),即一边加工一边进给。

(3) 工进到位时压下行程开关 SQ3,使 YA1、YA2 断电,开始定时延迟,动力头原地旋削(精镗)。

(4) 延迟时间到,YA3 通电,动力头快退。

(5) 动力头退回到原位,行程开关 SQ1 又受压,YA3 断电,动力头停止。

例 4.2 机械手。本例中的机械手实际上是一台水平/垂直位移的机械设备。例如,要将工件从左工作台搬移到右工作台,机械手的工作顺序为:机械手移到左工作台,夹住工件,提起工件达到右工作台上,松开工件,使工件留在右工作台上,一个工件搬送过程结束。重复上述过程,就能连续地把进入左工作台的工件一个一个地搬到右工作台上。机械手的上升/下降和左移/右移的运动是由双线圈的两位电磁阀驱动汽缸来完成的。一旦某一线圈通电,机械装置就一直保持当时的位置,直到相反动作的线圈得电为止。机械手的夹紧/放松动作用单线圈两位电磁阀完成。线圈得电夹紧,线圈失电则放松。为确保安全,当汽缸在右工作台下降时,可用光电开关来检测右工作台上有无工件。机械手从一个工作状态转入下一个工作状态,是根据相应的限位开关是否动作来确定的。

机械手搬动工件取放动作示意图如图 4-2 所示。图中限位开关用来检测上升、下降、左移、右移的终点位置,执行装置由下降、夹紧、上升、右移、左移 5 个电磁阀组成。机械手的动作顺序为:下降,夹紧,上升,右移,下降,放松,上升,左移。机械手每搬送完一个工件,就回到原点,等待下一次重复动作。

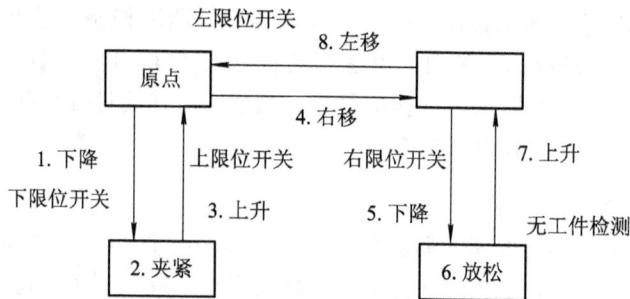

图 4-2 机械手取放动作示意图

3. 顺序控制系统的组成

一个典型的顺序控制系统由系统控制器、输入电路、输入接口、输出电路、输出接口、信号检测、显示电路、报警电路以及操作台等组成,参见图 4-3。

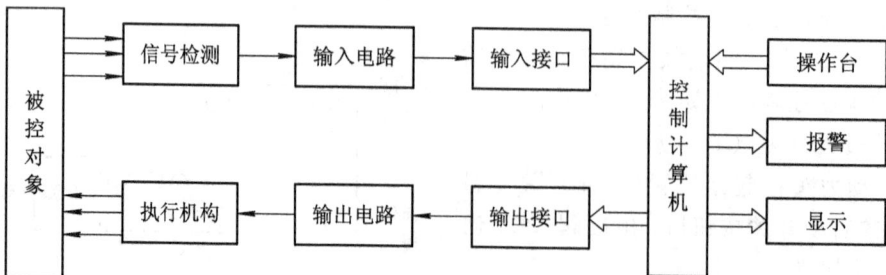

图 4-3 顺序控制系统组成框图

一般地，顺序控制系统的输入和输出都是开关信号，顺序控制系统控制生产机械按照次序或时序动作，动作的转换是根据对现场输入信号的逻辑判断或时序判断来决定的，因此顺序控制系统应具有较完善的输入、输出功能和各种接口电路，应具有逻辑记忆以及时序产生和时序判断的功能，这些功能均由系统控制器完成。控制器是组成顺序控制系统的核心部分。

此外，为了保证系统工作可靠，有的系统中需对执行机构或控制对象的实际状态进行检查或测量，将结果即时反馈回控制器，这就需要增加信号检测电路。显示与报警单元用于实时显示被控对象的工况以及故障时的报警。

用工业控制计算机来组成顺序控制系统是很方便的。在计算机基本配置的基础上，增加一些接口板卡（或模块），即可构成一个顺序控制系统。对于按事件顺序工作的系统，CPU 通过并行输入接口，接收操作台或被控对象的输入信号，按工作要求对有关的输入信号进行判断、逻辑运算，然后将结果通过并行输出接口向执行机构发出开关量控制信号，实现控制。对于按时序工作的系统，CPU 用软件或硬件定时器产生所需的时序信号，判断工艺要求规定的时间间隔是否已到，并通过并行输出接口向执行机构发出开关量控制信号，实现顺序控制。

4. 顺序控制应用举例

以钻孔动力头的顺序控制为例。如前所述，钻孔动力头在一个工作循环中有快进、工进、工进延时、快退和停止 5 个工作状态。从前一个工作状态转入下一个工作状态，是根据来自现场的输入信号的逻辑进行判断的，现场输入信号有：启动按钮 SB1、原位开关 SQ1、行程开关 SQ2 和 SQ3 及延时信号，这些电器触点的通断通过输入电路变换为电平信号送到输入接口的输入端，CPU 按一定的逻辑顺序读取这些信号，并逐一判断其是否满足各工作状态转换条件。若满足，则发出相应的转换工作状态的控制信号。输出控制信号通过输出接口经过输出电路驱动相应的电磁阀吸合或释放，从而改变液压油路的状态，使动力头转换为新的工作状态。若不满足，则等待（当 CPU 只控制一台动力头时），或跳过后转向询问另一台动力头（当 CPU 控制多台动力头时）。下面介绍采用 8031 单片机实现动力头的顺序控制。

1）硬件连接

在该例中，因为输入、输出的点数不多，故用单片机内的 P_1 口作为输入输出端口。现场的输入信号 SB1、SQ1、SQ2、SQ3 经过输入电路处理后分别送到 P_1 口的 $P_{1.0} \sim P_{1.3}$。当触点闭合时，P_1 口对应的位为"1"，当触点断开时，P_1 口对应的位为"0"。计算机发出的控制信号经 P_1 口的 $P_{1.5} \sim P_{1.7}$ 输出至输出电路放大后驱动执行机构完成相应的动作。

一般地，计算机只能接收电平为 $0 \sim 5$ V 的开关信号或数字信号，反映现场工作状态的是按钮、行程开关、转换开关、继电器等电器触点的接通或断开。因此输入电路必须完成电平转换的任务，即将电器触点的通、断转换成计算机所能接受的电平。同时，为了保证系统工作安全可靠，还必须考虑信号的滤波和隔离。常用的输入电路有中间继电器隔离的电平转换电路、晶体管隔离及电平转换电路、光电耦合器输入隔离电路以及变压器输入隔离电路等。同样，计算机接口输出的控制信号通常为 $0 \sim 5$ V。因此，在输出锁存器与负载之间，通常要加驱动电路，以获得必要的电流、电压和功率。常用的输出驱动电路有中间继电器输出电路、晶体管输出电路、固态继电器输出电路以及晶闸管输出电路等。近年来，国内外众多生产厂商开发、研制出了许多功能强大、使用灵活方便的输入输出接口板和模块，如台湾研华的 PCL 系列各种通用输入输出接口板、ADAM 系列的各种输入输出模块，使得系统组成更加方便快捷，大大缩短了开发周期。

2）控制程序流程图及控制程序

控制程序流程图如图 4-4 所示。

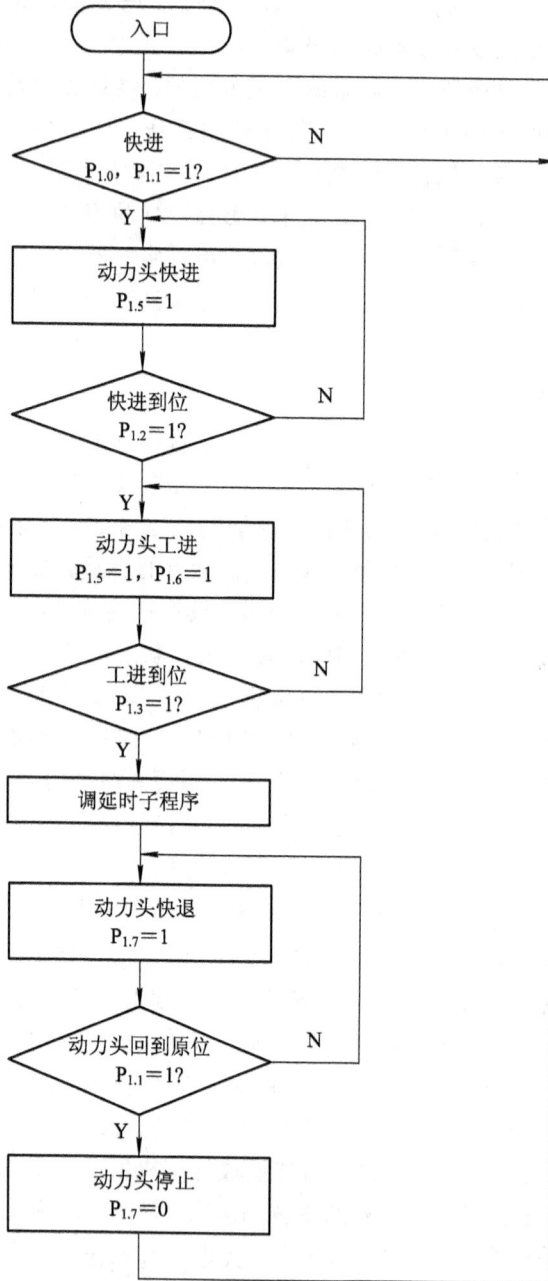

图 4-4 钻孔动力头顺序控制流程图

从程序流程图可以看出，控制程序按一定的逻辑顺序读入被控设备的状态信号，按预定的逻辑算式进行与、或、非等逻辑运算，按运算结果判别是否发出某种控制信号。根据程序流程图以及输入、输出信号排列，用 8031 汇编语言编写的控制程序如下：

```
BEGIN:   MOV    A, P1              ;读入现场信号
         ANL    A, ♯0FCH
         CJNE   A, ♯03, BEGIN      ;SQ1、SB1＝1？
STEP1:   SETB   P1.5              ;是，动力头快进
         MOV    A, P1              ;读入现场信号
         ANL    A, ♯04H
         CJNE   A, ♯04H, STEP1     ;判断 SQ2＝1？
STEP2:   SETB   A, P1.6            ;是，转入工进
         MOV    A, P1              ;读入现场信号
         ANL    A, ♯08H
         CJNE   A, ♯08H, STEP2     ;判断 SQ3＝1？
         CALL   DELAY             ;是，延时停留
STEP3:   MOV    A, ♯80H
         MOV    P1, A              ;YA3＝1，YA1、YA2＝0
         MOV    A, P1
         ANL    A, ♯02H
         CJNE   A, ♯02H, STEP3     ;判断 SQ3＝1？
         CLR    P1.7              ;是，YA3＝0
         AJMP   BEGIN             ;返回，转下次循环
```

在程序中，在某一工步读入现场信号后，判断相应的行程开关是否被压动，若是则转下一工步，若不是，则反复输出本步的控制信号。在实际应用中，这样安排程序能够有效地提高系统的抗干扰能力。

4.2　开环数值控制

开环数值程序控制装置随着微型计算机和 PLC 的大量普及得到了广泛的应用，例如数字控制机床、线切割机以及低速小型数字绘图仪等，它们都是利用数值控制原理实现控制的机械加工设备或绘图设备。对于不同的设备，其控制系统有所不同，但其基本的数值控制原理是相同的。

4.2.1　数值控制的基本原理

让我们先看图 4 - 5 所示的平面图形，如何用计算机在绘图仪或加工装置上重现该图形？

第一步，将此曲线分割成若干线段，可以是直线段，也可以是曲线段，本图把它分割成 3 段，即 ab、bc 和弧线 cd，然后把 a、b、c、d 四点坐标记下来并送给计算机。图形分割原则应保证线段所连接成的曲线与原图形的误差在允许范围之内。由图可见，显然采用 ab、bc 和弧线 cd 比采用 ab，bc 和直线 cd 要精确得多。

第二步，当给定 a、b、c、d 各点坐标和 x、y 值之后，如何确定各中间点的坐标值？求

得这些中间值的数值计算方法称为插值或插补方法。插补计算的宗旨是通过给定的基点坐标，以一定的速度连续定出一系列中间点，而这些中间点的坐标值是以一定的精度逼近给定的线段的。

　　从理论上说，插补可以用任意函数形式，但为了简化插补运算过程和加快插补速度，常用的是直线插补和二次曲线插补两种形式。所谓直线插补，是指在给定的两个基点之间用一条近似直线来逼近，也就是由此定出的中间点连接起来的折线近似于一条直线，并不是真正的直线。所谓二次曲线插补，是指给定的两个基点之间用一条近似曲线来逼近，也就是实际的中间点连线是一条近似于曲线的折线弧。常用的二次曲线有圆弧、抛物线和双曲线等。对图 4-5 所示的图形来说，显然 ab 和 bc 线段用直线插补，cd 线段用圆弧插补是合理的。

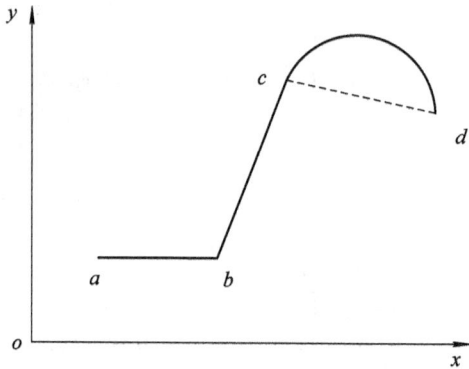

图 4-5　曲线分段

　　第三步，把插补运算过程中定出的各中间点，以脉冲信号形式去控制 x、y 方向上的步进电机，带动画笔、刀具或线电极运动，从而绘出图形或加工出符合要求的轮廓。这里的每一个脉冲信号代表步进电机走一步，即画笔或刀具在 x 方向或 y 方向移动一个位置。我们把对应于每个脉冲移动的相对位置称为脉冲当量，又称为步长，常用 Δx 和 Δy 来表示，并且总是取 $\Delta x = \Delta y$。

　　图 4-6 是一段用折线逼近直线的直线插补线段，其中 (x_0, y_0) 代表该线段的起点坐标值，(x_e, y_e) 代表终点坐标值，则 x 方向和 y 方向应移动的总步数为 N_x 和 N_y，则：

$$N_x = \frac{x_e - x_0}{\Delta x}$$

$$N_y = \frac{y_e - y_0}{\Delta y}$$

如果把 Δx 和 Δy 约定为坐标增量值，即 x_0、y_0、x_e、y_e 均是以脉冲当量定义的坐标值，则：

$$N_x = x_e - x_0$$

$$N_y = y_e - y_0$$

　　所以，插补运算就是指如何分配 x 和 y 两个方向上的脉冲数，使实际的中间点轨迹尽可能地逼近理想轨迹。由图 4-6 可见，实际的中间点连接线是一条由 Δx 和 Δy 增量值组成的折线，只是由于实际的 Δx 和 Δy 的值很小，眼睛分辨不出来，看起来似乎与直线一样而已。显然，Δx 和 Δy 的增量值越小，就越逼近于理想的直线段。

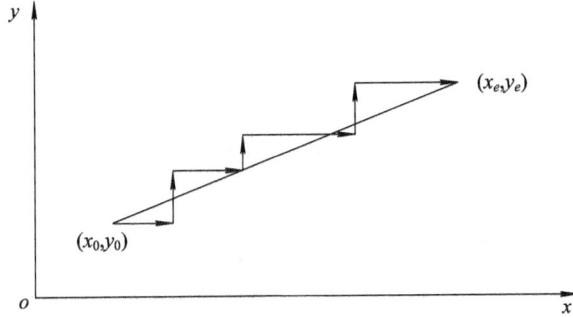

图 4 - 6　用折线逼近直线插补线段

实现直线插补和二次曲线插补的方法有多种，常见的有数字脉冲乘法器（又称 MIT 法，因为它由麻省理工学院首先使用）、数字积分法（又称数字微分分析器，即 DDA 法）和逐点比较法（又称富士通法或醉步法）等，其中又以逐点比较法使用最广。下面将专门阐述逐点比较法的插补原理，而其它插补原理因受篇幅限制，就不一一阐述了。

4.2.2　逐点比较差补法

逐点比较法插补的原理是：每当画笔或刀具向某一方向移动一步，就进行一次偏差计算和偏差判别，也就是计算到达的新位置和理想线型上对应点的理想位置坐标之间的偏离程度，然后根据偏差的大小确定下一步的移动方向，使画笔或刀具始终紧靠理想线型运动，起到步步逼近的效果。由于是"一点一比较，一步步逼近"的，因此称其为逐点比较法。

逐点比较法是以直线或折线（阶梯状的）来逼近直线或回弧等曲线的，它与给定轨迹之间的最大误差为一个脉冲当量，因此只要把运动步距取得足够小，便可精确地跟随给定轨迹，以达到精度要求。

下面分别介绍逐点比较法直线和圆弧插补原理、插补计算及其程序实现方法。

1. 逐点比较法直线插补

1）直线插补计算原理

设如图 4 - 7 所示直线 oP，将加工起点预先调整到坐标原点，以不超过一步（一个脉冲当量）的误差，沿直线 oP 进给到终点 $P(x_e, y_e)$。

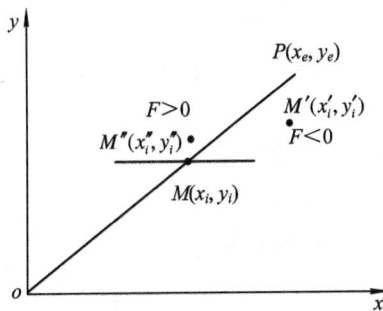

图 4 - 7　直线插补判别函数区域图

直线上任一加工点 $M(x_i, y_i)$ 满足关系：

$$\frac{y_i}{x_i} = \frac{y_e}{x_e}$$

即

$$x_e y_i - x_i y_e = 0$$

若 M' 点在直线 oP 的下方，即直线与 x 轴所夹区域内，则

$$x_e y_i - x_i y_e < 0$$

若 M' 点在直线 oP 的上方，即直线与 y 轴所夹区域内，则

$$x_e y_i - x_i y_e > 0$$

取直线加工的偏差函数 F_M 为

$$F_M = x_e y_i - x_i y_e$$

于是有如下结论：

$$F_M = x_e y_i - x_i y_e \begin{cases} = 0 \,(加工点在直线上) \\ > 0 \,(加工点在直线上方) \\ < 0 \,(加工点在直线下方) \end{cases}$$

以后为方便起见，将 F_M 记为 F。当 $F>0$ 时，加工点落在 oP 上方，为了逼近理想直线 oP 必须沿 $+x$ 方向走一步；当 $F<0$ 时，加工点落在 oP 下方，为了逼近理想直线 oP，必须沿 $+y$ 方向走一步；如果偏差方向 $F=0$，则说明加工点正好落在理想直线 oP 上，规定按 $F>0$ 来处理。

由于偏差函数是求两组乘积之差，而且对每一点都进行这样的运算，因此这种偏差计算将直接影响插补速度。为了简化偏差计算方法，需要对该式进一步简化。

当加工点落在 oP 上方时，显然 $F>0$，下一步应向 $+x$ 方向进给一步，到达 $M(x_i+1, y_i)$ 点，令 M 点的新偏差为 F'，可得：

$$F' = x_e y_i - y_e(x_i+1) = (x_e y_i - y_e x_i) - y_e = F - y_e$$

式中，F 代表进给前的老偏差，y_e 为已知终点的坐标值。所以，当 $F>0$ 时，下一步应向 $+x$ 方向进给一步而到达新的一点，而该点的新偏差 F' 等于前一点的老偏差减去终点坐标值 y_e。

同理，当加工点落在 oP 下方时，显然 $F<0$，下一步应向 $+y$ 方向进给一步而到达 $M(x_i, y_i+1)$ 点，则 M 点的新偏差 F' 为

$$F' = x_e(y_i+1) - y_e x_i = (x_e y_i - y_e x_i) + x_e = F + x_e$$

即到达 M 点时的新偏差 F' 等于前一点的老偏差加上终点坐标值 x_e。

可见，利用进给前的偏差值 F 和终点坐标 (x_e, y_e) 之一进行加/减运算求得进给一步后新偏差 F'，作为确定下一步进给方向的判别依据。显然，偏差运算过程大大简化了，并且对于新偏差的点仍然有：

当 $F>0$ 时，加工点沿 $+x$ 方向进给一步；

当 $F<0$ 时，加工点沿 $+y$ 方向进给一步。

当进给完成以后，F' 就是下一步的 F 值。

2）终点判别方法

加工点到达终点 (x_e, y_e) 时必须自动停止进给。因此，在插补过程中，每走一步就要和终点坐标比较一下。如果没有到达终点，就继续插补运算，如果已到达终点就必须自动停止插补运算。判断是否到达终点常用的方法有多种：

（1）在加工过程中利用终点坐标值$(x_e，y_e)$与动点坐标值$(x_i，y_i)$每走一步比较一次，直至两者相等为止。

（2）在加工过程中取终点坐标 x_e 和 y_e 的较大者作为终点判别的依据，称此较大者为长轴，另一为短轴。在插补过程中，只要沿长轴方向上有进给脉冲，终点判别计数器就减1，而短轴方向的进给不影响终点判别计数器。由于插补过程中长轴的进给脉冲数一定多于短轴的进给脉冲数，长轴总是最后到达终点值，所以，这种终点判断方法是正确的。

（3）用一个终点判别计数器，存放 x 和 y 两个坐标的总步数(x_e+y_e)，x 或 y 坐标每进给一步，总步数计数器减1，当该计数器为零时即到达终点。

3）其他象限中的偏差判别及进给方向

不同象限直线插补的偏差符号及进给方向如图4-8所示。由图可知，第二象限的直线 oP''，其终点坐标为$(-x_e，y_e)$，它和第一象限的直线 oP 关于 y 轴对称，当从 o 点出发，按第一象限直线 oP 进行插补时，若把沿 x 轴正向进给改为 x 轴负向进给，这时实际插补所得的就是第二象限直线 oP''，亦即第二象限直线 oP'' 插补时的偏差计算公式与第一象限直线 oP 的偏差计算公式相同，差别在于 x 轴的进给反向。同理，插补第三象限的直线$(-x_e，-y_e)$，只要插补终点值为$(x_e，y_e)$的第一象限的直线，而将输出的进给脉冲由$+x$ 变为$-x$、$+y$ 变为$-y$ 方向即可，其余类推。注意，为了把其他象限的直线插补作为第一象限的直线插补来处理，插补计算时总是取终点坐标的绝对值来进行插补运算，求得偏差。

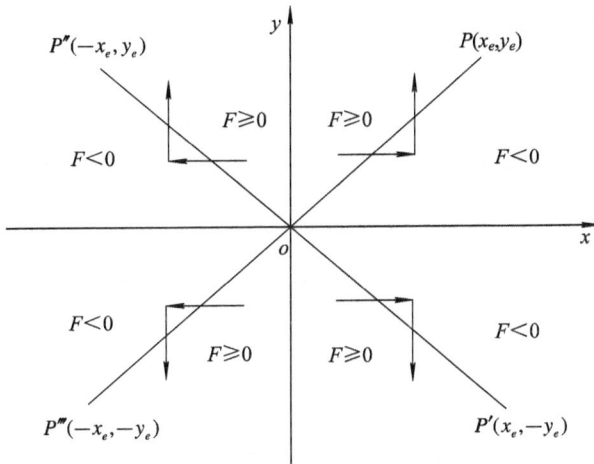

图4-8　四个象限直线的偏差符号和进给方向

4）直线插补程序流程图

综上所述，逐点比较法直线插补工作过程可归纳为以下四步：

（1）偏差判别。判断上一步进给后的偏差值 $F>0$ 还是 $F<0$，根据判别结果来决定下一步作哪个方向的进给。

（2）坐标进给。根据偏差判别的结果和所在象限决定在哪个坐标轴上以及在哪个方向上进给一步。

（3）偏差计算。计算出进给一步后的新偏差值，作为下一步进给的判别依据。

（4）终点判别。终点判别计数器减1，判断是否到达终点，若已到达终点就停止插补，若未到达终点，则返回到第一步，如此不断循环直至到达终点为止。

用 8031 单片机汇编语言编写的程序如下：

```
        ORG     2000H
        MOV     R0，xe
        MOV     R1，ye
        CLR     R3              ;初始化
F1：    MOV     A，R3
        JB      7，R2
        SUB     A，R1
        MOV     R3，A
        CALL    FEEDX           ;x 方向进给一步
        SJMP    F3
F2：    ADD     A，R0            ;计算新的偏差
        MOV     R3，A
        CALL    FEEDY           ;y 方向进给一步
F3：    DEC     R2              ;终点判别计数器减 1
        CJNE    R2，♯00H，F1     ;已到达终点? 否,继续插补
        RET
```

FEEDX、FEEDY 分别是 x 和 y 方向的进给子程序。调用一次 FEEDX，可以使 x 轴步进电机走一步，调用 FEEDY 可使 y 轴步进电机走一步。

2. 逐点比较法圆弧插补

1）圆弧插补计算原理

以第一象限逆时针方向圆弧为例来讨论偏差计算公式的推导方法。设如图 4-9 所示的一段逆圆弧 AB，圆心在原点，半径为 R，起点的坐标为 $(x_0，y_0)$，终点的坐标为 $(x_e，y_e)$。若将加工点预先调整到起点 A，并以不超过一步（即一个脉冲当量）的误差，沿圆弧自起点 A 进给到终点 B。圆弧上任一加工点 $M(x_i，y_i)$ 满足方程：

$$x_i^2 + y_i^2 = R^2$$

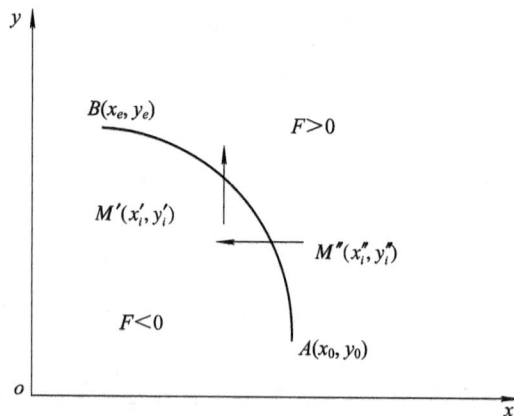

图 4-9 第一象限逆圆插补的进给

从图 4-9 可以看出，当加工点 $M(x_i，y_i)$ 在圆弧上时，满足：

$$x_i^2 + y_i^2 - R^2 = 0$$

当 $M(x_i, y_i)$ 在圆弧内时，满足：

$$x_i^2 + y_i^2 - R^2 < 0$$

当 $M(x_i, y_i)$ 在圆弧外时，满足：

$$x_i^2 + y_i^2 - R^2 > 0$$

显然，对于圆内的点，到圆心的距离小于半径 R，而对于圆外的点，到圆心的距离大于半径 R。因此，可以定义任一点到圆心的距离与半径之差作为偏差判别函数：

$$F = x_i^2 + y_i^2 - R^2$$

由此可知：

当 $F = x_i^2 + y_i^2 - R^2 = 0$ 时，加工点在圆弧上；

当 $F = x_i^2 + y_i^2 - R^2 > 0$ 时，加工点在圆弧外；

当 $F = x_i^2 + y_i^2 - R^2 < 0$ 时，加工点在圆弧内。

为了使加工点逼近理想圆弧，当 $F > 0$ 时，下一步应沿 $-x$ 方向进给一步；当 $F < 0$ 时，下一步应沿 $+y$ 方向进给一步；当 $F = 0$ 时，规定按 $F > 0$ 来处理。

为避免平方计算，下面推导简便的偏差计算公式。

如图 4-9 所示，当加工点落在圆弧 AB 外时，显然 $F > 0$，下一步应向 $-x$ 方向进给一步到达新的一点 $M''(x_i - 1, y_i)$ 点。令 M'' 点的新偏差为 F'，可得：

$$F'' = (x_i - 1)^2 + y_i^2 - R^2 = x_i^2 + y_i^2 - R^2 - 2x_i + 1 = F - 2x_i + 1$$

当加工点落在圆弧 AB 内时，$F < 0$，应向 $+y$ 方向进给一步到达新的一点 $M''(x_i, y_i + 1)$ 点，令 M'' 点的新偏差为 F'，可得：

$$F'' = x_i^2 + (y_i + 1)^2 - R^2 = x_i^2 + y_i^2 - R^2 + 2y_i + 1 = F + 2y_i + 1$$

根据这两个式子来计算偏差判别函数的值，不需要进行平方运算，因此计算大大简化。同时，计算某一点的偏差判别函数值，不仅要利用原来点的判别函数值，还要用到进给前那点的坐标 x_i 和 y_i。同时，还应当注意及时地修正中间点的坐标值（即 $x_i'' = x_i - 1$ 和 $y_i'' = y_i + 1$）供计算下一点偏差值时使用。

2）终点判别方法

圆弧插补的终点判别方法和直线插补相同。可将 x、y 轴走步步数的总和存入一个计数器，每走一步总的步数计数器减 1，减至 0 时发出终点到信号。这里 x、y 轴走步步数是圆弧终点坐标值（对圆心的坐标值）与圆弧起点坐标值之差的绝对值。也可以用动点坐标值与终点坐标值的比较得到，如果 x 方向到终点，则 $x_i' = x_e$ 即 $x_i' - x_e = 0$；如果 y 方向到终点则 $y_i' - y_e = 0$。鉴别两个位 $(x_i' - x_e)$ 和 $(y_i' - y_e)$ 是否等于零，可以进行终点判断。

3）四个象限的圆弧插补计算公式

在实际应用中，所要加工的圆弧可以在不同的象限中，可以按逆时针的方向加工，也可以按顺时针的方向来加工。为了便于表示圆弧所在的象限及加工方向，可用 $SR1$、$SR2$、$SR3$、$SR4$ 依次表示第一、二、三、四象限中的顺圆弧，用 $NR1$、$NR2$、$NR3$、$NR4$ 分别表示第一、二、三、四象限中的逆圆弧。

前面以第一象限逆圆弧为例推导出圆弧偏差计算公式，并指出了根据偏差符号来确定进给方向。其他三个象限的逆、顺圆的偏差计算公式可通过与第一象限的逆圆、顺圆相比较而得到。

下面推导第二象限顺圆的偏差计算公式。

如图 4-10 所示的一段顺圆弧 CD，起点 C，终点 D，设加工点现处于 $M(x_i, y_i)$。从图中可以看出，若 $F \geqslant 0$，则下一步应沿 $+x$ 方向进给一步，新的加工点坐标将是 (x_i+1, y_i)，可求出新的偏差为

$$F' = F + 2x_i + 1$$

若 $F < 0$，则下一步应沿 $+y$ 方向进给一步，新的加工点坐标将是 (x_i, y_i+1)，可求出新的偏差为

$$F'' = F + 2y_i + 1$$

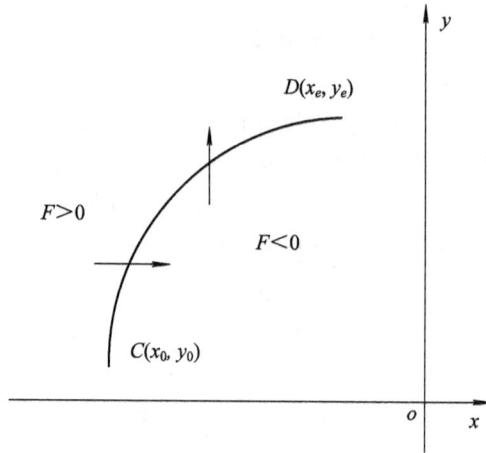

图 4-10　第二象限的顺圆

显然，对称于 x 轴的一对圆弧沿 x 轴的进给方向相同，而沿 y 轴的进给方向相反；对称于 y 轴的一对圆弧沿 y 轴的进给方向相同，而沿 x 轴的进给方向相反。所以在圆弧插补中，沿对称轴的进给方向相同，沿非对称轴的进给方向相反。其次，所有对称圆弧的偏差计算公式，只要取起点坐标的绝对值，就与第一象限中的偏差计算公式相同。八种圆弧的插补计算公式及进给方向如表 4-1 所示。

表 4-1　八种圆弧的插补计算公式及进给方向

圆弧类型	$F \geqslant 0$ 时的进给	$F < 0$ 时的进给	计算公式
SR1	$-\Delta y$	$+\Delta x$	当 $F \geqslant 0$ 时，计算 $F' = F - 2y_i + 1$ 和
SR3	$+\Delta y$	$-\Delta x$	$y_i' = y_i - 1$
NR2	$-\Delta y$	$+\Delta x$	当 $F < 0$ 时，计算 $F' = F + 2x_i + 1$ 和
NR4	$+\Delta y$	$-\Delta x$	$x_i' = x_i + 1$
NR1	$-\Delta x$	$+\Delta y$	当 $F \geqslant 0$ 时，计算 $F' = F - 2x_i + 1$ 和
NR3	$+\Delta x$	$-\Delta y$	$x_i' = x_i - 1$
SR2	$+\Delta x$	$+\Delta y$	当 $F < 0$ 时，计算 $F' = F + 2y_i + 1$ 和
SR4	$-\Delta x$	$-\Delta y$	$y_i' = y_i + 1$

4）圆弧插补程序流程图

根据逐点比较法的特点和圆弧插补规律，可概括出圆弧插补程序的流程图如图 4-11 所示。

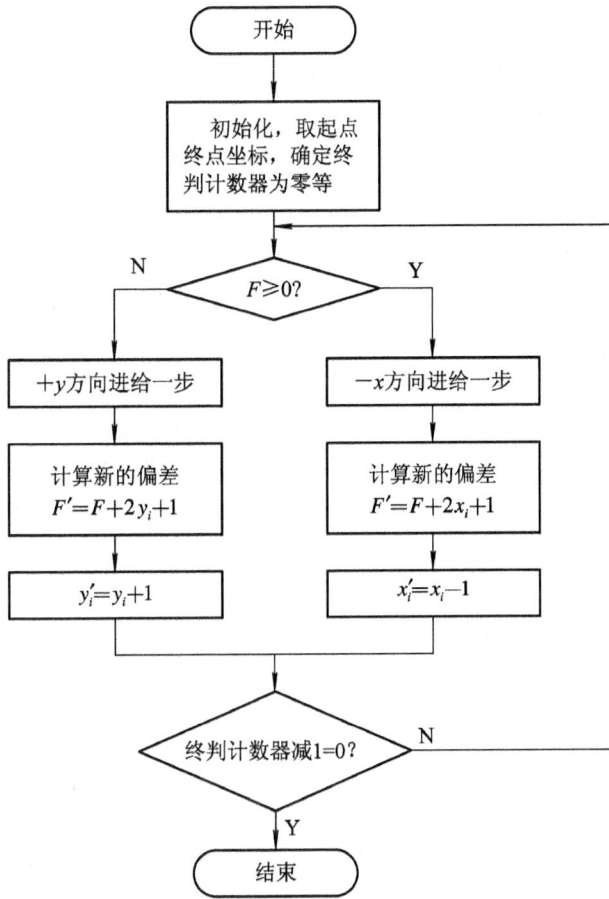

图 4-11 圆弧插补程序的流程图

用 8031 单片机汇编语言编制的第一象限逆圆插补计算程序如下：

```
        ORG     2000H
        MOV     R0，x0
        MOV     R1，y0
        MOV     R2，L
        CLR     R3              ;初始时，偏差 F＝0
B1：    MOV     A，R3
        JB      A，B2           ;F≥0? 否则转 B2
        ACALL   FEEDX           ;是，向－x 方向进给一步
        INC     A
        MOV     R4，R0
        RL      R4
        SUB     A，R4
        MOV     R3，A
        DEC     R0
        SJMP    B3
```

B2：	ACALL	FEEDY	；向＋y方向进给一步
	INC	A	
	MOV	R5，R1	
	RL	R5	
	ADD	A，R5	
	MOV	R3，A	
	INC	R1	
B3：	DEC R2		
	CJNE	R2，＃00H，B1	；总步数计数器减 1 为 0？否则继续插补，是则结束

4.2.3　数字积分差补法

数字积分插补法又称数字微分分析法，是在数字积分器的基础上建立起来的一种插补法。数字积分法具有运算速度快、脉冲分配均匀、容易实现多坐标联动等优点，应用较广泛。下面先介绍数字积分的工作原理，然后再介绍应用数字积分器构成的直线插补计算法和圆弧插补计算法。

1. 数字积分器的工作原理

设有一函数 $y=f(t)$，如图 4 - 12 所示。要求出曲线 $t_0 \sim t_n$ 区间的面积，一般应用如下的积分公式：

$$S = \int_{t_0}^{t_n} y \, \mathrm{d}t$$

若将 Δt_i 取得足够小，曲线下面的面积可以近似地看成是许多小长方形面积之和，即

$$S = \sum_{i=0}^{n-1} y_i \Delta t_i$$

如果将 Δt_i 取为一个单位时间（如等于一个脉冲周期的时间），则有

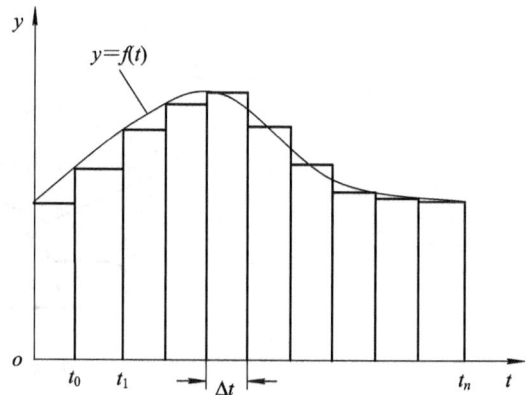

图 4 - 12　函数 $y=f(t)$ 的积分

$$S = \sum_{i=0}^{n-1} y_i$$

因此，在求积分运算时，可以将其转化为函数值的累加运算，如果所取的 Δt_i 足够小，则用求和运算代替积分运算所引起的误差可以不超过容许值。如果设置一个累加器实现这种相加运算，而且令累加器的容量为一个单位面积，累加过程中超过一个单位面积时必然产生溢出，那么，累加过程中所产生的溢出脉冲总数就是要求的面积近似值，或者说是要求的积分近似值。

2. 数字积分法直线插补

1）直线插补原理

设在 x，y 平面中有一直线 oA，其起点为坐标原点，终点为 $A(x_e, y_e)$，则该直线的方程为

$$y = \frac{y_e}{x_e} x$$

将上式化为对时间 t 的参数方程

$$x = Kx_e t$$
$$y = Ky_e t$$

式中，K 为比例系数。对上式参数 t 求导并进行积分得

$$x = \int dx = K \int x_e \, dt$$
$$y = \int dy = K \int y_e \, dt$$

用累加形式表达可近似为

$$x = \sum_{i=1}^{n} Kx_e \Delta t$$
$$y = \sum_{i=1}^{n} Ky_e \Delta t$$

取 $\Delta t = 1$，并写成 x、y 的近似微分形式：

$$\Delta x = Kx_e \Delta t$$
$$\Delta y = Ky_e \Delta t$$

　　动点从原点出发走向终点的过程，可以看做是各坐标轴每隔一个单位时间，分别以增量 Kx_e 以及 Ky_e 对两个累加器累加的过程，当累加值超过一个坐标单位（脉冲当量）时累加器产生溢出，溢出脉冲驱动伺服系统进给一个脉冲当量，从而走出给定直线。当积分到终点时 x 轴和 y 轴所走的总步数就正好等于各轴的终点坐标 x_e 和 y_e。

　　若经过 m 次累加后 x 和 y 分别到达终点 (x_e, y_e)，即下式成立：

$$x = \sum_{i=1}^{m} Kx_e = Kx_e m = x_e$$
$$y = \sum_{i=1}^{m} Ky_e = Ky_e m = y_e$$

由此可见，比例系数 K 和累加次数 m 之间有如下的关系：

$$Km = 1, \text{ 即 } m = \frac{1}{K}$$

选择 K 时主要考虑每次增量 Δx 和 Δy 不大于 1，即：

$$\begin{cases} \Delta x = Kx_e < 1 \\ \Delta y = Ky_e < 1 \end{cases}$$

设函数值寄存器有 N 位，则得最大寄存器容量为 $2^N - 1$，为满足上式，应有：

$$Kx_e = K(2^N - 1) < 1$$
$$Ky_e = K(2^N - 1) < 1$$

则

$$K < \frac{1}{2^N - 1}$$

一般取

$$K = \frac{1}{2^N}$$

则累加次数

$$m = \frac{1}{K} = 2^N$$

上述关系表明,若累加器的位数为 N,则整个插补过程要进行 2^N 次累加才能到达直线的终点。

因为 $K = 1/2^N$,N 为寄存器的位数,对于存放在寄存器中的二进制数来说,Kx_e(或 Ky_e)与 x_e(或 y_e)是相同的,可以看做前者的小数点在最高位之前,而后者的小数点在最低位之后。所以,可以用 x_e 直接对 x 轴的累加器累加,用 y_e 直接对 y 轴的累加器累加。

为了保证每次累加最多只溢出一个脉冲,累加器的位数应和 x_e、y_e 寄存器的位数相同,其位长取决于最大加工尺寸和精度。

图 4-13 为直线的插补运算硬件原理框图。它由 x、y 两个坐标轴的数字积分器组成,每个积分器由各自的累加器和函数值寄存器组成。函数值寄存器存放终点坐标值。每隔一个时间间隔 Δt,将函数值寄存器中的函数值送往累加器累加一次。x 轴累加器溢出的脉冲驱动 x 方向走步,y 轴累加器溢出的脉冲驱动 y 方向走步。

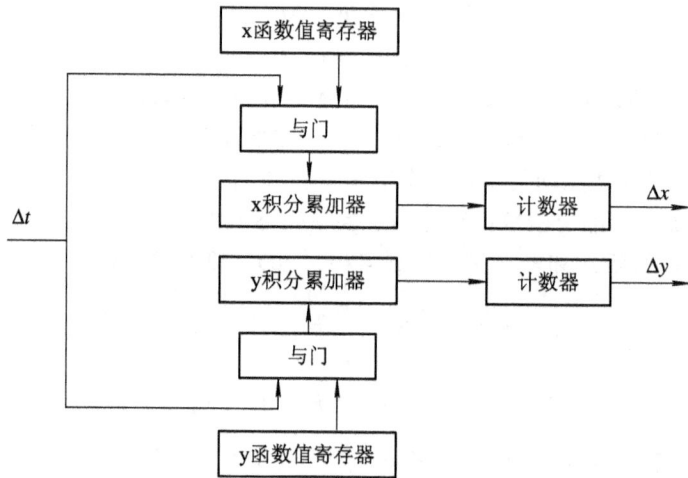

图 4-13　直线插补运算硬件原理框图

当寄存器和累加器的位数较长而加工尺寸较短时,就会出现累加很多次才能溢出一个脉冲的情况,这样进给速度就会很慢。为此,可在插补累加之前将 x_e 和 y_e 同时放大 2^m 倍以提高进给速度。一般将 x 和 y 函数值寄存器同时左移,直到其中之一的最高位为 1 为止。这一过程称为左移规格化。这样做实际上是放大了 K 值,从直线参数方程可知,K 变大后方程仍然成立,但却加快了插补速度。但必须注意,这时到达终点的累加次数不再是 2^N,不能用此来判别终点。可以采用与逐点比较法相同的办法来进行终点判别,即设一个终判计数器,其初值为各坐标轴走步步数之和,每当累加器(x 方向或 y 方向之一)送出一个脉冲,终判计数器减 1,终判计数器减为 0 时,加工过程结束。也可以采用各轴分别设置一个终判计数器的方法,其初值为该轴的走步步数,每当该轴进给一步,相应方向的计数器减1,减至 0 时该方向停止进给。所有的终判计数器减到 0 时,加工过程结束。

与逐点比较法类似,如果把符号与数据分开,取数据的绝对值作被积函数,而把符号作为进给方向控制信号处理,便可对所有不同象限的直线进行插补。

2）直线插补举例

设要加工一直线 oP，其起点为坐标原点，终点为 $(8,10)$，插补计算过程见表 $4-2$。累加器和寄存器的位数为 4 位。试用数字积分法进行插补计算。

表 4-2   数字积分直线插补计算过程

累加次数	x 数字积分器			y 数字积分器		
	x 函数值寄存器	x 累加器	x 累加器溢出脉冲	y 函数值寄存器	y 累加器	y 累加器溢出脉冲
0	8	0	0	10	0	0
1	8	0+8=8	0	10	0+10=10	0
2	8	8+8=(0)	1	10	10+10=4	1
3	8	0+8=8	0	10	4+10=14	0
4	8	8+8=(0)	1	10	14+10=(8)	1
5	8	0+8=8	0	10	8+10=2	1
6	8	8+8=(0)	1	10	2+10=12	0
7	8	0+8=8	0	10	12+10=(6)	1
8	8	8+8=(0)	1	10	6+10=(0)	1
9	8	0+8=8	0	10	0+10=10	0
10	8	8+8=(0)	1	10	10+10=(4)	1
11	8	0+8=8	0	10	4+10=14	0
12	8	8+8=(0)	1	10	14+10=(8)	1
13	8	0+8=8	0	10	8+10=2	1
14	8	8+8=(0)	1	10	2+10=12	0
15	8	0+8=8	0	10	12+10=(6)	1
16	8	8+8=(0)	1	10	6+10=(0)	1

插补计算过程中由于寄存器为 4 位，所以每当寄存器值为 16 时便产生溢出，寄存器的值为取模 16 后的余数。

3. 数字积分法圆弧插补

1）圆弧插补原理

以第一象限逆圆为例来讨论圆弧插补原理。

如图 $4-14$ 所示。设要加工的圆弧 PQ 的圆心在原点，其起点坐标为 $P(x_0,y_0)$，终点为 $Q(x_e,y_e)$，半径为 R 的圆的参数方程为

$$x = R\cos t$$
$$y = R\sin t$$

对时间 t 求微分得 x、y 方向上的速度分量：

$$v_x = \frac{\mathrm{d}x}{\mathrm{d}t} = -R\sin t = -y$$

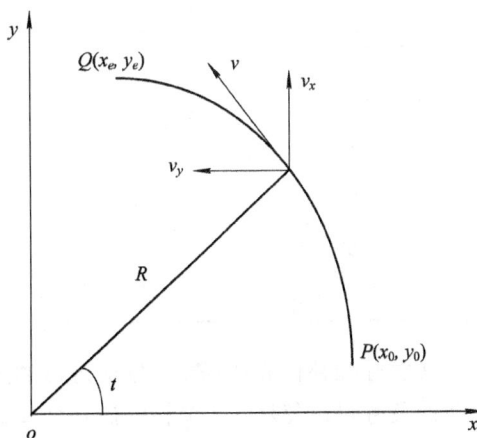

图 $4-14$ 第一象限圆弧插补

$$v_y = \frac{\mathrm{d}y}{\mathrm{d}t} = -R\cos t = x$$

写成微分形式：

$$\mathrm{d}x = -y\,\mathrm{d}t$$
$$\mathrm{d}y = x\,\mathrm{d}t$$

用累加和来近似积分：

$$x = \sum_{i=1}^{n}(-y\Delta t)$$

$$y = \sum_{i=1}^{n}(x\Delta t)$$

上式表明圆弧插补 x 轴的被积函数值等于动点 y 的瞬时值，y 轴的被积函数值等于动点 x 的瞬时值。与直线插补方法比较可知：

（1）直线插补时为常数累加，而圆弧插补时为变量累加。

（2）圆弧插补时 x 轴动点坐标值累加的溢出脉冲作为 y 轴的进给脉冲，y 轴动点坐标值累加的溢出脉冲作为 x 轴的进给脉冲。

（3）直线插补过程中，被积函数值 x_e 及 y_e 不变。圆弧插补中，被积函数值寄存器初始存入圆弧起点坐标值 x_0 和 y_0，它们必须由累加器的溢出来修改，即 y（或 x）累加器产生一个溢出脉冲时，x 函数值寄存器的坐标值就加1（或减1）。

（4）进行圆弧插补时两轴不一定同时到达终点，故两个坐标方向均需进行终点判断，两终判计数器的初值分别为

$$L_x = |\,x_e - x_0\,|$$
$$L_y = |\,y_e - y_0\,|$$

每进给一步相应方向终判计数器减1，终判计数器减为0该轴停止进给，两坐标都达到终点时停止插补计算。

数值积分法圆弧插补计算过程采用坐标的绝对值，对于不同象限、不同走向的圆弧计算方法都是相同的，只是溢出脉冲的进给方向不同（为正或为负），以及被积函数 y 和 x 是进行"加1"修正或"减1"修正有所不同。圆弧插补的坐标修改及进给方向归纳于表4-3。

表4-3　圆弧插补坐标修改及进给方向

圆弧走向	顺　圆				逆　圆			
所在象限	1	2	3	4	1	2	3	4
y 值修改	减	加	减	加	加	减	加	减
x 值修改	加	减	加	减	减	加	减	加
y 轴进给方向	$-y$	$+y$	$+y$	$-y$	$+y$	$-y$	$-y$	$+y$
x 轴进给方向	$+x$	$+x$	$-x$	$-x$	$-x$	$-x$	$+x$	$+x$

在实际插补计算过程中，累加进位的速度和连减借位的速度是相同的，所以 x 轴被积函数的负号可以忽略，两个轴的插补计算都采用累加来进行。为了加快插补速度，通常累加器初值置为累加器容量的一半（有时也采用满数），这样二者的差别可以完全消除，并可改善插补质量。

2) 圆弧插补计算举例

设第一象限的逆圆，其圆心在原点，起点 P 坐标为 $(6,0)$，终点 Q 坐标为 $(0,6)$，累加器为 3 位，试用数字积分法进行插补计算。

插补计算过程见表 4-4。

表 4-4　数字积分法圆弧插补计算过程

累加次数	x 数字积分器			y 数字积分器		
	x 函数值寄存器	x 累加器	x 累加器溢出脉冲	y 函数值寄存器	y 累加器	y 累加器溢出脉冲
0	0	7	0	6	7	0
1	0	7＋0＝7	0	6	7＋6＝(5)	1
2	1	7＋1＝(0)	1	6	5＋6＝(3)	1
3	2	0＋2＝2	0	5	3＋5＝(0)	1
4	3	2＋3＝5	0	5	0＋5＝5	0
5	3	5＋3＝(0)	1	5	5＋5＝(2)	1
6	4	0＋4＝4	0	4	2＋4＝6	0
7	4	4＋4＝(0)	1	4	6＋4＝(2)	1
8	5	0＋5＝0	0	3	2＋3＝5	0
9	5	5＋5＝(2)	1	3	5＋3＝(0)	1
10	6	2＋6＝(0)	1	2	0＋2＝2	0
11	6	0＋6＝6	0	1	2＋1＝3	0
12	6	6＋6＝(4)	1	1	3＋1＝4	0
13	6	4＋6＝(2)	1	0	4＋0＝4	0

由表 4-4 可知，x 函数寄存器初始存入圆弧起点坐标值 $y_0(=0)$，y 函数寄存器初始存入圆弧起点坐标值 $x_0(=6)$，在插补过程中，当 y 累加器累加 x 轴坐标值而产生一个溢出脉冲时，y 轴方向进给一步，x 函数寄存器所存放的加工点坐标值就"加 1"；而当 x 累加器累加 y 轴坐标值而产生一个溢出脉冲时，x 轴方向进给一步，y 函数寄存器所存放的加工点坐标值就"减 1"。另外，为了加快插补速度，两个累加器的初值置为其容量的满数。

习　　题

4.1　什么是顺序控制？顺序控制系统有何特点？

4.2　顺序控制系统有哪几种类型？

4.3　试举例说明顺序控制过程。

4.4　什么是数字程序控制？数字程序控制有哪几种方式？

4.5　什么是逐点比较法？

4.6　直线插补过程分为哪几个步骤？有几种终点判别方法？

4.7　圆弧插补过程分为哪几个步骤？

4.8　设给定的加工轨迹为第一象限的直线 oP，起点为坐标原点，终点坐标点 $A(x_e, y_e)$，其值为$(6, 4)$，试进行插补计算，作出走步轨迹图，并标明进给方向和步数。

4.9　假设加工第一象限逆圆弧 AB，起点 A 的坐标值为 $x_0 = 4$，$y_0 = 0$，终点 B 的坐标值为 $x_e = 0$，$y_e = 4$。试进行插补计算，作出走步轨迹图，并标明进给方向和步数。

第 5 章　过程控制数字处理方法

在工业过程控制系统及智能化仪器中，用计算机对工业生产中的数据进行处理的工作是大量的，必不可少的。数据处理离不开数值计算，而最基本的数值计算为四则运算。由于实际工作中遇到的数据种类繁多，其数值范围各有不同，精度要求也不一样，各种数据的输入方法及表示方式也各不相同，因此，计算机中的数值如何表示是进行数据处理之前必须解决的问题。

在智能化仪表及微型计算机控制系统中，模拟量经 A/D 转换器转换后变成数字量送入计算机。这些数字量在进行显示、报警及控制之前，还必须根据需要进行相应的加工处理，如数字滤波、标度变换、数值计算、逻辑判断及非线性补偿等，以满足不同系统的需要。

另外，在实际生产中，有些参数不但与被测物理量有关，而且是非线性关系的。其运算不但包含四则运算，而且有对数、指数或三角函数的运算，如果采用模拟电路计算就颇为复杂。为此，可用计算机通过查表及数值计算等方法，使问题大为简化。

用计算机进行数据处理是一种便捷而有效的方法，因而得到了广泛的应用。与常规的模拟电路相比，微型计算机数据处理系统具有如下优点：

(1) 可用程序代替硬件电路，完成多种运算。

(2) 能自动修正误差。在测量系统中，被测参数常伴有多种误差，主要是传感器和模拟测量电路所造成的误差，如非线性误差、温度误差、零点漂移误差等。所有这些误差，在模拟系统中是很难消除的。采用微型计算机以后，只要事先找出误差的规律，就可以用软件加以修正。对于随机误差，也可根据其统计模型进行有效的修正。

(3) 能对被测参数进行较复杂的计算和处理。

(4) 不仅能对被测参数进行测量和处理，而且还可以进行逻辑判断。如对传感器及仪表本身进行自检和故障监控，一旦发生故障，能及时进行报警。有些系统还可以根据故障情况，自动改变自身结构，允许系统带"病"继续工作(称为容错技术)。

(5) 微型计算机数据处理系统不但精度高，而且稳定可靠，不受外界干扰。

完成上述数据处理任务主要靠软件。随着应用范围的不断扩大，软件技术得到了很大的发展。在工业过程控制系统中，最常用的有汇编语言、C 语言、工业控制组态软件。汇编语言编程灵活，实时性好，多用于单片机系统；C 语言是一种功能很强的语言，特别是Visual C++ 是一种面向对象的语言，用它编写程序非常方便，而且它还能方便地与汇编语言进行链接。工业控制组态软件是专门为工业过程控制开发的软件，使用这种软件将给程序设计者带来极大的方便。通常，在智能化仪器或小型控制系统中大多数都采用汇编语言；在使用工业 PC 的大型控制系统中多使用 Visual C++；在一些大型工业控制系统中，常常有工业控制组态软件。

本章主要介绍几种微型计算机系统中最常用的数据处理方法，如查表技术、数字滤波、量程和标度变换等。

5.1 查 表 技 术

在计算机控制系统中，除按照给定的公式进行编程计算和数据的输入输出外，有时当公式很多或很复杂时，往往使得程序运行速度下降，这时可以事先离线进行各种运算，并排序形成表，运行时改计算为按关键字查表，可以大大提高运行的速度。如热电偶的被测温度值与测量值毫伏电压之间是分段线性的，由测量所得的毫伏电压计算对应的温度时，通常按照不同的温度区间采用不同的算式，因此计算复杂且速度较慢。在实际应用中，可以把工作温度与对应的毫伏电压制成表格，在程序中按照测得的毫伏电压信号查表求得对应的温度值，这样运行要快得多。

为了提高查表的速度和效率，在制作表时，通常要按照关键字进行排序，形成有序表。常用的排序方法有冒泡排序法、选择排序法、快速排序法等。在得到有序表后，可以采用关键字查找的方法进行查表。下面介绍几种常见的查找方法。

5.1.1 顺序查找

顺序查找是最简单的查找方法，不要求所查找的是有序表。查找方法如下：从表头开始比较关键字，如果两者相同，表示查到；否则，继续比较直到表尾；如果直到表尾仍然查不到，则查找失败。

顺序查找法速度较慢。对于由 n 个表项组成的表，平均查找次数为 $(n+1)/2$ 次。顺序查找法适合表的数据项数较少的情况。

5.1.2 直接查找

在直接查找法中，要求关键字和数据项（也称记录）的存储地址间有一定的映射关系，可以通过运算直接求得符合关键字的数据项的位置。例如已知表的基地址为 F，每个数据项的字节数为 M，若关键字的值为 K，则要查找的数据项地址 D 为

$$D = K \times M + F \tag{5-1}$$

直接查找法的数据结构应满足的条件是：一是关键字与存储地址之间要满足一定的函数关系；二是关键字数值应集中，否则内存的利用率不高。

5.1.3 折半查找

对于一个有序表，可以采用折半查找法，以提高查找的效率。若一个有序表的数据项长度为 n，采用顺序查表法，平均查找次数约等于 $n/2$，而采用折半查找，则查找次数最多约为 $\log_2(n-1)$ 次。

折半查找的基本原理是：假设有序表按升序排列，先取数组的中间值 $mid=n/2$，与要查找的关键字 K 的值进行比较，若相等则找到。若 K 小于 mid，则说明 K 在 $0\sim mid$ 之间，将 $mid/2$ 的值赋给 mid，再比较；若 K 大于 mid，说明 K 在 $mid+1\sim n$ 之间，此时将

$(n-\mathrm{mid}-1)/2$ 的值赋给 mid，再比较。如此比较下去，则可逐次逼近要搜索的关键字 K，直到找到为止。

5.1.4　分块查找

分块查找是介于顺序查找和折半查找之间的一种折中查找法。它的基本原理是：将一组关键字均匀地分成若干块，块间按大小排序，块内关键字不排序，如图 5-1 所示。图中，将 12 个关键字分成 3 块，第一块的所有关键字都比第二块中的任何一个关键字小，第二块的所有关键字都比第三块的任何一个小，依此类推，即按块排序，但每个块内的关键字不排序。除此之外，还要建立一个由各块中最大的关键字组成的最大关键字表。

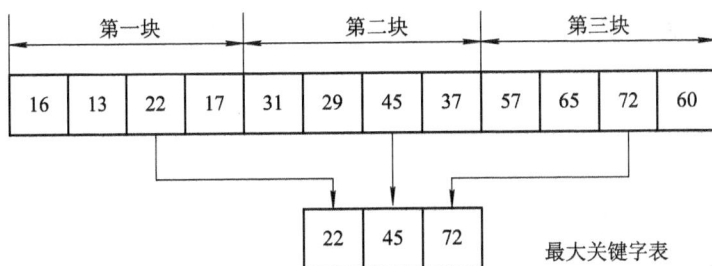

图 5-1　分块查找原理示意图

5.2　数字滤波技术

在工业过程控制系统中，由于被控对象所处的环境比较恶劣，常存在干扰源，如环境温度、电场、磁场，使采样值偏离真实值。对于各种随机出现的干扰信号，在由微型计算机组成的自动检测系统中，常通过一定的计算程序，对多次采样信号构成的数据系列进行平滑加工，以提高有用信号在采样值中所占的比例，减少乃至消除各种干扰及噪音，以保证系统工作的可靠性。在模拟控制系统中，常采用 RC 滤波器，在计算机控制系统中采用各种数字滤波程序实现滤波功能。

数字滤波器与模拟 RC 滤波器相比，具有如下优点：

(1) 无需增加任何硬件设备，只要在程序进入数据处理和控制算法之前运行滤波程序即可。

(2) 由于数字滤波器不增加硬件设备，所以系统可靠性高，不存在阻抗匹配问题。

(3) 对于模拟滤波器，通常是各通道专用的，而对于数字滤波器来说，则可多通道共享，从而降低了成本。

(4) 可以对频率很低(如 0.01 Hz)的信号进行滤波，而模拟滤波器由于受电容容量的限制，频率不可能太低。

(5) 使用灵活、方便，可根据需要选择不同的滤波方法或改变滤波器的参数。

正因为数字滤波器具有上述优点，所以在计算机控制系统中得到广泛的应用。

数字滤波的方法有很多种，可以根据不同的测量参数进行选择。下面介绍几种常用的数字滤波方法。

5.2.1 中值滤波法

中值滤波是指对被测参数连续采样 m 次($m \geqslant 3$ 且是奇数),按照大小顺序排列采样结果,取其中间值作为本次采样的有效数据 y。

中值滤波法对于过滤由于偶然因素引起的波动或采样器不稳定而造成的脉动干扰比较有效。对于变化缓慢的变量,采用中值滤波法效果较好;反之,对于快速变化的变量如流量,则不宜采用中值滤波法。

在实际应用中,通常将中值滤波法和算术平均值滤波法结合使用,即在每个采样周期中,先用中值滤波法得到 m 个滤波值,再对这 m 值进行算术平均,得到可用的被测参数。

5.2.2 算术平均值滤波

算术平均值滤波是要寻找一个 y,使该值与各采样值 $x_i (i=1, 2, 3, \cdots, N)$ 间误差的平方和为最小,即

$$E = \min \left[\sum_{i=1}^{N} (y - x_i)^2 \right] \tag{5-2}$$

由一元函数求极值可得

$$y = \frac{1}{N} \sum_{i=1}^{N} x_i \tag{5-3}$$

式(5-3)是算术平均值法数字滤波公式。由此可见,算术平均值法滤波的实质就是把一个采样周期内的 N 次采样值相加,然后再把所得的和除以采样次数,从而得到该周期的采样值。

算术平均值滤波主要用于对压力、流量等周期脉动参数的采样值进行平滑加工,但对脉冲性干扰的平滑作用尚不理想,因而它不适用于脉冲性干扰比较严重的场合。采样次数的选取,取决于系统对于参数平滑度和灵敏度的要求。随着 N 值的增大,平滑度将提高,灵敏度则降低。通常对流量参数滤波时,N 取 12 次;对压力滤波时,N 取 4 次。至于温度,如无噪声干扰可不进行算术平均。

5.2.3 加权平均值滤波

式(5-3)中所示的算术平均值,对于所有的采样值来说,所占的比例是相同的,亦即滤波结果取每次采样值的 $1/N$。但有时为了提高滤波效果,将各采样值取不同的比例(即权),然后再相加,此方法称为加权平均法,其计算公式如下:

$$y = \sum_{i=0}^{n-1} w_i x_{n-1} \tag{5-4}$$

$$\sum_{i=0}^{n-1} w_i = 1 \tag{5-5}$$

式中,$w_0, w_1, w_2, \cdots, w_{n-1}$ 为各次采样值的权系数,它体现了各个采样值在平均值中所占的比例,可根据具体情况决定。一般采样次数越靠后,其占的比例越大,这样可增加新的采样值在平均值中所占的比例。这种滤波方法可以根据需要突出信号的某一部分来抑制信号的另一部分。

5.2.4　滑动平均值滤波

不管是算术平均值滤波，还是加权平均值滤波，都需连续采样 N 个数据，然后求算术平均值或加权平均值。这种方法适合于有脉动式干扰的场合。但由于必须采样 N 次，需要的时间较长，故速度慢。为了克服这一缺点，可采用滑动平均值滤波法，即先在内存中建立一个数据缓冲区，依顺序存放 N 个采样数据，每采进一个新数据，就将最早采集的那个数据丢掉，而后求包括新数据在内的 N 个数据的算术平均值或加权平均值。这样，每进行一次采样，就可计算出一个新的平均值，从而加快了数据处理的速度。

这种滤波程序设计的关键是：每采样一次，移动一次数据块，然后求出新一组数据之和，再求平均值。滑动平均值滤波程序有两种：一种是滑动算术平均值滤波；一种是滑动加权平均值滤波。

5.2.5　低通滤波

低通滤波是模拟低通滤波器的软件实现形式。低通滤波器数学模型的传递函数表达式为

$$\frac{Y(s)}{X(s)} = \frac{1}{1 + T_f s} \tag{5-6}$$

式中，T_f 是滤波器的时间常数，其大小关系着滤波器的滤波效果。一般来说，T_f 越大，滤波器的截止频率（滤出的干扰频率）越低，滤出的电压纹波越小，但输出滞后较大。低通滤波程序就是模拟式（5-6）的算法。在采样周期较小的情况下，式（5-6）可近似用如下的差分方程代替：

$$T_f \frac{y(k) - y(k-1)}{T} + y(k) = x(k) \tag{5-7}$$

即

$$y(k) = \frac{T}{T_f + T} x(k) + \frac{T}{T_f + T} y(k-1) = \alpha x(k) + (1-\alpha) y(k-1) \tag{5-8}$$

式中：$y(k)$ 为第 k 次采样的滤波输出值；$x(k)$ 为第 k 次采样的滤波输入值；$y(k-1)$ 为第 $k-1$ 次采样的滤波输出值；α 为滤波系数；T 为采样周期；T_f 为滤波环节的时间常数。

设计时按照式（5-8）编制程序，应根据采样周期与截止频率适当选择滤波系数。

为了进一步提高滤波效果，有时可以把两种或两种以上有不同滤波功能的数字滤波器组合起来，组成复合数字滤波器，或称多级数字滤波器。

例如，前边讲的算术平均滤波或加权平均滤波，都只能对周期性的脉动采样值进行平滑加工，但对于随机的脉冲干扰（如电网的波动、变送器的临时故障等）则无法消除。然而，中值滤波却可以解决这个问题。因此，我们可以将二者组合起来，形成多功能的复合滤波。例如把采样值先按从大到小的顺序排列起来，然后将最大值和最小值去掉，再把余下的部分求和并取其平均值。

以上介绍的各种数字滤波方法都有其特点，可根据具体的测量参数进行合理的选用。

一般来说，对于变化比较慢的参数，如温度，可选用低通滤波方法。对那些变化比较快的脉冲参数，如压力、流量等，则可选择算术平均和加权平均滤波法，优选加权平均滤波法。至于要求比较高的系统，则需要用复合滤波法。在算术平均滤波和加权平均滤波中，

其滤波效果与所选择的采样次数 N 有关。N 越大，则滤波效果越好，但花费的时间也越长。高通及低通滤波程序是比较特殊的滤波程序，使用时一定要根据其特点选用。

在考虑滤波效果的前提下，应尽量采用执行时间比较短的程序，若控制系统允许，可采用效果更好的复合滤波程序。

5.3　量程自动转换和标度变换

在微型计算机过程控制系统中，生产中的各个参数都有着不同的数值和量纲，如测温元件用热电偶或热电阻，温度单位为℃，且热电偶输出的热电势信号也各不相同。又如测量压力用的弹性元件膜片、膜盒以及弹簧管等，其压力范围从几帕到几十兆帕；而测量流量则用节流装置，其单位为 m^3/h 等。所有这些参数都经过变送器转换成 A/D 转换器所能接收的 0～5 V 统一电压信号，又由 A/D 转换成数字量。为进一步进行显示、记录、打印以及报警等操作，必须把这些数字量转换成不同的单位，以便操作人员对生产过程进行监视和管理，这就是所谓的标度变换。标度变换有许多不同类型，取决于被测参数测量传感器的类型，设计时应根据实际情况选择适当的标度变换类型。

另一方面，如果传感器和显示器的分辨率一定，而仪表的测量范围很宽，为了提高测量精度，智能化测量仪表应能自动转换量程。

5.3.1　量程自动转换

由于检测原理与检测仪表的不同，传感器所提供的信号变化范围很宽（从微伏到伏），而输入到计算机的信号范围是一致的（0～5 V）。在多路检测系统中，当各回路的参数信号不一致时，必须要提供各种量程的放大器，以保证信号范围的一致。在模拟控制系统中，通常是通过各种变送器来实现量程的转换的，但这会增加成本和系统的复杂性。

在计算机控制系统中，量程转换往往是通过可编程增益放大器（Programmable Gain Amplifier，PGA）来实现的。PGA 是一种放大倍数可编程改变的通用放大器。在使用中，通过编程改变放大倍数，使 A/D 转换器满量程信号达到一致，实现量程的自动转换。

可编程增益放大器有两种类型：一种是由其他放大器外加一些控制电路组成的，称为组合型 PGA；另一种是专门设计的 PGA 电路，即集成 PGA。

集成 PGA 的类型很多，如美国 B-B 公司生产的 PGA101、PGA102、PGA202/203，美国模拟器件公司生产的 LHDC84 等，都属于此类。组合型 PGA 可由运算放大器、仪器放大器或各类型放大器加上一些其他附加电路组合而成。当被测变量变化范围较宽时，利用 PGA 实现量程自动转换具有很大的优越性。其原理如图 5-2 所示。

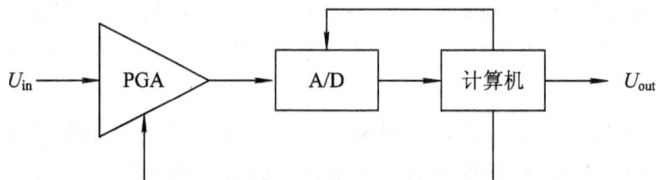

图 5-2　利用 PGA 实现自动转换原理框图

首先对被测变量进行 A/D 转换,然后判断其是否超限。若是,且 PGA 的放大倍数(或称增益)已降到最小,则说明超过了最大量程,此时转到超限处理;否则把 PGA 的放大倍数降一挡,再判断是否超限,如是再做如上处理。如不超限,则判断最高位是否为零,如是,再看放大倍数是否为最高挡。如果不是最高挡,将 PGA 放大倍数增大一挡,再判断。如果最高位是 1,或 PGA 已达到最高挡,则说明量程已经转换到最合适挡,计算机将此信号作进一步处理,如数字滤波、标度转换等。量程自动转换程序框图如图 5-3 所示。

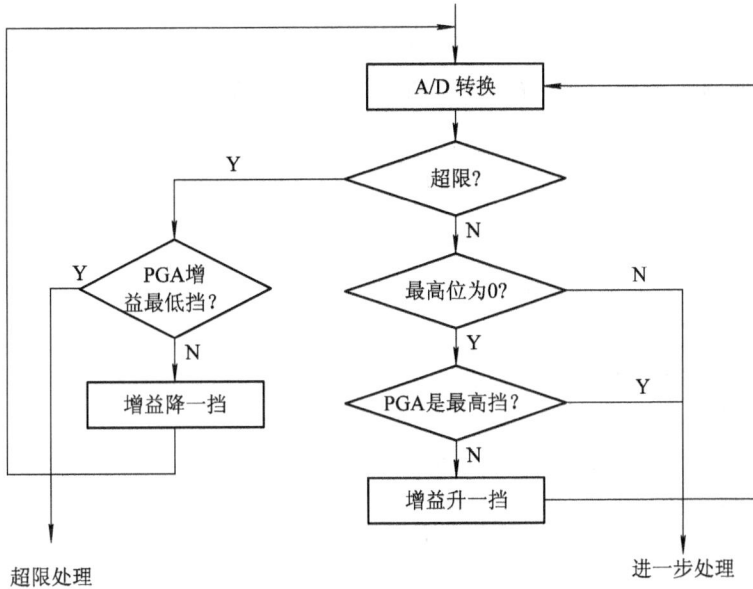

图 5-3　量程自动转换程序框图

可见,采用可编程增益放大器可使系统选取最适合的量程,以提高测量精度。

5.3.2　线性参数标度变换

线性参数标度转换也是一种常用的标度转换方法,其前提条件是被测参数值与 A/D 转换结果为线性关系。线性标度转换的公式为

$$A_x = (A_m - A_0) \frac{N_x - N_0}{N_m - N_0} + A_0 \qquad (5-9)$$

式中:A_0 为测量仪表的下限;A_m 为测量仪表的上限;A_x 为实际测量值;N_0 为仪表下限所对应的数字量;N_m 为仪表上限所对应的数字量;N_x 为测量值所对应的数字量。

式(5-9)中,A_m、A_0、N_m、N_0 对于某一固定的被测参数来说都是常数。通常 A_0、N_0 取 0,这样式(5-9)可简化为

$$A_x = A_m \frac{N_x}{N_m} \qquad (5-10)$$

5.3.3　非线性参数标度变换

如果被测量为非线性的,则需要建立非线性的标度变换公式。一般来说,非线性参数的变化规律各不相同,故标度公式也要根据具体情况建立。例如,在流量测量中,流量与

被测值差压的关系为

$$Q = K \sqrt{\Delta P} \tag{5-11}$$

式中：Q 为流量；K 为刻度系数，与流体的性质及节流装置（测量元件）的尺寸有关；ΔP 为节流装置前后的压差。

显然，流量 Q 与测量信号 ΔP 不是线性关系。流量测量时的标度变换公式为

$$Q_x = (Q_m - Q_0) \sqrt{\frac{N_x - N_0}{N_m - N_0}} + Q_0 \tag{5-12}$$

式中：N_0 为压差变送器下限所对应的数字量；N_m 为压差变送器上限所对应的数字量；N_x 为测量值所对应的数字量；Q_x 为被测的流量值；Q_m 为流量仪表的下限值；Q_0 为流量仪表的上限值。

在实际应用中，Q_0 和 N_0 通常取 0，于是式（5-12）可简化为

$$Q_x = Q_m \sqrt{\frac{N_x}{N_m}} \tag{5-13}$$

据此，可编写流量标度转换程序。

但有时检测的信号值与被测值信号之间不能直接给出公式，或者虽能给出公式但计算相当困难，此时可采用插值法或查表法进行标度变换。

习   题

5.1 有序表与无序表的查找有什么不同？各应该采用哪种查找法？

5.2 根据分块查找法的原理，用汇编语言或其它语言编写出对应的程序。

5.3 各种数字滤波技术的应用场合是什么？

5.4 用汇编语言或其它语言编写一个实现中值滤波功能的数字滤波器。

5.5 某燃烧炉温度变化范围为 0～1500℃，经温度变送器线性变换为 1～5 V 电压送至 ADC0809，ADC0809 的输入范围为 0～5 V。若某一时刻 ADC0809 的转换结果为 6AH，则此时炉内温度为多少？

5.6 标度变换应用在什么场合？

第 6 章　数字 PID 控制算法

目前工业自动化水平已成为衡量各行各业现代化水平的一个重要标志。控制理论的发展经历了古典控制理论、现代控制理论和智能控制理论三个阶段。自动控制系统可分为开环控制系统和闭环控制系统。

当今的自动控制技术大都是基于反馈的。反馈理论的要素包括测量、比较和执行。测量输出变量的值并经过变送等信号处理，与期望值相比较，用这个误差纠正调节控制系统的响应。

PID(比例-积分-微分)控制器作为最早实用化的控制器已有 50 多年历史，PID 控制器简单易懂，使用中不需精确的系统模型等先决条件，因而成为应用最为广泛的控制器。

相比较传统的用模拟电路实现的控制器，用计算机编程实现的控制器称为数字控制器。数字控制器的设计有两种方法：其一是将 PID 控制器进行离散化，称为数字控制器的连续化设计；另一种是直接根据计算机控制理论来设计数字控制器，这类方法称为离散化设计方法。

6.1　连续 PID 控制算法

6.1.1　模拟 PID 控制器

如图 6-1 所示，一个控制系统包括控制器、测量变送器、执行机构、被控对象等。控制器的输出经过执行机构加到被控对象上，控制系统的被控量经过测量变送器送至控制器。

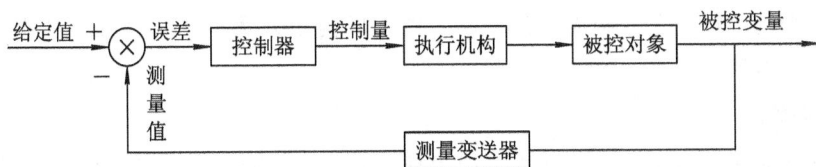

图 6-1　控制系统的组成框图

控制系统分析与设计的首要任务是对控制系统建模。所谓建模，就是将抽象系统转化为数学模型，也就是建立系统的数学模型。系统的数学模型是描述系统输入、输出变量及系统内部各个变量之间关系的数学表达式。描述各变量动态关系的表达式称为动态数学模型，常用的动态数学模型是微分方程。

在线性定常系统中，可认为执行机构、被控对象及测量变送器的动态特性是不变的，有时把它们又称为广义对象。

按照给定值 r 是否变化，可将控制系统分为随动系统和定值系统。前者的给定值 r 是动态改变的，控制系统的首要任务是使得被控变量 y 要快速、准确地跟随给定值 r 的变化，常见于舰船的自动驾驶系统等。在定值系统中，给定值 r 是固定不变的，控制系统的任务是消除干扰 f 对被控变量的影响，但干扰是时刻都存在和变化的，因此系统是动态变化的。

控制系统的重要性能指标通常是稳定性、快速性和准确性。稳定性是指在在某种输入下，原先稳定的系统（在控制系统分析和设计时，通常都如此假设），经过振荡被控变量 y 要能收敛于某个值，这是系统最重要的性能。快速性是指收敛的过程所用的时间要短。准确性是指收敛值要尽可能在给定值 r 上，即误差 $e(t) \to 0$。

PID 控制器由比例单元（P）、积分单元（I）和微分单元（D）组成。其输入误差 $e(t)$ 与输出 $u(t)$ 的关系为

$$u(t) = k_P \left[e(t) + \frac{1}{T_I} \int e(t) \mathrm{d}t + T_D \frac{\mathrm{d}e(t)}{\mathrm{d}t} \right] \tag{6-1}$$

式中：k_P 为比例系数；T_I 为积分时间常数；T_D 为微分时间常数。由于用途广泛、使用灵活，已有系列化 PID 控制器产品，使用中只需设定三个参数（k_P、T_I 和 T_D）即可。在很多情况下，并不一定需要全部三个单元，可以取其中的一到两个单元，但比例控制单元是必不可少的。利用 PID 控制可实现压力、温度、流量、液位等的控制。

如图 6-2 所示，可以这样理解 PID 控制器的作用，即通过选择 P、I、D 控制规律及强度，去弥补广义对象的特性，使得整个控制系统能够实现稳定性、快速性和准确性。

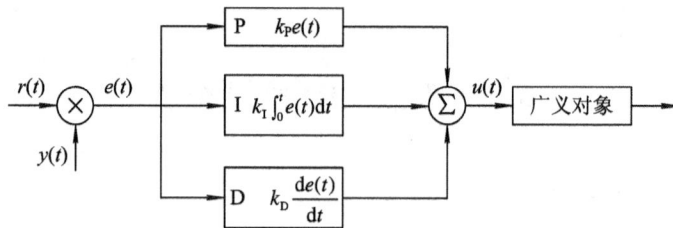

图 6-2　PID 控制器原理图

举一个例子来说明 P、I、D 控制规律。假定人以 PID 控制的方式用水壶往水杯里倒半杯水。这里设定值为半杯刻度，实际值为水杯的实际水量，控制量的值为水壶的倒入水量和水杯舀出水量，测量传感器为人的眼睛，执行机构为人手，正向执行为往水杯里倒水，反向执行为从水杯里舀水。

1. 比例控制

当人看到水杯里水量没有达到水杯的半杯刻度时，就按照一定水量从水壶里往水杯里倒水；反之，水杯的水量多过刻度，就以一定水量从水杯里舀水出来。这样的动作可能的结果是水不到半杯或者多于半杯动作就停止了。这说明 P 比例控制是一种最简单的控制方式，控制器的输出与输入误差信号成比例关系。当仅有比例控制时，系统输出存在稳态误差（Steady-state Error）。

2. 积分控制

对于倒水的积分控制，就是按照一定水量往水杯里倒水，如果发现杯里的水量没到刻

度就一直倒,后来发现水量超过了半杯,就从杯里往外面舀水,然后反复,不够就倒水,多了就舀水,直到水量达到刻度。在积分控制中,控制器的输出与输入误差信号的积分成正比关系。对一个自动控制系统,如果在进入稳态后存在稳态误差,则称这个控制系统是有稳态误差的或简称为有差系统(System with Steady - state Error)。为了消除稳态误差,在控制器中必须引入"积分项"。积分项的误差取决于时间的积分,随着时间的增加,积分项会增大。这样,即便误差很小,积分项也会随着时间的增加而加大,它推动控制器的输出增大,使稳态误差进一步减小,直到等于零。因此,比例+积分(PI)控制器可以使系统在进入稳态后无稳态误差。

3. 微分控制

在倒水过程中,就是人的眼睛看着杯里的水量与刻度的距离,当差距很大的时候,就用水壶大水量地倒水,当看到水量快要接近刻度的时候,就减少水壶的出水量,慢慢逼近刻度,直到水量停留在希望的刻度处。如果最后能精确停在刻度的位置,就是无静差控制;如果停在刻度附近,就是有静差控制。这说明在微分控制中,控制器的输出与输入误差信号的微分(即误差的变化率)成正比关系。

自动控制系统在克服误差的调节过程中可能会出现振荡甚至失稳,其原因是由于存在有较大惯性组件(环节)或有滞后组件具有抑制误差的作用,其变化总是落后于误差的变化。解决的办法是使抑制误差作用的变化"超前",即在误差接近零时,抑制误差的作用就应该是零。这就是说,在控制器中仅引入"比例项 P"往往是不够的,比例项的作用仅是放大误差的幅值,而目前需要增加的是"微分项",它能预测误差变化的趋势。这样,比例+微分控制器就能够提前使抑制误差的控制作用等于零,甚至为负值,从而避免了被控量的严重超调。因此,对有较大惯性或滞后的被控对象,比例(P)+积分(I)+微分(D)(即 PID)控制器能改善系统在调节过程中的动态特性。

6.1.2　数字 PID 控制算法

因为式(6-1)表示的控制器的输入及输出均为模拟量,所以计算机是无法对其进行直接运算的。为此,必须将连续形式的微分方程化成离散形式的差分方程。

取 T 为采样周期,k 为采样序号,$k=0,1,2,\cdots,i,\cdots,k$,因为采样周期相对于信号变化周期是很小的,这样可以采用矩形法算面积,用向后差分代替微分,即

$$\int_0^t e(t)\mathrm{d}t = \sum_{i=0}^k e_i(kT) \tag{6-2}$$

$$\frac{\mathrm{d}e(t)}{\mathrm{d}t} = \frac{e(kT) - e(kT - T)}{T} \tag{6-3}$$

式中:$e(kT)$ 为采样时刻 k 时的误差值;$e(kT-T)$ 为采样时刻 $k-1$ 时的误差值。

为了简化书写,后面将略去 T。式(6-1)可写成

$$u(k) = K_\mathrm{P}\left[e(k) + \frac{1}{T_\mathrm{I}}\sum_{i=0}^k e_i T + T_\mathrm{D}\frac{e(k) - e(k-1)}{T}\right] \tag{6-4}$$

$u(k)$ 为采样时刻 k 时的输出值,式(6-4)称为位置型算式,它对应于执行机构(如阀门)在每个采样时刻应达到的位置。

位置型控制算式要累加误差 e_i,没有充分利用以前的运算结果,要占用较多的存储单

元,不便于程序的编写,为此可对表达式(6-4)进行改进。

由式(6-4)可以写出 $u(k-1)$ 的表达式,即

$$u(k-1) = K_P\left[e(k-1) + \frac{1}{T_I}\sum_{i=0}^{k-1}e_i T + T_D\frac{e(k-1)-e(k-2)}{T}\right] \quad (6-5)$$

将式(6-4)与式(6-5)相减,可得数字 PID 增量型控制算式:

$$\Delta u(k) = u(k) - u(k-1)$$
$$= K_P[e(k)-e(k-1)] + K_I e(k) + K_D[e(k)-2e(k-1)+e(k-2)] \quad (6-6)$$

为了编程需要,将上式整理成如下的形式:

$$\Delta u(k) = q_0 e(k) + q_1 e(k-1) + q_2 e(k-2) \quad (6-7)$$

其中:

$$q_0 = K_P\left(1 + \frac{T}{T_I} + \frac{T_D}{T}\right)$$

$$q_1 = -K_P\left(1 + \frac{2T_D}{T}\right)$$

$$q_2 = K_P\frac{T_D}{T}$$

q_0、q_1 和 q_2 都是常数。

式(6-7)称为增量型算式,与位置型算式相比,它具有以下优点:

(1)增量型算式不需要累加误差 e_i,$\Delta u(k)$ 的确定只与最近的几次误差采样值有关,计算误差或计算精度对控制量的计算影响小。位置型算式要用到过去的误差累加值,容易产生较大的累加误差。

(2)增量型算式计算出的是控制量的增量,例如在执行机构为阀门时,只输出阀门开度的变化部分,误动作影响小,必要时可通过逻辑判断限制或禁止本次输出,不会严重影响系统的工作。而位置型算式给出的是控制量的输出值,误动作影响大。

(3)采用增量型算式,易于实现手动、自动的无扰动切换。

控制器的输出值为

$$u(k) = \Delta u(k-1) + u(k-1) \quad (6-8)$$

常系数 q_0、q_1 和 q_2 可以离线算出。按照式(6-8)进行计算,计算机每输出 $u(k)$ 一次,只需做三次乘法、三次加法。

数字 PID 增量型控制算法流程图如图 6-3 所示。

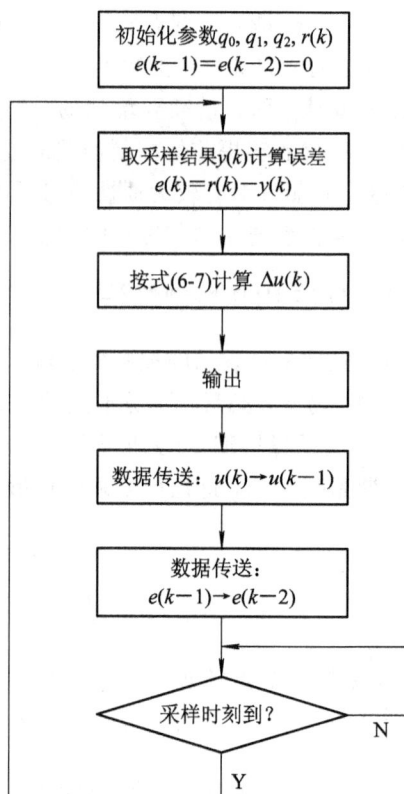

图 6-3 数字 PID 增量型控制算法流程图

6.2　对标准 PID 算法的改进

6.2.1　积分饱和作用的抑制

当长时间出现误差或误差太大时，由于积分作用 $\left(\dfrac{1}{T_{\mathrm{I}}}\sum\limits_{m=0}^{k}e(m)T\right)$，只要误差没有消除，就会继续增加或减小，直到控制器的输出向两个极端方向变化，使得控制信号有可能溢出或小于零。所谓溢出，就是计算出的输出控制量 $u(k)$ 超出 D/A 所能表示的范围。一般执行机构有两个极限位置，如阀门的全开或全关，如果执行机构已到极限位置，仍然不能消除误差，由于积分作用，尽管输出量按式(6-4)计算的结果继续增大或减小，而执行机构已无相应的动作，这就是积分饱和。当出现积分饱和时，势必使得超调量增加，控制品质变坏。

可以对控制器的输出 $u(k)$ 进行限幅。以 8 位的 D/A 为例，数值 00H 和 FFH(H 表示十六进制)对应调节阀的全开和全关：

当 $u(k)<0$ 时，$u(k)=$ 00H；

当 $u(k)\geqslant 0$ 时，$u(k)=$ FFH。

同时也可以把积分作用暂时切除。为此，可采用积分器分离措施，即误差 $e(k)$ 较大时，取消积分作用，而当误差较小时才接入积分器。即：

当 $|e(k)|>\beta$ 时，采用 PD 控制，取消积分作用；

当 $|e(k)|\leqslant\beta$ 时，采用 PID 控制，投入积分作用，消除余差。

其中，β 称为积分分离阈值，β 值的大小可根据具体对象及控制要求确定。但 β 过大，可能达不到积分分离的目的，反之过小就可能出现余差。

6.2.2　干扰的抑制

在实验室里设计的控制系统，在安装、调试后完全符合设计要求，但把系统置入现场后，系统常常不能够正常稳定地工作，产生这种情况的原因主要是现场环境复杂和各种各样的电磁干扰。针对这种情况，计算机控制系统的可靠性设计、抗干扰技术的应用变得越来越重要。

1. 干扰的主要来源

工业现场环境中，干扰是以脉冲的形式进入计算机控制系统的，其主要包括空间干扰、供电系统干扰和过程通道干扰。空间干扰多发生在高电压、大电流、高频电磁场附近，并通过静电感应、电磁感应等方式侵入系统内部；供电系统干扰是由电源的噪声干扰所引起的；过程通道干扰是指干扰通过前向通道和后向通道进入系统。

2. 干扰产生的后果

各种干扰一旦侵入系统，将使系统无法正常运行，甚至造成重大损失。干扰产生的后果，归纳起来可概括如下：

(1) 数据采集误差加大。当干扰侵入单片机系统的前向通道叠加在信号上时，会使数据采集误差增大，特别是前向通道的传感器接口是小电压信号输入时，此现象会更加严重。

(2) 程序运行失常。程序运行失常又可分为下面两种情况：

① 控制状态失灵。计算机输出的控制信号通常依赖于某些条件的状态输入信号和对这些信号的逻辑处理结果。若这些输入的状态信号受到干扰引入虚假状态信息，将导致输出误差加大，造成逻辑状态改变，最终导致控制失常。

② 死机。外界的干扰有时导致机器频繁复位而影响程序的正常运行，如外界干扰导致程序计数器 PC 值改变，破坏程序的正常运行。由于受干扰后的 PC 值是随机的，程序将执行一系列毫无意义的指令，最后进入"死循环"，这将使输出严重混乱或死机。

(3) 系统被控对象误操作。由于干扰的影响使单片机内部程序指针错乱，指向了其它地方，运行了错误的程序；RAM 中的某些数据被冲乱或者特殊寄存器的值被改变，使程序计算结果错误；或中断误触发，使系统进行错误的中断处理，都有可能使单片机对系统被控对象产生误操作。

(4) 被控对象状态不稳定。锁存电路与被控对象间的线路(包括驱动电路)受干扰，从而造成被控对象状态不稳定。

(5) 定时不准。如干扰使单片机内部程序指针错乱，使中断程序运行超出定时时间，以及 RAM 中计时数据被冲乱，使程序计算出错误的结果等，都将影响单片机定时的准确性。

(6) 数据发生变化。例如在单片机中，由于外部 RAM 是可读写的，在干扰的侵入下，RAM 中的数据有可能发生改变，虽然 ROM 能避免被干扰破坏，但单片机片内 RAM 以及片内各种特殊功能寄存器等状态都有可能受干扰而变化，甚至 EEROM 中的数据也可能被误读写，使程序计算出错误的结果。

针对以上问题，我们分别从硬件和软件两个方面来探讨一些提高单片机应用系统抗干扰能力的方法。

3. 硬件抗干扰技术

硬件抗干扰技术是系统设计时首选的抗干扰措施，它能有效抑制干扰源，阻断干扰传输通道。常用的硬件抗干扰措施有：

(1) 正确选择元器件与单片机。现在市场上出售的元器件种类繁多，有些元器件可用但性能不佳，有些元器件极易受到干扰，因此在选择关键元器件如译码器、键盘扫描控制器、RAM 等时，最好选用性能稳定的工业级产品。

为防止从电源系统引入干扰，可采取交流稳压器保证供电的稳定性，防止电源的过压和欠压，可使用隔离变压器滤掉高频噪声，用低通滤波器滤掉工频干扰。

采用开关电源并提供足够的功率余量，主机部分使用单独的稳压电路，必要时输入、输出供电分别采用 DC - DC 模块隔离，以避免各个部分相互干扰。

(2) 抑制电源干扰。电源干扰主要有以下几类：

① 电源线中的高频干扰。供电电力线相当于一个接收天线，能把雷电、电弧、广播电台等辐射的高频干扰信号通过电源变压器初级耦合到次级，形成对单片机系统的干扰。

② 感性负载产生的瞬变噪音。切断大容量感性负载时，能产生很大的电流和电压变化率，从而形成瞬变噪音干扰，成为电磁干扰的主要形式。

③ 晶闸管通断时的干扰。晶闸管通断时的电流变化率很大，使得晶闸管在导通瞬间流过一个具有高次谐波的大电流，在电源阻抗上产生很大的压降，从而使电网电压出现缺口，这种畸变了的电压波形含有高次谐波，可以向空间辐射或通过传导耦合，干扰其它设备。此外，还有电网电压波动或电压瞬时跌落产生的干扰，等等。

电源干扰的抑制，通常可采用以下几种方法：

① 防止从电源系统引入干扰。可采取交流稳压器保证供电的稳定性，防止电源的过压和欠压；使用隔离变压器滤掉高频噪声，用低通滤波器滤掉工频干扰；采用开关电源并提供足够的功率余量，主机部分使用单独的稳压电路，必要时输入、输出供电分别采用 DC - DC 模块隔离，以避免各个部分相互干扰。

② 接地技术。实践证明，单片机系统设备的抗干扰与系统的接地方式有很大关系，接地技术往往是抑制噪音的重要手段。良好的接地可以在很大程度上抑制系统内部噪音耦合，防止外部干扰的侵入，提高系统的抗干扰能力。设备的金属外壳等要安全接地；屏蔽用的导体必须良好接地。

③ 屏蔽线与双绞线传输。屏蔽线对静电干扰有强的抑制作用，而双绞线有抵消电磁感应干扰的作用。开关信号检测线和模拟信号检测线可以使用屏蔽双绞线来抵御静电和电磁感应干扰；特殊的干扰源也可以用屏蔽线连接，从而屏蔽了干扰源向外施加干扰。

④ 隔离技术。信号的隔离目的之一是从电路上把干扰源和易干扰的部分隔离出来，使监控装置与现场仅保持信号联系，但不直接发生电的联系。隔离的实质是把引进的干扰通道切断，从而达到隔离现场干扰的目的。一般计算机控制系统既有弱电控制系统又有强电控制系统，通常实行弱电和强电隔离，这是保证系统工作稳定、设备与操作人员安全的重要措施。常用的隔离方式有光电隔离、变压器隔离、继电器隔离和布线隔离等。

⑤ 模拟信号采样抗干扰技术。系统中通常要对一个或多个模拟信号进行采样，并将其通过 A/D 转换成数字信号进行处理。为了提高测量精度和稳定性，不仅要保证传感器本身的转换精度、传感器供电电源的稳定、测量放大器的稳定、A/D 转换基准电压的稳定，而且要防止外部电磁感应噪声的影响，如果处理不当，微弱的有用信号可能完全被无用的噪音信号淹没。在实际工作中，可以采用具有差动输入的测量放大器，采用屏蔽双绞线传输测量信号，或将电压信号改变为电流信号，以及采用阻容滤波等技术。

在许多信号变化比较慢的采样系统中，如人体生物电（心电图、脑电图）采样、地震波记录等，影响最大的是 50 Hz 的工频干扰。因此对工频干扰信号的抑制是保证测量精度的重要措施之一。抑制和消除工频干扰，常用的方法是在 A/D 转换电路之前加 RC 滤波器，或者采用采样时间是 50 Hz 的工频周期整数倍的双积分式 A/D 转换器。

(3) 抑制输入输出干扰。输入、输出信号加光电耦合器隔离，可以切断主机部分和前向、后向通道及其它部分电路的联系，可有效地防止干扰进入主机系统。

(4) 采用数字信号传输通道抗干扰技术。数字输出信号可作为系统被控设备（如继电器等）的驱动信号，数字输入信号可作为设备的响应回答和指令信号。数字信号接口部分是外界干扰进入单片机系统的主要通道之一。在工程设计中，对数字信号的输入/输出过程采取的抗干扰措施有：传输线的屏蔽技术，如采用屏蔽线、双绞线等；信号隔离措施；合理接地，由于数字信号在电平转换过程中形成公共阻抗干扰，选择合适的接地点可以有效抑制地线噪声。

（5）使用双机冗余设计。在对控制系统的可靠性有严格要求的场合，使用双机冗余可进一步提高系统抗干扰能力。双机冗余，就是执行同一个控制任务，可安排两个单片机来完成，即主机与从机。正常情况下，主机掌握着三总线的控制权，对整个系统进行控制，此时，从机处于待机状态，等待仲裁器的触发。当主机由于某种原因发生误动作时，仲裁器根据判别条件，若认为主机程序已混乱，则切断主机的总线控制权，将从机唤醒，从机将代替主机进行处理与控制。

4. 硬件监控电路

为了保证系统可靠、稳定地运行，增强抗干扰能力，需要配置硬件监控电路。硬件监控电路的功能主要包括：

（1）上电复位，保证系统加电时能正确地启动。

（2）掉电复位，当电源失效或电压降到某一电压值以下时，产生复位信号对系统进行复位。

（3）数据保护，当电源或系统工作异常时，对数据进行必要的保护，如写保护、后备电池切换等。

（4）电源监测，供电电压出现异常时，给出报警指示信号或中断请求信号。

（5）硬件看门狗，当处理器遇到干扰或程序运行混乱产生"死锁"时，对系统进行复位。

5. 单片机应用系统的软件抗干扰技术

尽管采取了硬件抗干扰措施，但由于干扰信号产生的原因错综复杂，且具有很大的随机性，很难保证系统完全不受干扰。因此，往往在硬件抗干扰措施的基础上，采取软件抗干扰技术加以补充。软件抗干扰方法具有简单、灵活、方便、耗费低等特点，因此，在单片机系统中被广泛应用。

1）软件滤波法

当干扰影响到单片机系统的输入信号时，将增大系统的数据采集误差。因此，单片机在读取输入信号后，对输入数据的"真伪"判断就显得十分重要。利用软件来判断输入信号是正常的输入信号还是干扰信号，这种方法称为软件滤波技术。软件滤波技术可滤掉大部分由输入信号干扰而引起的输出控制错误。最常用的软件滤波方法有算术平均值法、比较舍取法、中值法、一阶递推数字滤波法。具体采用何种方法，必须根据信号的变化规律进行选择。对开关量采用多次采集的办法来消除开关的抖动。

2）数据冗余技术

一些重要的原始数据信息备份两份或两份以上，数据存储空间足够的情况下，份数越多越好，并存放在 RAM 地址不相连的区域中。在平时对这些数据进行修改时，同时也更新备份，保证备份数据的同步。当干扰发生并被拦截到程序错误处理段时，将数据与备份数据做比较，选出正确的也就是未被干扰的数据。在对数据进行备份时，只备份最原始的数据，那些可以从原始数据计算推导而来的数据则没有必要备份。

3）输入信号重复检测方法

输入信号的干扰是叠加在有效电平信号上的一系列离散尖脉冲，作用时间很短。当控制系统存在输入干扰，又不能用硬件加以有效抑制时，可以采用软件重复检测的方法达到"去伪存真"的目的，连续两次或连续两次以上采集的结果完全一致时输入信号方为有效信号。若信号总是变化不定，在达到最高次数限额后可给出报警信号。对于来自各类开关型传感器的信号，如限位开关、行程开关、操作按钮等的输入信号，都可采用重复检测方法。

4）输出端口数据刷新方法

针对开关量输出所采用的软件抗干扰设计，主要采取重复输出的方法，这是一种提高输出接口抗干扰性能的有效措施。对于那些用锁存器输出的控制信号，这种措施很有必要。在尽可能短的周期内，将数据重复输出，受干扰影响的设备在还没有来得及响应时，正确的信息又到来，这样就可以及时防止误动作的产生。在程序结构的安排上，可为输出数据建立一个数据缓冲区，在程序的周期性循环体内将数据输出。对于增量控制型设备不能这样重复送数，只能通过检测通道，从设备的反馈信息中判断数据传输的正确与否。

5）指令冗余技术

例如 MCS-51 系列单片机的大部分指令为单字节指令，单字节指令程序发生错误时，出错的程序可自动纳入正轨；若错误发生于多字节指令，程序将继续出错，所以在关键的对程序的流向起决定作用的指令之前插入两条 NOP 指令可使被"跑飞"的指令恢复正常。

CPU 取指令的过程是先取操作码，再取操作数。当 PC 受干扰出现错误时，程序便脱离正常轨道"跑飞"，当"飞"到某双字节指令时，取指令时刻落在操作数上，误将操作数当作操作码，程序将出错。若"飞"到了三字节指令，则出错机率更大。

在关键地方人为插入一些单字节指令，或将有效单字节指令重写称为指令冗余，通常是在双字节指令和三字节指令后插入两个字节以上的 NOP。这样即使"跑飞"程序"飞"到操作数上，由于空操作指令 NOP 的存在，也可避免后面的指令被当作操作数执行，程序将自动纳入正轨。

此外，在对系统流向起重要作用的指令如 RET、RETI、LCALL、LJMP、JC 等指令之前插入两条 NOP 指令，也可将"跑飞"的程序纳入正轨，确保这些重要指令的执行。

6）程序拦截技术

所谓拦截，是将"跑飞"的程序引向指定位置，再进行出错处理。通常用软件陷阱来拦截"跑飞"的程序。因此首先要合理设计陷阱，其次要将陷阱安排在适当的位置。

（1）软件陷阱的设计。当"跑飞"的程序进入非程序区时，冗余指令便无法起作用，可通过软件陷阱拦截"跑飞"程序，将其引向指定位置，再进行出错处理。软件陷阱是指用来将捕获的"跑飞"程序引向复位入口地址 0000H 的指令。通常在 EPROM 中非程序区填入以下指令作为软件陷阱：

    NOP
    NOP
    LJMP 0000H

其机器码为 0000020000B。

（2）陷阱的安排。通常在程序中未使用的 EPROM 空间填 0000020000。最后一条指令应填入 020000。当"跑飞"的程序落到未使用的 EPROM 空间时，即可自动恢复。在用户程序区各模块之间的空余单元中也可填入陷阱指令。当使用的中断因干扰而开放时，在对应的中断服务程序中设置软件陷阱能及时捕获错误的中断。对未使用的外部中断，也可以在其服务程序中加入陷阱指令，以防止程序"飞"入此区：

    NOP

    NOP

    RETI

返回指令可用"RETI"，也可用"LJMP 0000H"。如果故障诊断程序与系统自恢复程序的设计可靠、完善，用"LJMP 0000H"作返回指令可直接进入故障诊断程序，尽早地处理故障并恢复程序的运行。

程序存储器的容量十分宝贵，软件陷阱一般占用 1 KB 空间，有 2~3 个就可以进行有效的拦截。

7) 软件"看门狗"技术

若失控的程序进入"死循环"，通常采用"看门狗"技术使程序脱离"死循环"。"看门狗"不断检测程序循环运行时间，若发现程序循环时间超过最大循环运行时间，则认为系统陷入"死循环"，需进行出错处理

"看门狗"技术可由硬件实现，也可由软件实现。在工业应用中，严重的干扰有时会破坏中断方式控制字，关闭中断，则系统无法定时清除看门狗计数器，硬件"看门狗"电路失效，而软件看门狗则可有效地解决这类问题。

在实际应用中，采用环形中断监视系统：用定时器 T0 监视定时器 T1，用定时器 T1 监视主程序，主程序监视定时器 T0。这种环形结构的软件"看门狗"具有良好的抗干扰性能，大大提高了系统可靠性。对于需经常使用 T1 定时器进行串口通信的测控系统，定时器 T1 不能进行中断，可改由串口中断进行监控(如果用的是 MCS-52 系列单片机，也可用 T2 代替 T1 进行监视)。这种软件"看门狗"的监视原理是：在主程序、T0 中断服务程序、T1 中断服务程序中各设一运行观测变量，假设为 MWatch、T0Watch 、T1Watch，主程序每循环一次，MWatch 加 1，同样 T0、T1 中断服务程序执行一次，T0Watch、T1Watch 加 1。在 T0 中断服务程序中通过检测 T1Watch 的变化情况来判定 T1 运行是否正常，在 T1 中断服务程序中通过检测 MWatch 的变化情况来判定主程序是否正常运行，在主程序中通过检测 T0Watch 的变化情况来判别 T0 是否正常工作。若检测到某观测变量变化不正常，比如应当加 1 而未加 1，则转到出错处理程序作排除故障处理。当然，在环形中断监视系统中应对主程序最大循环周期、定时器 T0 和 T1 定时周期予以全盘合理考虑，此处限于篇幅不赘述。

8) 使用程序监视跟踪定时器

程序监视跟踪定时器即看门狗，在单片机抗干扰设计中使用非常广泛，各大器件生产商提供了不同功能的芯片，如 MAXIM 的 MX760、MX813 和 IMP 的 IMP690 A/692AL 是用于微处理器系统的电源监视和控制电路，可为 CPU 提供复位信号、看门狗监视、备用电池自动切换及电源失效监视。除上、掉电条件下为微处理器提供复位外，这些器件还具有备用电池切换功能。看门狗与软件配合使用，可大大提高系统的抗干扰能力。

9) 使用实时嵌入式操作系统 RTOS

操作系统首先建立多个实时任务并初始化，各个任务在操作系统的调度下运行，若某一任务由于干扰而运行失常，操作系统可将该任务强制退出并让出 CPU 控制权，根据故障情况进行处理。使用 RTOS 可减小系统复位的次数，提高抗干扰能力。

在工程实践中通常都是几种抗干扰方法并用，互相补充、完善，才能取得较好的抗干扰效果。从根本上来说，硬件抗干扰是主动的，而软件抗干扰是被动的。细致周到地分析

干扰源，硬件抗干扰与软件抗干扰相结合，完善系统监控程序，设计稳定可靠的计算机控制系统是完全可行的。

6.2.3　其它改进算法

1. 梯形积分

在 PID 控制中可以通过提高积分项的运算精度来减少余差。为此，可将矩形积分改为梯形积分，即

$$\int_0^t e(t)\mathrm{d}t = \sum_{i=0}^{k} \frac{e(i)-e(i-1)}{2} \cdot T \tag{6-9}$$

2. 消除积分不灵敏区

在 PID 控制器的增量式中，积分作用的输出为

$$\Delta u_1(k) = K_P \frac{T}{T_I} e(k) \tag{6-10}$$

由于受计算机字长的限制，当运算结果小于字长所能表示的精度时，计算机就将结果作零处理。从式(6-10)可知，当计算机的字长较短、控制系统的采样周期 T 较小、积分时间常数 T_I 较大时，就会出现 Δu_1 因小于字长所能表示的精度而丢失的情形，此时就相当于没有了积分作用，称为积分不灵敏区。

要消除积分不灵敏区，一种方法是提高 A/D 转换器的精度，另一种方法是将积分项出现小于输出精度的控制量累加，当累加值大于输出精度时，输出控制量，同时累加和清零。

3. 不完全微分 PID 控制算法

微分作用是按照误差的变化率来进行作用的，但对具有高频扰动的生产过程，如果误差不大但变化率很大，微分作用响应过于灵敏，容易引起控制过程振荡，降低控制品质。尤其是计算机对每个回路输出时间很短，而执行器的动作又较慢的系统，在短时间内达不到应有的开度，使得输出失真。

解决的方法是在 PID 的输出串联一个一阶惯性环节，以平滑微分的输出，这就组成了不完全微分 PID 控制器，如图 6-4 所示。

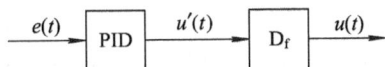

图 6-4　不完全微分 PID 控制器

图中，$u'(t)$ 就是 PID 控制器的输出；$u(t)$ 是加了一阶惯性环节后控制器的输出；D_f 是一阶惯性环，其微分方程为

$$T_f \frac{\mathrm{d}u(t)}{\mathrm{d}t} + u(t) = u'(t) \tag{6-11}$$

整个控制器的输出可表示为

$$T_f \frac{\mathrm{d}u(t)}{\mathrm{d}t} + u(t) = K_P \left[e(t) + \frac{1}{T_I} \int_0^t e(t)\mathrm{d}t + T_D \frac{\mathrm{d}e(t)}{\mathrm{d}t} \right] \tag{6-12}$$

对上式离散化，可得不完全微分 PID 控制器的位置型控制算式：

$$u(k) = \alpha u(k-1) + (1-\alpha)u'(k) \tag{6-13}$$

其中：$u'(k) = K_P \left[e(k) + \dfrac{T}{T_I} \sum\limits_{i=0}^{k} e(i) + T_D \dfrac{e(k) - e(k-1)}{T} \right]$，即前述 PID 的位置型差分方程；

系数 $\alpha = \dfrac{T_f}{T_f + T}$。

同样可以得到其增量型控制算式为

$$\Delta u(k) = \alpha \Delta u(k-1) + (1-\alpha) \Delta u'(k) \tag{6-14}$$

式中：$\Delta u'(k)$ 就是前述的 PID 控制器的增量型算式输出。

4. 微分先行算法

给定值的阶跃变化会引起系统控制量的剧烈变化，而误差 $e(t) = r(t) - y(t)$，如果控制器采用了微分作用，在增量型算式中，微分项为

$$K_D[e(k) - 2e(k-1) + e(k-2)] = K_D\{r(k) - 2r(k-1) - r(k-2)\}$$
$$- K_D\{y(k) - 2y(k-1) + y(k-2)\} \tag{6-15}$$

在式(6-15)中，第一项与给定值的变化有关，第二项与输出值的变化有关。显然当给定值变化频繁时，势必要引起微分项的输出频繁改变，在应用中可去掉第一项，以抑制因给定值的变化而引起的控制量输出的频繁变化。即微分作用不是针对误差，而是仅仅对输出信号进行微分，可以起到缓冲滤波作用，避免了执行机构在给定值突变时产生的剧烈冲击。当然这种变形算法也可以用于比例作用部分。

用数字控制器对系统进行控制，一般说不如直接采用模拟控制器控制效果好。原因是，一方面，数字控制器在一个采样周期内控制量不变化，而模拟控制器的控制是连续的；另一方面，由于计算机的计算和输入/输出需要时间，使得控制作用延滞。另外，计算机字长和 A/D 及 D/A 转换精度的限制，给控制不可避免地带来了误差。

6.3　PID 控制器参数与采样周期的选择

PID 控制器参数选择，是指选取合适的 K_P、T_I、T_D 的值，使得控制器的特性与被控制过程的特性相匹配，以满足某种反映控制系统质量的性能指标。在工程实践中，通常采用凑试法、经验法等确定这些参数值，这里不再详叙，有兴趣的读者请参考相关文献。与传统的模拟 PID 控制器不同，数字 PID 控制器除 K_P、T_I、T_D 的值外，还要确定系统的采样周期 T。因为数字 PID 的控制品质不仅取决于被控对象的动态特性和选取的 PID 参数，还与采样周期 T 紧密相关。

在数字控制系统中，采样周期的最大值是受系统稳定性限制的。由稳定条件可以求出采样周期的最大值 T_{max}，而最小采样周期 T_{min} 为计算机执行控制程序所耗费的时间，采样周期 T 只能在两者之间选择。要同时满足系统的稳定性，又要数字控制系统能保证一定的动静态指标，这就要求采样周期满足香农采样定理的要求。

如果采样角频率 ω_s（或频率 f_s）大于或等于 $2\omega_{max}$（或 $2f_{max}$），即

$$\omega_s \geqslant 2\omega_{max} \tag{6-16}$$

式中 ω_{max}（或 f_{max}）是连续信号频谱的上限频率，则经采样得到的脉冲序列能无失真地再恢复到原连续信号。这就是香农采样定理。

从物理意义上来理解采样定理：如果选择这样一个采样频率，使得对连续信号所含的最高频率来说，能做到在其一个周期内采样两次以上，则在经采样获得的脉冲序列中将包含连续信号的全部信息。反之，如果采样次数太少，即采样周期太长，那就做不到无失真地再现原连续信号。

按照采样定理可以确定采样周期的上限值 $T_采$：

$$T_采 \leqslant \frac{\pi}{\omega_{max}} \tag{6-17}$$

采样定理没有给出采样周期的下限值，但并不表示采样周期越小越好。采样周期太小，一方面加重了计算机的计算负担；另一方面两次采样之间的误差变化太小，数字控制器的输出值变化不明显，同时由于外围硬件的速度较慢，没有时间做出反应。采样周期的几个值由小到大排列如下：

$$T_{min} < T_采 < T_{max} \tag{6-18}$$

采样周期 T 如在 $T_采$ 与 T_{max} 之间，则系统可以稳定地工作，但控制质量较差，因为这时不满足采样定理，丢失了部分信息；如果采样周期 T 选择在 T_{min} 与 $T_采$ 之间，既满足了采样定理，又有较好的控制质量。常见过程控制系统中，不同类型的系统选择的采样周期如表 6-1 所示。

表 6-1　常见过程控制系统的采样周期选择

控 制 过 程	采样周期/s
流量	1
压力	5
液面	5
温度	20
成分	20

在 T_{min} 与 $T_采$ 之间如何确定 T，还要进一步分析影响采样周期 T 的各因素：

（1）给定值的变化频率。加到被控对象上的给定值变化频率越高，采样频率也应越高，这样给定值的改变可以迅速得到反映。

（2）被控对象的特性。如被控对象是慢速的热工或化工对象，则采样周期一般取得较小；若被控对象是较快速的系统，则采样周期就应当取得较小。

（3）使用的控制算法和执行机构的类型。采用 PID 算法时，积分作用和微分作用与采样周期 T 的选择相关。采样周期 T 太小，将使得微分作用不明显，因为当采样周期 T 小到一定的值后，会受到计算精度的限制，误差 $e(k)$ 始终为零。此外，若执行机构的惯性大，则采样周期的选择要与之适应，否则执行机构来不及反应数字控制器的输出值变化。

（4）控制的回路数。控制的回路数 n 与采样周期 T 有下列关系：

$$T \geqslant \sum_{j=1}^{n} T_j \tag{6-19}$$

式中：T_j 为各回路控制程序的执行时间。

控制的回路数越多，相应的采样周期应越长。

习 题

6.1 什么是数字 PID 控制器的位置型算法和增量型算法？试比较它们的优缺点。

6.2 什么是积分饱和？它是怎样引起的？如何消除？

6.3 采样周期的选择要考虑哪些因素？

6.4 计算机控制系统中存在哪些干扰？如何消除？

6.5 香农采样定理的原理是什么？

6.6 不完全微分 PID 的原理是什么？请用汇编语言或其它语言编写出不完全微分 PID 的程序。

计算机控制系统的设计与实践

第 7 章　计算机控制系统设计介绍

7.1　计算机控制系统设计的基本要求

　　尽管计算机控制系统的被控对象和控制过程具有多样性，以及计算机控制系统的具体设计不尽相同，但它们却有着共同的设计原则：可靠性高、操作性好、实时性强、通用性好、经济效益和性价比高。

　　（1）可靠性高。控制系统的工作环境和工作任务的特殊性，要求在设计时将安全可靠性放在首位。为了提高系统的可靠性，可选用高性能的计算机，选择安全可靠的控制方案，设置故障时的预防措施和备用设备方案。

　　（2）操作性好。操作性好包括使用方便和维修容易两方面。系统中尽可能采用标准的功能模块式结构，便于出故障时迅速更换。

　　（3）实时性强。控制系统的实时性表现在对内部事件和外部事件及时响应、及时处理。可在系统中针对定时事件设置时钟，确保定时处理；针对随机事件设置中断，合理分配中断级别，确保及时处理紧急故障。

　　（4）通用性好。通用性包括两个方面：一是硬件采用标准总线，配置通用的功能模块，方便扩充功能和方便系统维修；二是软件设计采用标准模块结构，按系统要求选择各种功能模块，灵活地进行系统软件组态。

　　（5）经济效益和性价比高。系统在设计时要注意性价比，在满足设计要求的情况下，尽可能采用价廉的元器件，使开发的系统具有市场竞争力。在保证提高产品质量和产量的基础上，对系统尽可能在消除环境污染、提高生产设备安全、改善劳动条件等方面进行综合设计，使设备在经济效益方面具有竞争力。

7.2　计算机控制系统的设计步骤及方法

1. 计算机控制系统的设计步骤

设计计算机控制系统的具体步骤如下：

（1）计算机控制系统总体方案的设计；

（2）计算机及接口的选择；

（3）控制算法的选择；

（4）计算机控制系统硬件设计；

（5）计算机控制系统软件设计；

（6）计算机控制系统的调试。

2．具体的设计方法

1）计算机控制系统总体方案的确定

总体方案主要根据被控对象来确定，大体上从以下几个方面进行考虑：

（1）确定系统方案。根据系统的要求，首先确定出系统的被控参数，决定采用开环控制方式还是闭环控制方式，或者采用数据处理系统。如果是闭环控制系统，还要确定整个系统是采用直接数字控制（DCC），还是采用计算机监控（SCC），或者采用分布式控制（DSC）。尽可能选择功能强的新型计算机和先进的控制总线，如现场总线系统。

（2）选择检测元件及执行设备。根据被测参数选择测量设备和元件。尽可能选择专门用于计算机系统的集成化传感器。根据被控对象的状态选择合适的执行机构，如在易燃易爆环境中应采用本安设备（本安设备是指其安装在危险区域的电路都是本质安全的，即该部分电路的能量、电流和电压受到限制和保护，不会点燃危险区域的气体）。

（3）选择输入输出通道及外围设备。过程通道根据被控对象参数的多少来确定，并根据系统的规模及要求配以适当的微机设备。

（4）画出整个系统的原理图。根据以上的选择结果，结合工业流程图，画出一个完整的控制系统原理图，包括各种传感器、变送器、外围设备、输入输出通道及计算机。

确定系统的总体方案时，对系统的软件、硬件功能要做统一的综合考虑。因为一种功能往往是既能由硬件完成也能由软件实现的，要根据系统的实时性及整个系统的性能价格比综合平衡后加以确定。一般在运行时间允许的情况下尽量用软件实现系统的功能，如软件设计比较困难，则可以考虑用硬件完成。

在确定系统的总体方案时，最好与搞工艺的同事互相配合，并征求现场操作人员的意见后再进行设计。

2）计算机及接口的选择

总体方案确定之后，首要的任务是选择合适的计算机。根据系统总体方案的要求、被控对象的任务，可选用工业控制计算机、PLC、单片机或其他嵌入式系统。

如果系统的任务比较繁重，需要的外设比较多，而且设计时间要求比较紧，可选用一台现成的工业控制机。工业控制机提供多种装置的系统板，配备了各种接口板，具有很强的硬件功能、灵活的I/O扩展能力和较强的开发能力。

如果系统较小或是顺序控制系统，可选用PLC、单片机和嵌入式系统，其配置方便，价格合适。PLC是一种专门为在工业环境下应用而设计的数字运算电子装置，采用可以编制程序的存储器，用来在其内部存储执行逻辑运算、顺序运算、计时、计数和算术运算等操作的指令，并能通过数字式或模拟式的输入和输出控制各种类型的机械或生产过程。PLC及其有关的外围设备都应该按易于与工业控制系统形成一个整体、易于扩展其功能的原则而设计。单片机是集成在一块芯片上的完整的计算机系统，尽管大部分功能集成在一块小芯片上，但是它具有一个完整计算机所需要的大部分部件：CPU、内存、内部和外部总线系统，目前大部分还会具有外存，同时集成诸如通信接口、定时器、实时时钟等外围设备。当然根据实际情况，我们可以选择目前流行的32位嵌入式系统来完成控制系统的设计。

3）控制算法的选择

当系统的总体方案及机型选定后，采用什么样的控制算法使系统达到要求，这是关键的一步。

对于数学模型能够确定的系统，可采用直接数字控制。可利用最少拍随动系统、最少拍无波纹系统、大林算法、最小二乘法系统辨识、最优控制以及自适应控制算法等（请读者自行参阅其他资料）。

对于数学模型不能确定或难以确定的复杂被控对象，可选用数字 PID 控制。

对于前两种方法均难以达到控制效果的系统，可以考虑采用模糊控制。

4）计算机控制系统硬件设计

计算机集成度高，内部含有 I/O 总线、ROM、RAM 和定时器，但是在组成计算机控制系统时，扩展接口是必不可少的设计任务。可以根据情况选择现成的接口板，也可以选择合适的芯片进行设计。扩展接口的主要工作包括：存储器扩展，模拟量输入通道扩展，输出通道扩展，开关 I/O 接口设计，操作面板设计等。

5）计算机控制系统软件设计

计算机控制系统软件分为系统软件和应用软件两大类。若选择工业控制机系统，其系统软件比较齐全，不需要自己设计，但应用软件需要自己设计。若选择的是自行设计的计算机系统，则系统软件和应用软件都需要自己设计。目前应用软件产品已形成模块化、商品化，各种通用软件程序包均有出售，可以选择使用，为编程提供了极大的方便。应用软件设计时需要注意以下几点。

（1）控制系统应用软件的要求：实时性、灵活性和通用性、可靠性。

（2）软、硬件折中问题。

（3）开发软件过程：划分功能模块及安排程序结构，画出各程序模块的详细流程图，选择合适的语言编写程序，将各个模块连接成一个完整的程序。

6）计算机控制系统的调试

计算机控制系统设计完成以后，就要进行硬件调试和软件调试。可以利用开发及仿真系统进行系统调试。

（1）硬件调试。按照设计方案制作好样机后，便可以进行硬件调试，包括脱机检查和联机调试。

利用万用表或逻辑测试笔，检查电路中的各器件以及引脚是否连接正确，是否有短路故障。

必要时将芯片取下，对电路板进行通电检查。然后将样机上的 CPU、EPROM 取下，接上仿真机进行联机调试，观察各接口电路是否正常。

（2）软件调试。在计算机上对各模块分别调试使其正确无误，然后由链接器将各模块对应的目标文件链接到一起，生成的二进制文件用 EPROM 编程器写入 EPROM，即可运行系统。

（3）硬件、软件联合调试。经硬件、软件单独调试后，即可进行硬件、软件联合调试，找出硬件、软件之间不相匹配的地方，反复修改和调试。

（4）现场调试。实验完成后，即可进行系统组装，将其移至现场进行调试，根据现场情况及调试出现的问题，对硬件、软件反复进行调试。

7.3　几种典型的计算机控制系统

本节简单介绍几种典型的计算机控制系统：基于 PC 总线的板卡与工控机组成的计算机控制系统，基于 PLC 的计算机控制系统，基于单片机的计算机控制系统，基于嵌入式系统的计算机控制系统。

7.3.1　基于 PC 总线的板卡与工控机组成的计算机控制系统

基于 PC 总线的板卡与工控机组成的计算机控制系统是一种典型的 DDC 系统，工控机通过基于 PC 总线的板卡进行实时数据采集，并按照一定的控制规律实时决策，产生控制指令，并通过板卡输出，对生产过程直接进行控制。早在 20 世纪 80 年代初期，美国 AD 公司就推出了类似 IPC 的 MAC - 150 工控机，随后美国 IBM 公司正式推出工业个人计算机 IBM 7532。由于 IPC 的性能可靠、软件丰富、价格低廉，因而在工控机中异军突起，后来居上，应用日趋广泛。

1. 工业 PC 的结构

工控机的典型组成结构主要包括：

（1）全钢机箱。IPC 的全钢机箱是按标准设计的，抗冲击、抗振动、抗电磁干扰，内部可安装同 PC 总线兼容的无源底板。

（2）无源底板。无源底板的插槽由 ISA 和 PCI 总线的多个插槽组成，ISA 或 PCI 插槽的数量和位置可以根据需要选择。该板为四层结构，中间两层分别为地层和电源层，这种结构方式可以减弱板上逻辑信号的相互干扰和降低电源阻抗。底板可插接各种板卡，包括 CPU 卡、显示卡、控制卡、I/O 卡等。

（3）CPU 卡。IPC 的 CPU 卡有多种，根据尺寸可分为长卡和半长卡；根据处理器可分为 386、486、586、PⅡ、PⅢ 和 PⅣ 主板，用户可视自己的需要任意选配。

（4）其他配件。IPC 的其他配件基本上都与 PC 机兼容，主要有 CPU、内存、显卡、硬盘、软驱、键盘、鼠标、光驱、显示器等。

2. 工业 PC 的特点

专门为工业工程控制现场设计的工业 PC 机与普通计算机相比，有以下特点：

（1）工业 PC 总线设计支持各种模块化 CPU 卡和所有的 PC 总线接口板。

（2）所有卡（CPU 卡、CRT 卡、磁盘控制卡和 I/O 接口卡等）采用高度集成芯片，以减少故障率，并均采用模块化、插板式，以便安装、更换和升级换代。

（3）开放性好，兼容性好，吸收了 PC 机的全部功能，可直接运行 PC 机各种应用软件。

（4）采用和 PC 总线兼容的无源底板，无源底板带有 4、6、8、12、14 或 20 槽，可插入各种 PC 总线模板。

（5）可内装 RAM、EPROM、EEPROM 和 FLASH MEMORY 等电子盘以取代机械磁盘，使 PC 机在工业环境下的操作具有高速和高可靠性。

3. 基于 PC 总线的板卡简介

基于 PC 总线的板卡是指计算机厂商为了满足用户需要，利用总线模板化结构设计的通用功能模板。基于 PC 总线的板卡种类很多，其分类方法也有很多种。各种类型板卡依据其所处理的数据不同，都有相应的评价指标。现在较为流行的板卡大都是基于 PCI 总线设计的。

7.3.2　基于 PLC 的计算机控制系统

国际电工委员会(IEC)先后颁布了 PLC 的标准草案第一稿和第二稿，并在 1987 年 2 月通过了对它的定义。PLC 的突出特点是可靠性高、功能齐全。

1. 可靠性高

可靠性高是 PLC 最突出的特点之一。为实现"专为适应恶劣的工业环境而设计"的要求，PLC 采取了很多有效措施以提高其可靠性：

(1) 所有输入输出接口电路均采用光电隔离，使工业现场的外电路与 PLC 内部的电路在电气上实现隔离。

(2) 各模块均采取屏蔽措施，以防止辐射干扰。

(3) 采用优良的开关电源。

(4) 对采用的器件进行严格的筛选。

(5) 具有完整的监视和诊断功能，一旦电源或其它软、硬件发生异常情况，CPU 立即采取有效措施，防止故障扩大。

(6) 大型 PLC 还采用由双 CPU 构成的冗余系统，使可靠性进一步提高。

由于采用了以上措施使 PLC 的平均无故障时间高达几十万小时。虽然各厂家 PLC 型号不同，但各国均有相应的标准，产品都严格地按有关技术标准进行出厂检验，故均可适应恶劣的工业应用环境。

2. 功能齐全

除了单元式小型 PLC 外，绝大多数 PLC 采用标准的积木硬件结构和模块化的软件设计，不仅可以适应大小不同、功能繁杂的控制要求，而且可以适应工艺流程变更较多的场合。操作人员经短期培训，就可以使用 PLC。因此，操作人员、维修人员可以及时准确地了解机器故障点，利用替代模块或插件的办法迅速排除故障。

近几年，随着显示技术的迅速发展，大多数 PLC 都可以配套使用液晶显示和触摸屏，使人机界面大大改善。由于 PLC 具有诸多优点，使得 PLC 应用十分广泛。现在，PLC 已经广泛应用于钢铁、采矿、水泥、石油、化工、电力、机械制造、汽车装卸等领域的单机、多机群以及生产线的自动化控制。

7.3.3　基于单片机的计算机控制系统

单片机又称单片微控制器，它不是完成某一逻辑功能的芯片，而是把一个计算机系统集成到一个芯片上，即一块芯片就成了一台计算机。单片机的体积小、质量轻、价格便宜。

单片机内部也包含有与电脑功能类似的模块，如 CPU、内存、并行总线以及与硬盘作用相同的存储器件，不同的是它的这些部件性能相对于家用计算机弱很多，因此价钱也很低，单片机主要作为控制部分的核心部件来使用。由于单片机对成本是敏感的，所以所采用的软件还是最低级的汇编语言。单片机的应用非常广泛，从导弹的导航装置、飞机上各种控制仪表、计算机网络通信与数据传输、工业自动化过程的实时控制和数据处理，到广泛使用的各种智能 IC 卡、民用豪华轿车的安全保障系统、录像机等家用电器，以及程控玩具、电子宠物等，都离不开单片机。

7.3.4 基于嵌入式系统的计算机控制系统

根据 IEEE(国际电气工程师协会)的定义，嵌入式系统是"控制、监视或者辅助装置、机器和设备运行的装置"(原文为 devices used to control，monitor，or assist the operation of equipment，machinery or plants)。这主要是从应用上加以定义的，从中可以看出嵌入式系统是软件和硬件的综合体，还可以涵盖机械等附属装置。

不过上述定义并不能充分体现出嵌入式系统的精髓，目前关于嵌入式系统国内一个普遍被认同的定义是：以应用为中心，以计算机技术为基础，软件硬件可裁剪，适应应用系统对功能、可靠性、成本、体积、功耗严格要求的专用计算机系统。

嵌入式系统的几个重要特征是：

(1) 系统内核小。由于嵌入式系统一般是应用于小型电子装置的，系统资源相对有限，所以内核较之传统的操作系统要小得多。比如 Enea 公司的 OSE 分布式系统，内核只有5 KB。

(2) 对硬件进行系统的移植，即使在同一品牌、同一系列的产品中也需要根据系统硬件的变化和增减不断进行修改。同时针对不同的任务，往往需要对系统进行较大更改，程序的编译下载要和系统相结合，这种修改和通用软件的"升级"完全是两个概念。

(3) 系统精简。嵌入式系统一般没有系统软件和应用软件的明显区分，不要求其功能设计及实现上过于复杂，这样一方面利于控制系统成本，同时也利于实现系统安全。

(4) 高实时性的系统软件(OS)是嵌入式软件的基本要求。而且软件要求固态存储，以提高速度；软件代码要求高质量和高可靠性。

(5) 嵌入式软件开发要想走向标准化，就必须使用多任务的操作系统。嵌入式系统的应用程序可以没有操作系统直接在芯片上运行；但是为了合理地调度多任务、利用系统资源、系统函数以及和专家库函数接口，用户必须自行选配 RTOS(Real-Time Operating System)开发平台，这样才能保证程序执行的实时性、可靠性，并减少开发时间，保障软件质量。

(6) 嵌入式系统开发需要开发工具和环境。由于其本身不具备自举开发能力，即使设计完成以后用户通常也不能对其中的程序功能进行修改，必须有一套开发工具和环境才能进行开发，这些工具和环境一般是基于通用计算机上的软硬件设备以及各种逻辑分析仪、混合信号示波器等。开发时往往有主机和目标机之分，主机用于程序的开发，目标机作为最后的执行机，开发时需要交替结合进行。

习 题

7.1 计算机控制系统设计的基本原则是什么？

7.2 计算机控制系统的调试包括哪几个方面？

第 8 章　监控组态软件设计与应用

8.1　组态软件及其发展

1. 组态软件的发展趋势

今天，随着对工业自动化的要求越来越高，以及大量控制设备和过程监控装置之间的通信的需要，"监控和数据采集系统"越来越受到用户的重视，从而导致组态软件的大量使用。组态(Configuration)的意思就是多种工具模块的任意组合，它是从 DCS 发展而来的。它的功能是使用工具软件对计算机及软件的各种资源进行配置，使计算机或软件按照预先设置的指令，自动执行指定任务，满足使用者的要求。

最初的组态软件主要解决人机图形界面的问题。20 世纪 80 年代，世界上第一个商品化监控组态软件 Intouch 由美国 Wonderware 公司研制成功，随后又出现了 Intellution 公司的 FIX 系统、通用电气的 Cimplicity 系统以及德国西门子的 WinCC 等；在国内主要有亚控公司的 KingView 组态王、三维公司的力控等组态软件。

组态王是运行在 Windows 98/NT/2000 上的一种组态软件。使用组态王，用户可以方便地构造适应自己需要的"数据采集系统"，在任何需要的时候把生产现场的信息实时地传送到控制室，保证信息在全厂范围内的畅通。组态王的网络功能使企业的基层和其它部门建立起联系，现场操作人员和工厂管理人员都可以看到各种数据。管理人员不需要深入生产现场，就可以获得实时和历史数据，优化控制现场作业，提高生产率和产品质量。

2. 组态软件的特点

组态软件具有实时多任务、接口开放、使用灵活、运行可靠的特点。其中最突出的特点是它的实时多任务性，可以在一台计算机上同时完成数据采集、信号数据处理、数据图形显示等功能，可以实现人机对话、实时数据的存储、历史数据的查询、实时通信等多个任务。

组态软件的使用者是自动化工程设计人员，组态软件可以使使用者在生成适合自己需要的应用系统时不需要修改软件程序的源代码。下面是组态软件主要实现的功能：

(1) 与现场设备之间进行数据采集和数据交换。

(2) 将采集到的数据与上位机图形界面的相关部分连接。

(3) 实时数据在线监测。

(4) 设置数据报警界限和系统报警。

(5) 实时数据存储，历史数据查询。

（6）各类报表的生成和打印输出。

（7）应用系统运行稳定可靠。

（8）拥有良好的与第三方程序的接口，方便数据共享。

使用组态王，可以使用清晰准确的画面描述工业控制现场；使用图形化的控制按钮实现单任务和多任务；设计复杂的动画，显示现场的操作状态和数据；显示生产过程的文字信息和图形信息；为任何现场画面指定键盘命令；监控和记录所有报警信息；显示实时趋势曲线和历史趋势曲线；使用多样而灵活的方式查询历史数据；打印时间驱动和事件驱动的报表；设计多级安全控制和访问权限。

在解决了上述问题后，工程技术人员在组态软件中只需要填写一些根据实际需要事先设计好的表格，再利用其图形功能将被控对象（如反应罐、温度计、锅炉、趋势曲线、报表等）形象地绘制在指定的位置，通过内部数据变量连接被控对象的属性，与 I/O 设备的实时数据进行逻辑连接。

3. 组态软件的一般组成

1）工程管理

对于系统集成商和用户来说，一个系统开发人员可能保存有很多个组态王工程，对于这些工程的集中管理以及新开发工程中的工程备份等都是比较繁琐的事情。组态王工程管理器的主要作用就是为用户集中管理本机上的所有组态王工程。工程管理器的主要功能包括：新建、删除工程，对工程重命名，搜索指定路径下的所有组态王工程，修改工程属性，工程的备份、恢复，数据词典的导入导出，切换到组态王开发或运行环境等。另外，组态王 6.0 开发系统提供工程加密，画面和命令语言导入、导出功能。

2）画面制作系统

（1）支持无限色和过渡色。组态王 6.0 调色板支持无限色，支持 24 种过渡色效果，组态王的任一种绘图工具都可以使用无限色，大部分图形都支持过渡色效果，巧妙地利用无限色和过渡色效果，可以轻松构造逼真、美观的画面。

（2）图库。使用图库具有很多好处：降低工程人员设计界面的难度，缩短开发周期；用图库开发的软件将具有统一的外观，方便工程人员学习和掌握；利用图库的开放性，工程人员可以生成自己的图库元素，"一次构造，随处使用"，节省了工程投资。组态王 6.0 图库全新改版，提供具有属性定义向导的图库精灵，用户只需稍做调整即能制作个性化的图形。

（3）按钮和图形。组态王 6.0 支持按钮的多种形状和多种效果，并且支持位图按钮，用户可以构造出非常漂亮的按钮。另外，组态王 6.0 支持多种图形格式，如 gif 、jpg、bmp 等，用户可以充分利用现有的资源，轻松构造自己功能强大且美观的应用系统。

（4）可视化动画连接向导。通过可视化图形操作，可以直接完成移动、旋转的动画连接定义。

3）报警和事件系统

组态王 6.0 报警系统具有方便、灵活、可靠、易于扩展的特点。组态王分布式报警管理提供多种报警管理功能，包括基于事件的报警、报警分组管理、报警优先级、报警过滤、新增死区和延时概念等功能，以及通过网络的远程报警管理。组态王还可以记录应用程序事件和操作员操作信息。报警和事件具有多种输出方式，如文件、数据库、打印机和报警窗等。

4）报表系统

组态王 6.0 提供一套全新的、集成的内嵌式报表系统，内部提供丰富的报表函数，用户可创建多样的报表。组态王 6.0 提供报表工具条，操作简单明了，比如：设置日报表的组态只需用户选择需要的变量和每个变量的收集间隔时间；报表模板方便用户调入其他的表格。报表能够进行组态，例如有日报表、月报表、年报表、实时报表的组态。

5）控件

组态王 6.0 支持 Windows 标准的 ActiveX 控件（主要为可视控件），包括 Microsoft 提供的标准 ActiveX 控件和用户自制的 ActiveX 控件。ActiveX 控件的引入在很大程度上方便了用户，用户可以灵活地编制一个符合自身需要的控件，或调用一个已有的标准控件，来完成一项复杂的任务，而无需在组态王中做大量的复杂工作。一般的 ActiveX 控件都具有属性、方法、事件，用户通过控件的这些属性、事件、方法来完成工作。

6）OPC

全面支持 OPC 标准（组态王 6.0 既可以作为 OPC 服务器，也可以作为 OPC 客户端），开发人员可以从任何一个 OPC 服务器直接获取动态数据，并集成到组态王中；同时组态王作为 OPC 服务器，可向其他符合 OPC 规范的厂商的控制系统提供数据。OPC 节省了不同厂商的控制系统相连的工作量和费用。

7）通信系统

组态王 6.0 支持与远程设备间通过拨号方式进行通信。组态王的远程拨号与组态王原有驱动程序无缝连接，硬件设备端无需更改程序。利用远程拨号能实时显示现场设备运行状况，随时打印，自动上传报警和历史数据等。

组态王 6.0 的开发系统中有硬件测试界面，在不启动运行系统的情况下，能测试对硬件设备的读写操作，并且 IO 变量支持时间戳和质量戳，能随时判断数据采集的时间和检查通信质量的好坏。

8）安全系统

组态王 6.0 采用分级和分区保护的双重保护策略，新增用户组和安全区管理，999 个不同级别的权限和 64 个安全区形成双重保护。另外组态王能记录程序运行中操作员的所有操作。

9）网络功能

组态王 6.0 完全基于网络的概念，是一种真正的客户/服务器模式，支持分布式历史数据库和分布式报警系统。组态王的网络结构是一种柔性结构，可以将整个应用程序分配给多个服务器，如指定报警服务器和历史数据记录服务器，这样可以提高项目的整体容量结构并改善系统的性能。

10）冗余系统

组态王 6.0 提供全面的冗余功能，能够有效地减少数据丢失的可能，增加了系统的可靠性，方便了系统维护。组态王提供三重意义上的冗余功能，即双设备冗余、双机冗余和双网络冗余。对于这三种冗余方式，设计者可综合运用，可以同时采取或采取其中的任意一种或两种。采用冗余后，系统运行时将更加稳定、可靠，对各种情况都能应付自如。

4. 使用组态软件的一般步骤

（1）建模：根据实际需要，为控制系统建立数学模型。

（2）设计图形界面：利用组态软件的图库，使用相应的图形对象模拟实际的控制系统和控制设备。

（3）构造数据库变量：创建实时数据库，用数据库中的变量反映控制对象的各种属性，变量描述控制对象的各种属性。

（4）建立动画连接：建立变量和图形画面中的图形对象的连接关系，画面上的图形对象通过动画的形式模拟实际控制系统的运行。

（5）运行、调试。

这五个步骤并不是完全独立的，事实上，这些步骤常常是交错进行的。

8.2 组态软件的图形开发环境

自动化工程的所有操作画面，包括流程画面都是在图形开发环境下制作、生成的，工程设计人员使用最频繁的组态软件组件就是图形开发环境。组态王的图形开发环境是TOUCHMAK，力控 R 软件中的图形开发环境是 Draw，在 Intouch 中是 WindowMaker。图形开发环境是目标应用系统的主要生成工具之一，它依照操作系统的图形标准，采用面向对象的图形技术，为使用者提供了丰富强大的绘图编辑功能、动画连接技术和脚本工具，并提供右键菜单功能，帮助使用者简化操作。

8.2.1 基本概念

1. 命令语言

命令语言是一段类似于 C 语言的程序，工程人员可以利用这段程序增强应用工程的灵活性。组态王的命令语言包括应用程序命令语言、热键命令语言、事件命令语言、变量改变命令语言、自定义函数命令语言、动画连接命令语言、画面属性命令语言。各类命令语言通过"命令语言"对话框编辑输入，在运行系统中被编译执行。

2. 窗口

窗口是组态软件的目的操作界面，绝大部分的操作都在窗口上设计完成。

3. 图素

图素也称图形对象，是组态软件中的基本元素之一。窗口中的绝大部分内容都是由一些简单的或复杂的图形对象构成的。简单的如线、文本、按钮等，通常是组态软件系统自身提供的，称为"标准图素"；复杂的如各种报警、事件、报表及第三方开发的图素。

4. 外部对象

外部对象是指由其它 Windows 应用程序生成的图形或数据对象，如 ActiveX 控件、Excel 表格、Word 文档等 OLE 对象。

ActiveX 控件是典型的外部控件，一般以 OCX 为扩展名。它是一种能够完成特定功能的独立的标准组件，可以是组态软件本身开发的或者是用其他软件如 VB、VC 等第三方应用程序开发的，也可以是直接从第三方开发商那里购买的。但它必须被置入控件容器 (Container)中。KingView 就是标准的控件容器。

8.2.2 图形开发环境的工作界面

1. 工程管理器

工程管理器主要用于组态王工程的管理，如新建工程、搜索工程、备份工程、恢复工程、导入导出变量、定义工程的属性等。其界面如图 8－1 所示。工程管理器由菜单条、工具栏、工程信息显示区及状态栏等组成。

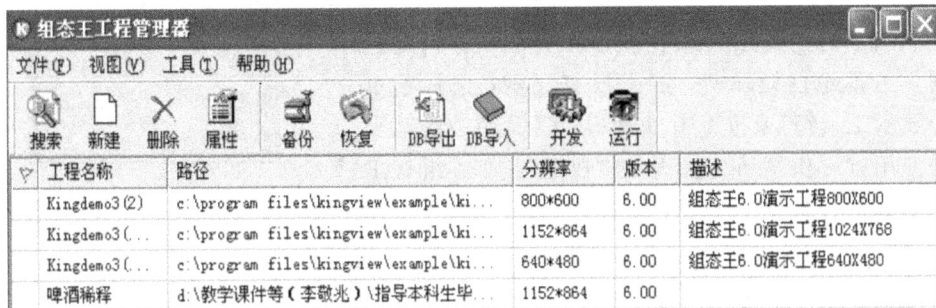

图 8－1 组态王的工程管理器界面

2. 工程浏览器

工程浏览器是组态王软件的核心部分和管理开发系统，它将画面制作系统中已设计的图形画面、命令语言、设备驱动程序管理、配方管理、数据报告等工程资源进行集中管理，并在一个窗口中进行树形结构排列，与 Windows 98 操作系统中的资源管理器相似。组态王工程浏览器界面如图 8－2 所示。在工程浏览器左边窗口的"画面"节点单击右键，选择"切换到 Make"菜单命令，或者选中画面节点后，在工程浏览器右边窗口任意地方单击右键，选择"切换到 Make"菜单命令，即可启动工程浏览器内嵌的画面制作系统。

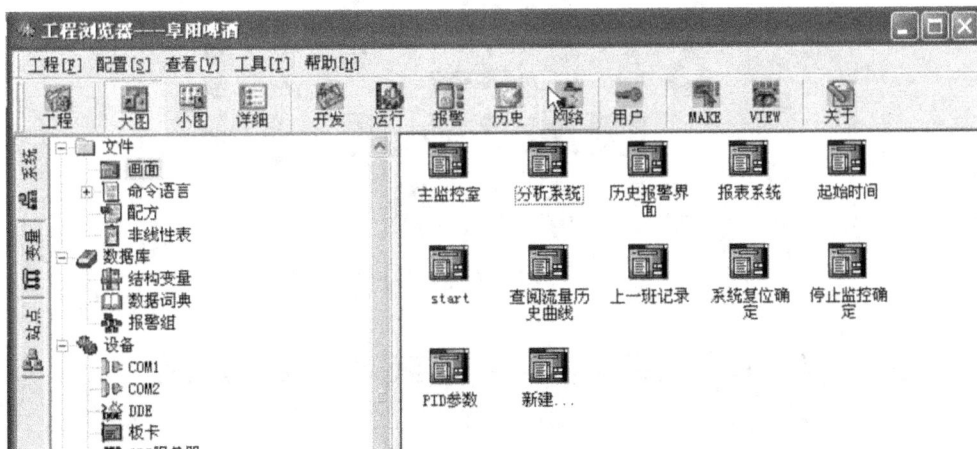

图 8－2 组态王工程浏览器界面

3．图形工具箱

组态王的工具箱经过精心设计，把使用频率较高的命令集中在一块面板上，非常便于操作，而且节省屏幕空间，方便查看整个画面的布局。工具箱中的每个工具按钮都有"浮动提示"，帮助用户了解工具的用途。工具箱详解中将详细说明各工具的功能。图形编辑工具箱是绘图菜单命令的快捷方式。每次打开一个原有画面或建立一个新画面时，图形编辑工具箱都会自动出现。

绘制图素的主要工具放在图形工具箱中，当画面打开时，工具箱自动加载。如果没有显示，选择菜单"工具/显示工具箱"或按 F10 快捷键。工具箱中各基本工具的使用方法和 Windows 中的"画笔"类似。组态王的图形工具箱如图 8-3 所示。

图 8-3　组态王的图形工具箱

4．图库管理器

图库是系统预先建立好的组合图形对象。组态王系统提供有十几个图形库，几百个元件，包括控制按钮、指示表、阀门、电机、泵、管路和其它标准工业元件。设计者可以简单地从图库中取出元件加到自己的应用中，并按照需要的大小缩放，图库单元任意缩放不会失真。图库单元还包含动画连接，可以方便地实现动画效果。为满足不同行业用户的需要，图库是可扩充的。设计者可以创建自己的图库单元，把它们加入到已有的图库中，或者把不再需要的图库单元从图库中删除。也可以创建自己的图库。图库管理器如图 8-4 所示。

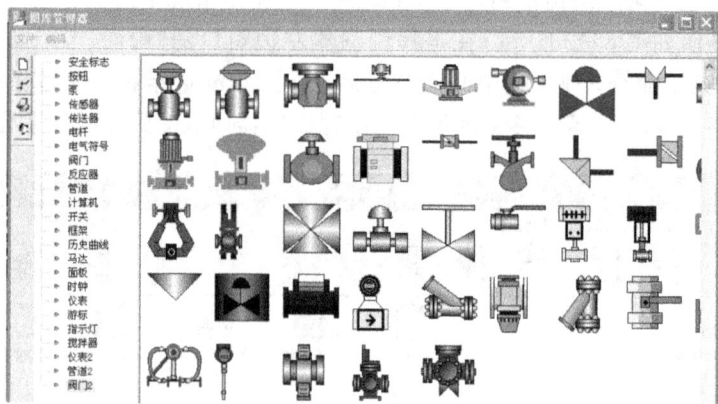

图 8-4　组态王的图库管理器

8.3　数据词典、动画连接与命令语言的使用

8.3.1　数据词典

数据词典(数据库)是组态王软件的核心部分。在组态王(TOUCHVEW)运行时，工业

现场的生产状况要以动画的形式反映在屏幕上，同时工程人员在计算机前发布的指令也要迅速送达生产现场，所有这一切都以实时数据库为中介环节，数据词典（数据库）是联系上位机和下位机的桥梁。

组态王系统支持多种变量类型。组态王的变量包括系统变量和用户定义变量两大类。变量定义在工程浏览器的"数据词典"中进行，定义时要指定变量名和变量类型，某些类型的变量还需要一些附加信息。不同类型的变量具有不同的变量属性，在定义变量时，有时需要设置它的部分属性。

在控制系统中，需要采用变量来存放外部设备传送来的检测信号（如水位信号），这些变量需要同外部设备进行数据交换，所以需要首先建立工程，然后进行设备配置，再建立相应的变量。

1. 建立工程

启动组态王工程管理器，选择"文件"菜单中的"新建工程"，或者单击工具栏的"新建"按钮，出现"新建工程向导之一"对话框；单击"下一步"按钮，弹出"新建工程向导之二"对话框，选择工程所在目录；单击"下一步"，弹出"新建工程向导之三"对话框，输入新建组态王工程名称：啤酒稀释；在菜单项中选择"工具/切换到开发系统"，或者退出工程管理器，直接打开组态王工程浏览器，进入工程浏览器画面，此时组态王自动生成初始的数据文件。至此，新的工程建立成功。

2. 建立画面

进入工程浏览器，打开图形工具箱和图库管理器。在工具箱中的立体管道工具中选择"🔲"图标，在画面上，鼠标图形为"＋"模式，在适当位置单击鼠标左键，然后移动鼠标到结束位置并双击，则立体管道在画面上显示出来。选中所画的立体管道，在调色板上的对象选择按钮中按下线条色按钮，在选色区选择颜色，则立体管道变为相应的颜色。打开图库管理器，在反应器图库中选择"🔲"图标，双击后在水位控制画面上单击鼠标，该图标出现在相应的位置。

3. 定义外部设备和数据变量

作为上位机，需要与外部设备交换数据。这些外部设备包括：下位机如 PLC、仪表、模块、板卡等，一般通过串行口和上位机交换数据；其他 Windows 应用程序，一般通过 DDE 交换数据。若组态软件在网络上运行，则外部设备还可以包括网络上的其它计算机。

只有在定义了外部设备之后，组态软件才能通过 I/O 变量进行数据交换。为方便定义外部设备，组态王设计了"设备配置向导"指导完成设备的连接。本文的下位机为西门子PLC S7200。

1）模拟量"酒流量"变量的定义

如图 8-5 所示，单击"数据库"大纲的"数据词典"成员名，然后在目录内容显示区双击"新建"图标，出现"定义变量"窗口。在"基本属性"页输入变量名"酒流量"，变量类型为"I/O 实数"，连接设备设置为"S7200"，寄存器设置为 V104，数据类型为"FLOAT"，读写属性为"只读"，采集频率为 1000 毫秒，最小值为 0，最大值为 99999，最小原始值为 0，最大原始值为 99999，如图 8-6 所示。

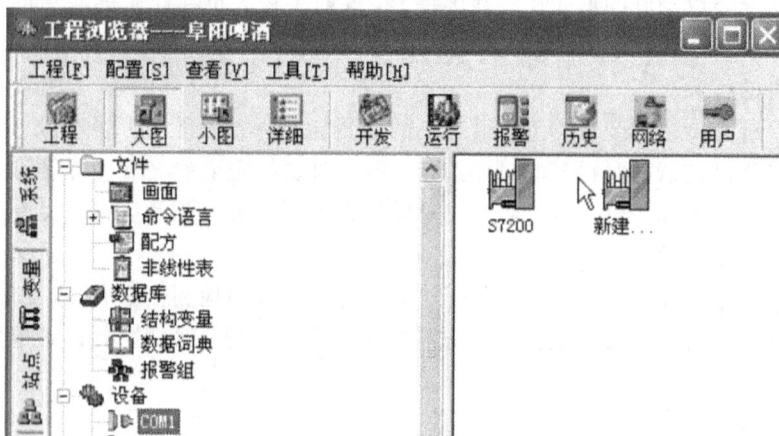

图 8-5　利用组态王定义外部设备

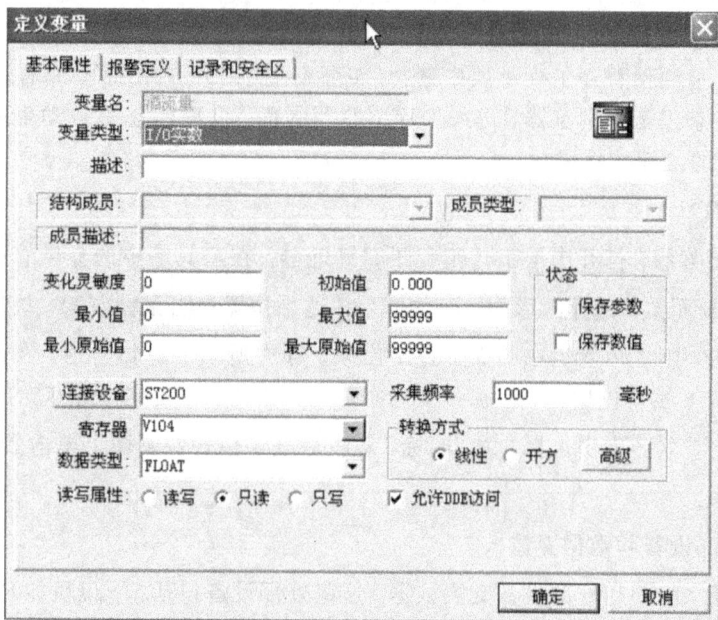

图 8-6　"酒流量"的定义

2）数字量"I/O 整数"变量的定义

在目录内容显示区中双击"新建"图标，再次出现"定义变量"窗口，将变量名设置为"IO"，变量类型设置为"I/O 整数"，初始值设置为"0"，连接设备设置为"S7200"，寄存器设置为"V540"，数据类型为"BYTE"，采集频率为 1000 毫秒，如图 8-7 所示，然后单击"记录和安全区"选项卡，单击选中"数据变化记录"单选按钮，再单击"确定"按钮，完成变量的设置。在下位机 PLC 中 V540 存放的为 IB0(I 在 S7200PLC 中表示输入，B 表示字节，IB0 为 S7200 PLC 的输入寄存器第 0 个字节，对应 I0.0～I0.7)，组态王中的变量 I0.1～I0.8 对应 S7200 的 VB540.0～VB540.7，即 S7200 的输入数字量 I0.0～I0.7(对应组态王中表示的 I0.1～I0.8，这是因为 S7200 为八进制，从 0 开始编号，而组态王为十进制，从 1 开始编号)。

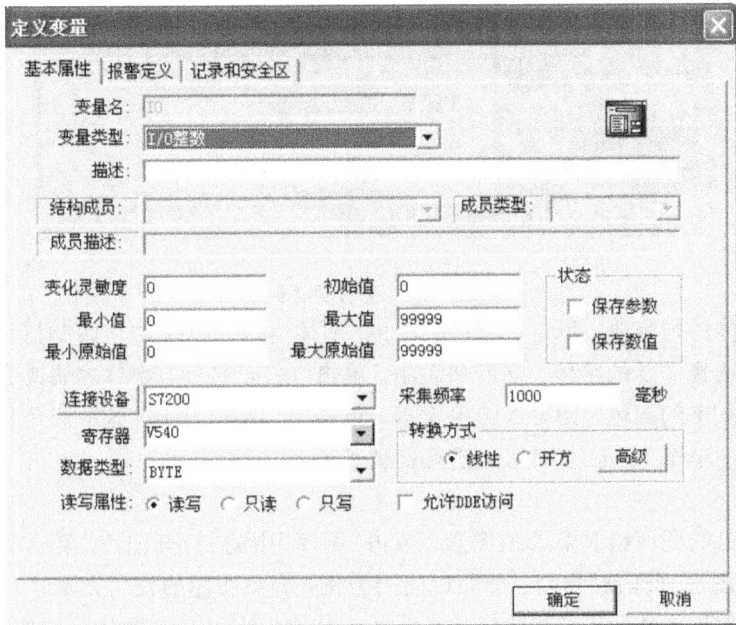

图 8-7　数字量"I/O 整数"变量的定义

8.3.2　画面的编辑与动画连接

1. 画面的编辑

利用组态王提供的各种绘图工具来制作完善的主画面,使得画面能够逼真地反映控制系统的工作运行状况,并且可以通过画面控制实际的运行状态,从而实现对系统的实时监控。控制系统主画面如图 8-8 所示。

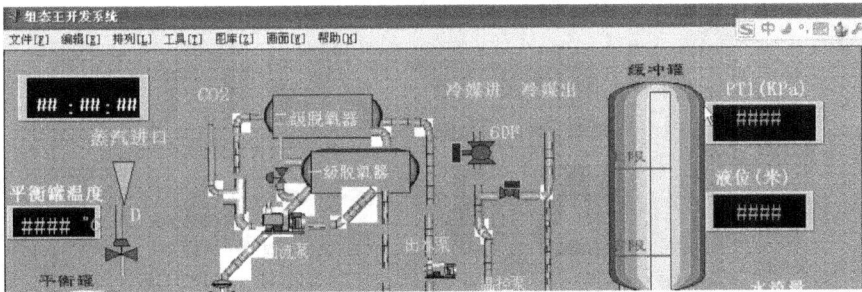

图 8-8　控制系统主画面

1) 文本输入

用鼠标单击"工具箱"中的"文本"工具按钮,然后将鼠标移动到画面上适当位置单击,用户便可以输入文字。输入完毕后,单击鼠标,文字输入完成。

若需要对输入的文字进行修改,则可以首先选中该文本,然后用鼠标单击,在弹出的菜单中单击"字符串替换"菜单项,弹出"字符串替换"对话框,输入要修改的文字,单击"确定"按钮,如图 8-9 所示。

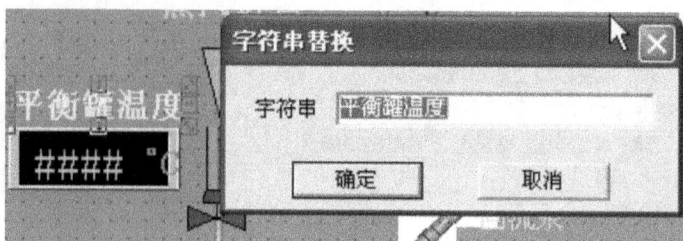

图 8-9　字符串替换

若要对字体进行修改，单击"工具箱"中的"字体"按钮，弹出"字体"对话框，用户可以在此对话框中选择需要的字体、字形和大小。单击"确定"按钮，字体的修改完成。

若要修改文字的颜色，则可以选中文本，单击"工具箱"中的"显示调色板"按钮，在弹出的"调色板"中单击"字符色"按钮，选择需要的颜色。

2）图素输入

利用组态王的图库绘制需要的图素。单击"图库"中的"打开图库"菜单项（或使用快捷键 F2），出现"图库管理器"窗口。下面以阀门为例，介绍图库的使用方法。

打开图库管理器后，在左侧的树状显示区中选中"阀门"，右侧将出现所有与阀门相关的图素。选中所需的图素并双击后，将鼠标移动到画面适当位置并单击，则"阀门"就出现在画面上，用鼠标将其大小调整到需要的尺寸后，即完成了"阀门"的绘制，如图 8-10所示。

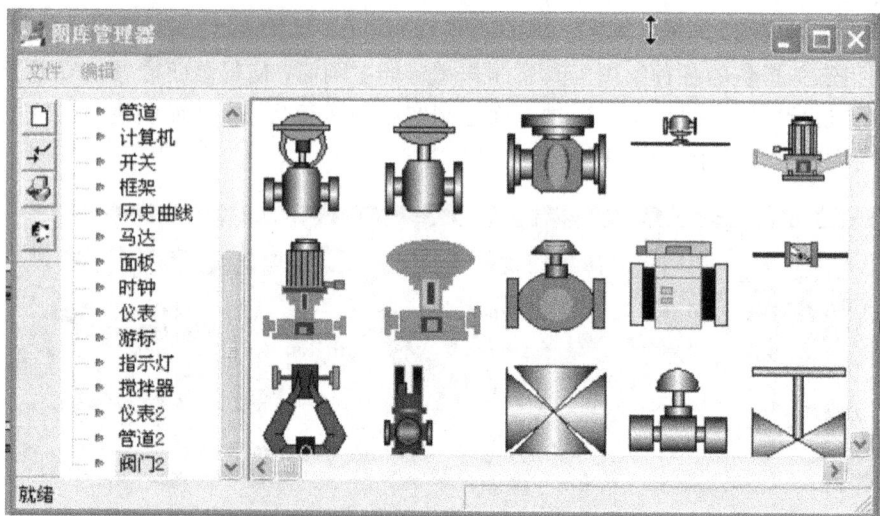

图 8-10　在图库中选取阀门图素

用同样的方法可以在画面上绘制出其它图形及相应的文本。至此，主画面绘制完成。

2．动画连接

以上绘制的画面是静态的，要逼真地显示系统的运行状况，必须将图素和数据库中已经设定的相应变量联系起来，即让画面"动"起来。将图素和数据库中对应变量建立联系的过程称为"动画连接"。建立动画连接后，当数据库中的变量发生变化后，图形对象就可以按照设定的动画连接随之做同步的变化。

下面是阀门 6DF 的动画连接过程。

缓冲罐的填充属性连接设置如图 8-11 所示，缩放连接设置如图 8-12 所示。

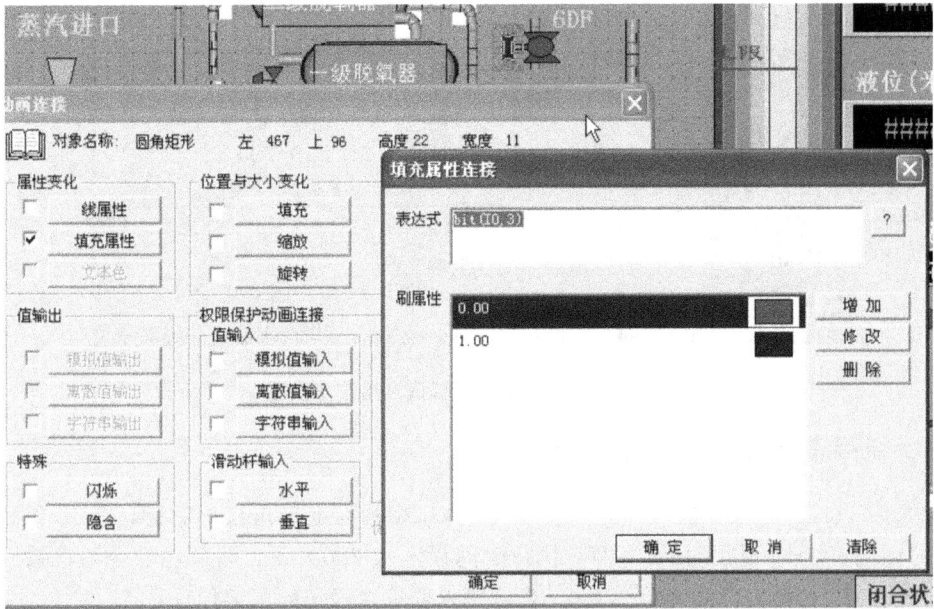

图 8-11　缓冲罐的填充属性连接设置

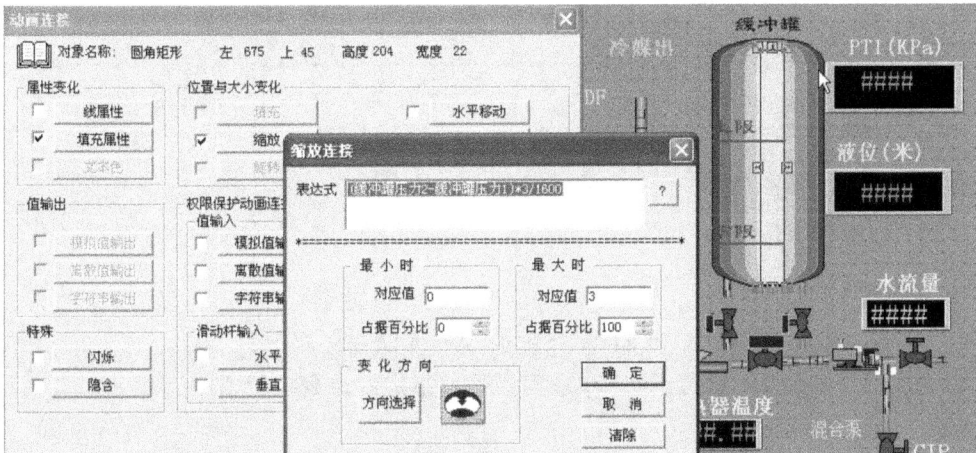

图 8-12　缓冲罐的缩放连接设置

显示文本的动画连接设置如下：双击平衡罐下面放置的文本，出现"动画连接"对话框，单击"模拟值输出"按钮，则弹出"模拟值输出连接"对话框。设置好表达式，单击"确定"按钮返回到"动画连接"对话框，再次单击"确定"按钮，动画连接设置完成，如图 8-13所示。

在所有的动画连接完成之后，将画面保存好。没有保存的画面，在运行时均不会起作用。

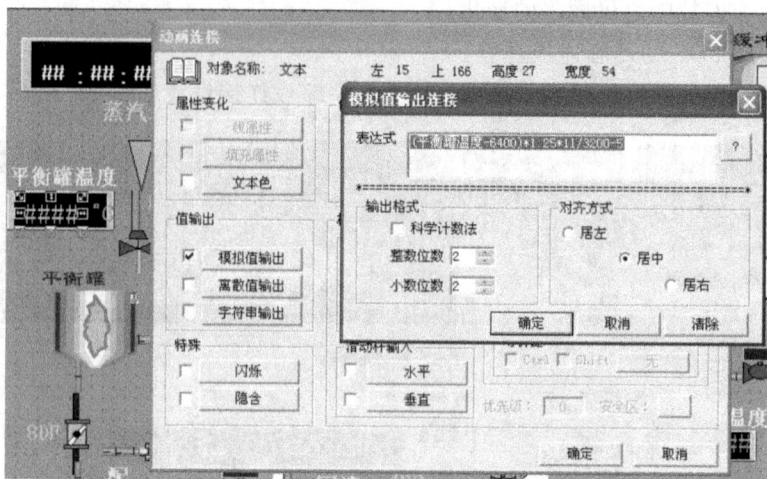

图 8-13 缓冲罐的模拟值输出连接设置

8.3.3 命令语言及控制程序编写

在完成了上述动画设置后，还必须输入命令。在画面上单击鼠标右键，进入"画面命令语言"对话框。单击"显示时"，将循环执行时间设定为 2000 ms，然后在命令语言输入框内输入命令语言，如图 8-14 所示。注意，命令输入要求在语句的尾部加分号。

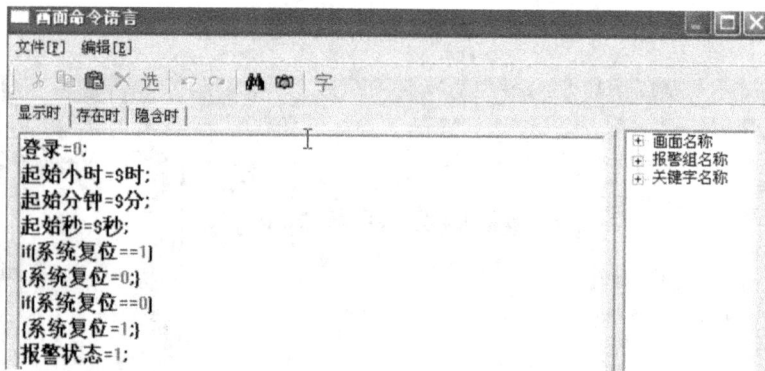

图 8-14 "画面命令语言"对话框

在完成上述步骤后，运行组态王，就可以按照指定的命令执行了。

8.4 趋势曲线、报表生成以及报警和事件的应用

8.4.1 趋势曲线

趋势曲线包括用于实时显示数据的实时曲线和能够对数据库中的数据进行指定趋势分析的历史曲线两种。组态王图库中有"实时趋势曲线"和"历史趋势曲线"按钮，若点击"实时趋势曲线"按钮将进入"实时趋势曲线"对话框，该对话框有各种功能按钮，可对趋势曲线进行设定。用户只要定义几个相关变量，适当调整曲线外观，即可完成曲线指定的复杂功能。

1. 实时趋势曲线

实时趋势曲线是以单独画面的方式显示的，所以需要单独建立一个窗口。

单击"文件"中的"分析系统画面"，在弹出的对话框中，"画面名称"栏中输入"实时趋势曲线"，窗口高度和宽度可以自己设定，单击"确定"按钮，则实时曲线画面设置完成。

单击工具箱中的"实时趋势曲线"按钮，将鼠标在画面上的适当位置单击，拖动鼠标，画出需要大小的矩形框，双击出现"实时趋势曲线"对话框。在此对话框中，将"曲线 1"的表达式设置为"瞬时浓度"，颜色为白色；将"曲线 2"的表达式设置为"配置浓度－0.8"，颜色为红色；依次设置其它曲线，如图 8－15 所示。将画面保存后，即完成了 4 个参数的实时曲线设置。

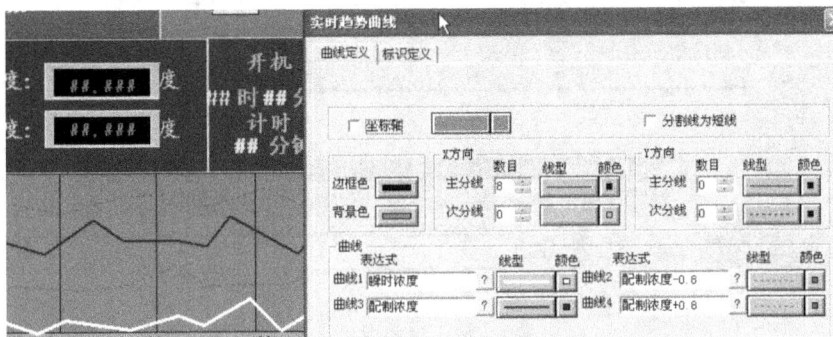

图 8－15　实时曲线的设置

2. 历史趋势曲线

历史趋势曲线的设置：在建立了画面之后，选择菜单"图库"中的"打开图库"或按快捷键 F2，双击"历史曲线"库的"历史趋势曲线"图素，在画面上单击鼠标，并拖动调整到适当的大小。

双击历史趋势曲线，弹出"历史趋势曲线"对话框。历史趋势曲线名设置为"history2"，曲线 1 设置为"水量"，曲线 2 设置为"酒量"，曲线 3 设置为"累积偏差"，如图 8－16 所示。

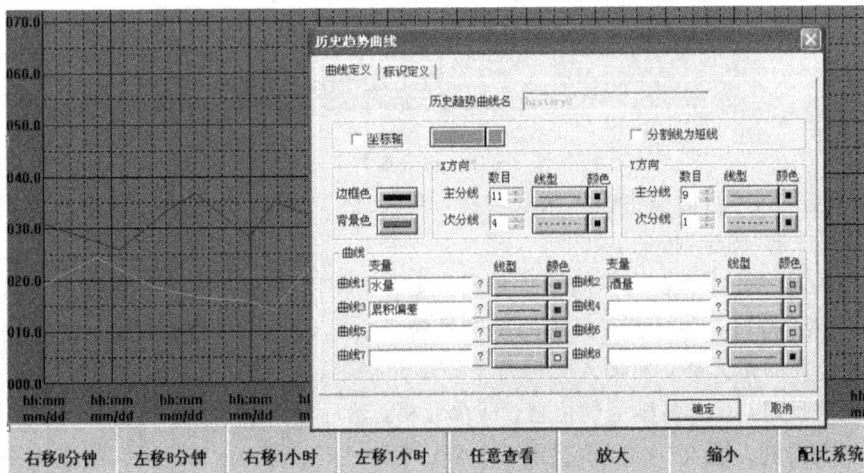

图 8－16　历史曲线的设置

8.4.2 报表生成

组态王提供内嵌式报表系统，用户可以任意设置报表样式，对报表进行组态。组态王为工程人员提供了丰富的报表函数，可实现各种运算、数据转换、统计分析、报表打印等；既可以制作实时报表，也可以制作历史报表。另外，用户还可以制作各种报表模块，实现多次使用。下面以实时数据报表为例进行介绍。

新建一个新画面，名称为"报表画面"。在工具箱中选择"报表窗口"，然后在画面上拖拉出一个矩形，出现报表窗口，如图 8-17 所示。

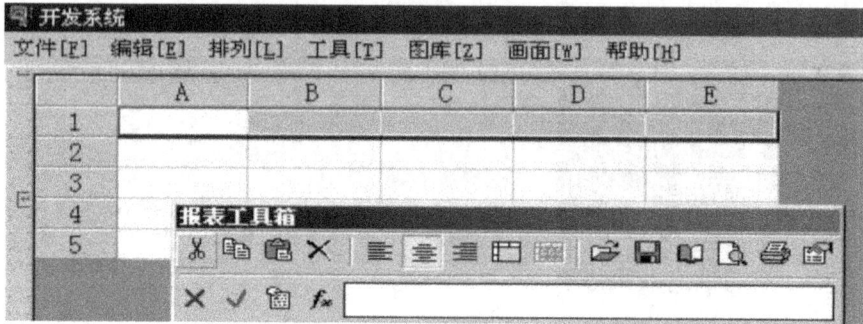

图 8-17 报表窗口 1

双击报表窗口的灰色部分，弹出"报表设计"对话框，如图 8-18 所示。

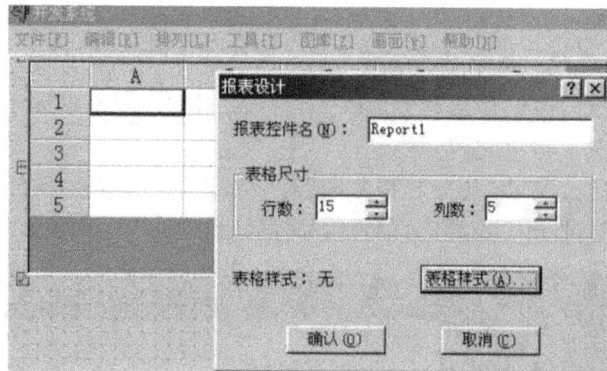

图 8-18 报表窗口 2

在"报表控件名"对话框中输入报表名称，在"表格尺寸"中输入所要制作的报表的大致行数、列数，单击"确定"按钮。

设计表头与 Word 的表格使用方法相同：选中要使用的所有表格，在报表工具箱中单击"合并单元格"按钮，在报表工具箱的编辑框输入文本，如实时数据报表，单击"输入"按钮；或双击合并的单元格，使输入光标位于该单元格中，然后输入上述文本。

设计报表日期，双击要显示的位置，即单元格，然后输入"＝DATe（＄年，＄月，＄日）"。若要显示当前时间，输入"＝time（＄时，＄分，＄秒）"，如图 8-19 所示（组态王中不分大小写）。

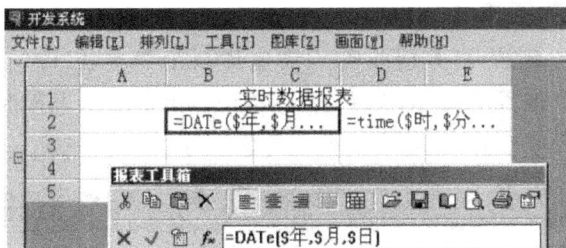

图 8-19　报表时间的设置

用同样的方法可以设置其他变量。单击"保存"按钮，选择保存路径，输入要保存的文件名，单击"确定"按钮。这样一个简单的实时数据报表就生成了。

历史报表的制作和实时报表方法是一样的，可以通过调用历史报表查询函数加以实现。

建立一个"报表查询"按钮，在弹起时输入历史查询函数：ReportSelHisData2( )查询历史数据。运行组态王，打开历史数据报表画面，单击"报表查询"按钮，弹出对话框，在对话框中输入适当的查询参数值，然后单击"确定"按钮，就可以查出指定变量在指定时间段的历史数据。

8.4.3　报警和事件

组态王中的报警和事件主要包括变量报警事件、操作事件、用户登录事件和工作站事件。通过这些报警和事件，用户可以方便地记录和查看系统的报警、操作和各个工作站的运行情况。报警和事件发生时，会在报警窗口按照设置的过滤条件实时显示出来。

为使报警窗口内能显示变量的报警和事件信息，必须先做如下设置。

1．定义报警组

打开工程浏览器，在左侧选择"报警组"，然后双击右侧的图标进入"报警组定义"对话框。在"报警组定义"对话框中单击"修改"命令，在"修改报警组"对话框中输入"啤酒稀释"，单击"确认"，关闭"修改报警组"对话框，如图 8-20 所示。

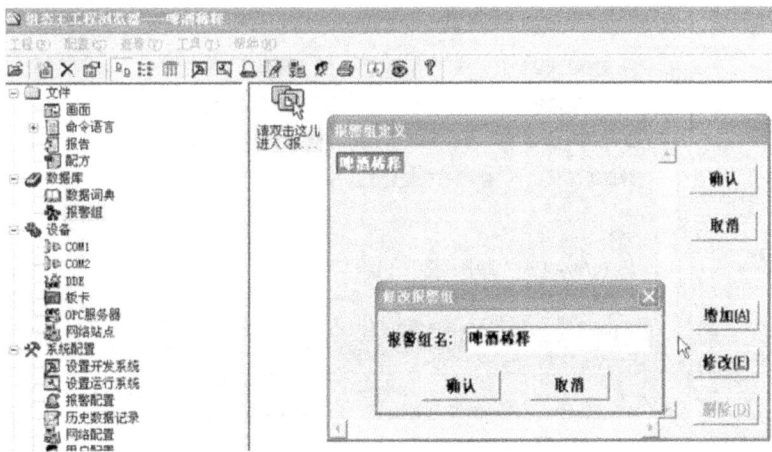

图 8-20　报警组定义

2. 设置变量的报警属性

在工程浏览器的左侧选择"数据词典",在右侧双击变量名"阀门开度",弹出"定义变量"对话框。然后单击"报警定义"选项卡,根据阀门开度的要求设置报警界限,单击"确定"按钮,阀门开度的报警属性就建立了,如图 8-21 所示。

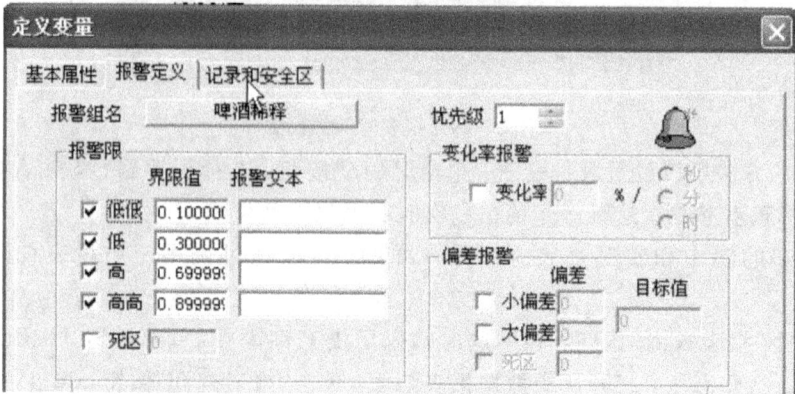

图 8-21 设置"报警定义"

只有在"报警组定义"对话框中定义了变量所属的报警组和报警方式后,才能在报警和事件窗口中显示此变量报警信息。

3. 建立报警和事件窗口

在工具箱中选用报警窗口图素,绘制报警窗口,双击报警窗口对象,弹出"报警窗口配置属性页"对话框。在"通用属性"配置页中将报警窗口名设为"报警",其他的属性按照需要选择即可,如图 8-22 所示。

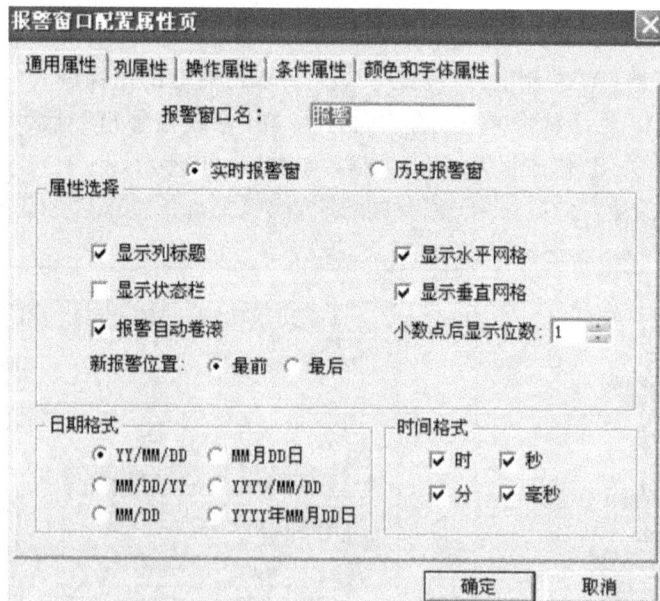

图 8-22 报警窗口属性的设置

8.5 程序的运行与调试

8.5.1 运行系统设置

在组态王的工程浏览器中单击"运行"按钮，出现"运行系统设置"对话框，单击"主画面配置"选项卡，将"主画面"设置为"分析系统"，如图 8 - 23 所示。然后再单击"特殊"选项卡，将"运行系统基准频率"设置为 500 ms，把"时间变量更新频率"设置为 1000 ms。

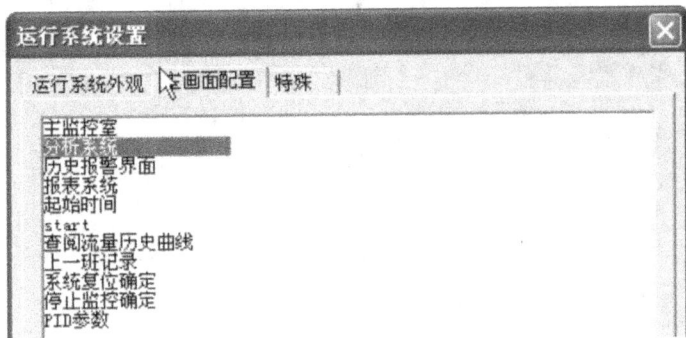

图 8 - 23 主画面配置

8.5.2 运行系统

单击工程浏览器的"VIEW"按钮，进入组态王运行系统。

首先出现的是"分析系统"主画面，如图 8 - 24 所示。

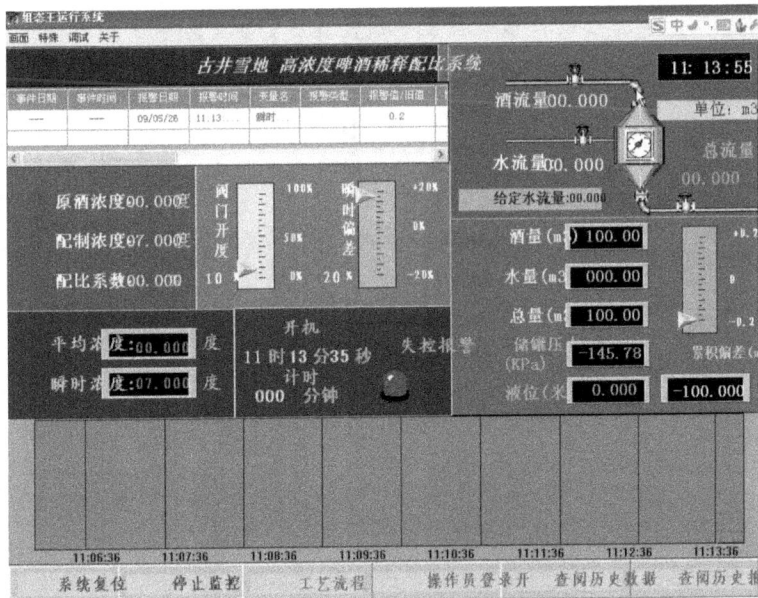

图 8 - 24 "分析系统"主画面

点击相应按钮即可切换到其它画面。如点击"工艺流程"按钮则进入"工艺流程"画面，如图 8 - 25 所示。

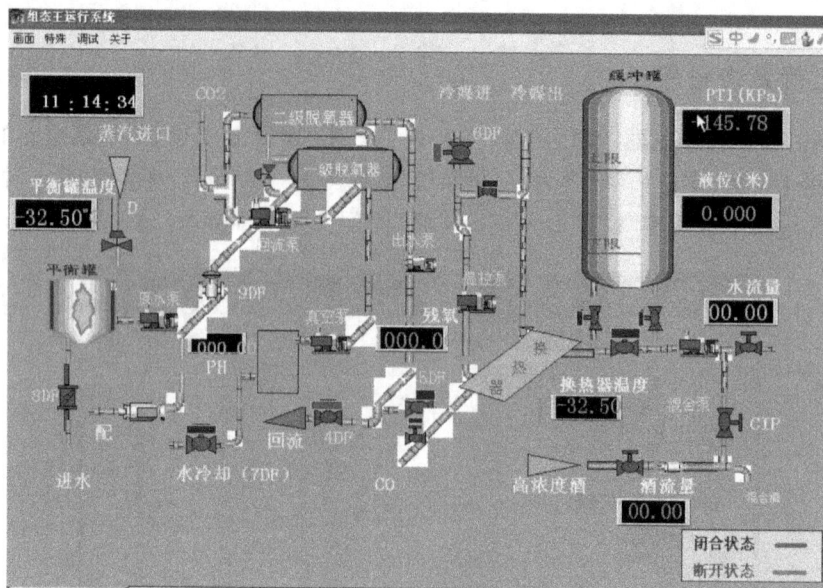

图 8 - 25 "工艺流程"画面

习 题

8.1 简述组态软件的特点。

8.2 以组态王为例，写出使用组态软件开发控制系统的一般步骤。

8.3 使用组态王，练习设计水位控制系统的监控画面，包括主画面、报警画面、报表画面。

第 9 章　PLC 控制系统设计

9.1　PLC 简介

9.1.1　可编程序控制器的由来

当前用于工业控制的计算机可分可编程序控制器(PLC)、基于 PC 总线的工业控制计算机、基于单片机的测控装置、用于模拟量闭环控制的可编程调节器、集散控制系统(DCS)和现场总线控制系统(FCS)等。可编程序控制器是应用面最广、功能强大、使用方便的通用工业控制装置，它已经成为当代工业自动化的主要支柱之一。

国际电工委员会(IEC)在 1985 年对可编程序控制器作了如下定义："可编程序控制器是一种数字运算操作的电子系统，专为在工业环境下应用而设计。它采用可编程序的存储器，用来在其内部存储执行逻辑运算、顺序控制、定时、计数和算术运算等操作的指令，并通过数字式、模拟式的输入和输出，控制各种类型的机械或生产过程。可编程序控制器及其有关设备，都应按易于使工业控制系统形成一个整体，易于扩充其功能的原则设计。"

可编程序控制器的产生和发展与继电器控制系统有很大的关系。继电器控制系统已有上百年的应用历史，它是一种用弱电信号控制强电的电力控制系统。在复杂的继电器控制系统中，故障的查找和排除是非常困难的，可能会花费大量时间，严重地影响生产。如果工艺要求发生变化，控制柜内的元件和接线需要作相应的变动，这种改造的工期长、费用高，以至于有的用户宁愿扔掉旧的控制柜，另外制作一台新的控制柜。

现代社会要求制造业对市场需求作出迅速的反应，生产出小批量、多品种、多规格、低成本和高质量的产品。为了满足这一要求，生产设备和自动生产线的控制系统必须具有极高的可靠性和灵活性，这就需要寻求一种新的控制装置来取代老式的继电器控制系统，使电气控制系统的工作更加可靠、更容易维修、更能适应经常变动的工艺条件。可编程序控制器正是顺应这一要求出现的。

1968 年，美国最大的汽车制造厂家——通用汽车公司(GM)提出了研制可编程序控制器的基本设想，即

(1) 能用于工业现场；

(2) 能改变其控制"逻辑"，而不需要变动组成它的元件和修改内部接线；

(3) 出现故障时易于诊断和维修。

可编程序控制器的推广应用在我国得到了迅猛的发展，它已经大量地应用在各种新设备中，各行各业也涌现出大批应用可编程序控制器改造设备的成果。了解可编程序控制器

的工作原理，具备设计、调试和维护可编程序控制器控制系统的能力，已经成为现代工业对电气技术人员和工科学生的基本要求。

9.1.2 可编程序控制器的特点

1. 编程方法简单易学

梯形图是使用得最多的可编程序控制器的编程语言，其电路符号和表达方式与继电器电路原理图相似。梯形图语言形象直观，易学易懂，熟悉继电器电路图的电气技术人员只要花几天时间就可以熟悉梯形图语言，并用来编制用户程序。

梯形图语言实际上是一种面向用户的高级语言，可编程序控制器在执行梯形图程序时，用解释程序将它"翻译"成汇编语言后再去执行。

2. 功能强，性能价格比高

一台小型可编程序控制器内有成百上千个可供用户使用的编程元件，有很强的功能，可以实现非常复杂的控制功能。与相同功能的继电器系统相比，可编程序控制器具有很高的性能价格比。可编程序控制器可以通过通信联网，实现分散控制，集中管理。

3. 硬件配套齐全，用户使用方便，适应性强

可编程序控制器产品已经标准化、系列化、模块化，配备有品种齐全的各种硬件装置供用户选用，用户能灵活方便地进行系统配置，组成不同功能、不同规模的系统。可编程序控制器的安装接线也很方便，一般用接线端子连接外部接线。可编程序控制器有较强的带负载能力，可以直接驱动一般的电磁阀和交流接触器。

硬件配置确定后，可以通过修改用户程序，方便快速地适应工艺条件的变化。

4. 可靠性高，抗干扰能力强

传统的继电器控制系统中使用了大量的中间继电器、时间继电器。由于触点接触不良，容易出现故障。可编程序控制器用软件代替大量的中间继电器和时间继电器，仅剩下与输入和输出有关的少量硬件，接线可减少到继电器控制系统的 $1/10 \sim 1/100$，因触点接触不良造成的故障大为减少。

可编程序控制器采取了一系列硬件和软件抗干扰措施，具有很强的抗干扰能力，平均无故障时间达到数万小时以上，可以直接用于有强烈干扰的工业生产现场。可编程序控制器已被广大用户公认为是最可靠的工业控制设备之一。

5. 系统的设计、安装、调试工作量少

可编程序控制器用软件功能取代了继电器控制系统中大量的中间继电器、时间继电器、计数器等器件，使控制柜的设计、安装、接线工作量大大减少。

可编程序控制器的梯形图程序一般采用顺序控制设计法。这种编程方法很有规律，很容易掌握。对于复杂的控制系统，设计梯形图的时间比设计继电器系统电路图的时间要少得多。

可编程序控制器的用户程序可以在实验室模拟调试，输入信号用小开关来模拟，通过可编程序控制器上的发光二极管可观察输出信号的状态。完成了系统的安装和接线后，在现场的统调过程中发现的问题一般通过修改程序就可以解决，系统的调试时间比继电器系

统少得多。

6. 维修工作量小，维修方便

可编程序控制器的故障率很低，且有完善的自诊断和显示功能。可编程序控制器或外部的输入装置和执行机构发生故障时，可以根据可编程序控制器上的发光二极管或编程器提供的信息迅速地查明故障的原因，用更换模块的方法迅速排除故障。

7. 体积小，能耗低

对于复杂的控制系统，使用可编程序控制器后，可以减少大量的中间继电器和时间继电器，小型可编程序控制器的体积仅相当于几个继电器的大小，因此可将开关柜的体积缩小到原来的 $1/2 \sim 1/10$。

可编程序控制器的配线比继电器控制系统的配线少得多，故可以省下大量的配线和附件，减少大量的安装接线工时，加上开关柜体积的缩小，也可以节省大量的费用。

9.1.3　可编程序控制器的应用领域

1. 数字量逻辑控制

可编程序控制器具有"与"、"或"、"非"等逻辑指令，可以实现触点和电路的串并联，代替继电器进行组合逻辑控制、定时控制与顺序逻辑控制。数字量逻辑控制可以用于单台设备，也可以用于自动生产线，其应用领域已遍及各行各业，甚至深入到家庭。

2. 运动控制

可编程序控制器使用专用的运动控制模块，对直线运动或圆周运动的位置、速度和加速度进行控制，可实现单轴、双轴、三轴和多轴位置控制，使运动控制与顺序控制功能有机地结合在一起。可编程序控制器的运动控制功能广泛地用于各种机械，如金属切削机床、金属成形机械、装配机械、机器人、电梯等。

3. 闭环过程控制

过程控制是指对温度、压力、流量等连续变化的模拟量的闭环控制。可编程序控制器通过模拟量 I/O 模块，实现模拟量（Analog）和数字量（Digital）之间的 A/D 转换和 D/A 转换，并对模拟量实行闭环 PID 控制。现代的大中型可编程序控制器一般都有 PID 闭环控制功能，这一功能可以用 PID 子程序或专用的 PID 模块来实现。其 PID 闭环控制功能已经广泛地应用于塑料挤压成形机、加热炉、热处理炉、锅炉等设备，以及轻工、化工、机械、冶金、电力、建材等行业。

4. 数据处理

现代的可编程序控制器具有数学运算（包括四则运算、矩阵运算、函数运算、字逻辑运算以及求反、循环、移位、浮点数运算等）、数据传送、转换、排序和查表、位操作等功能，可以完成数据的采集、分析和处理。这些数据可以与储存在存储器中的参考值比较，也可以用通信功能传送到别的智能装置，或者将它们打印制表。数据处理一般用于大型控制系统，如无人柔性制造系统，也可以用于过程控制系统，如造纸、冶金、食品工业中的一些大型控制系统。

5. 通信联网

可编程序控制器的通信包括主机与远程 I/O 之间的通信、多台可编程序控制器之间的通信、可编程序控制器和其他智能控制设备（如计算机、变频器、数控装置）之间的通信。可编程序控制器与其他智能控制设备一起，可以组成"集中管理、分散控制"的分布式控制系统。

必须指出，并不是所有的可编程序控制器都具有上述全部功能，有些小型可编程序控制器只具有上述部分功能，但是价格较低。

9.1.4　可编程序控制器的发展趋势

1. 向高性能、高速度、大容量发展

大型可编程序控制器大多采用多 CPU 结构，不断地向高性能、高速度和大容量方向发展。

三菱的 AnA 系列可编程序控制器使用了世界上第一个在一块芯片上实现可编程序控制器全部功能的 32 位微处理器，即顺序控制专用芯片，其扫描时间为 $0.15\ \mu s$（每条基本指令）。

松下公司的 FP10SH 系列可编程序控制器采用 32 位 5 级流水线 RISC 结构的 CPU，可以同时处理 5 条指令，顺序指令的执行速度高达 $0.04\ \mu s$/步，高级功能指令的执行速度也有很大的提高。在有 2 个通信接口、256 个 I/O 点的情况下，FP10SH 总的扫描时间为 $0.27\sim0.42$ ms。

在模拟量控制方面，除了专门用于模拟量闭环控制的 PID 指令和智能 PID 模块，某些可编程序控制器还具有模糊控制、自适应、参数自整定功能，使调试时间减少，控制精度提高。

2. 大力发展微型可编程序控制器

微型可编程序控制器的价格便宜，性能价格比不断提高，很适合于单机自动化或组成分布式控制系统。

西门子公司的 LOGO1 通用逻辑模块是主要面向民用的超小型、一体化的可编程序控制器，它采用整体式结构，价格便宜，体积小巧，集成了控制功能、实时时钟和操作显示单元，可用装置面板上的小型液晶显示屏和 6 个键来编程。也有一些没有操作显示单元的模块。

LOGO1 使用功能块图（FBD）编程语言，有在个人计算机上运行的 Windows 95/NT 编程软件。

3. 大力开发智能型 I/O 模块和分布式 I/O 子系统

智能 I/O 模块是以微处理器和存储器为基础的功能部件，它们的 CPU 与可编程序控制器的主 CPU 并行工作，占用主 CPU 的时间很少，有利于提高可编程序控制器的扫描速度。它们本身就是一个小的微型计算机系统，有很强的信息处理能力和控制功能，有的模块甚至可以自成系统，单独工作。它们可以完成可编程序控制器的主 CPU 难以兼顾的功能，简化了某些控制领域的系统设计和编程，提高了可编程序控制器的适应性和可靠性。智能 I/O 模块主要有模拟量 I/O、高速计数输入、中断输入、机械运动控制、热电偶输入、

热电阻输入、条形码阅读器、多路 BCD 码输入/输出、模糊控制器、PID 回路控制、通信等模块。

4. 基于个人计算机的编程软件取代手持式编程器

在可编程序控制器发展的初期，使用专用编程器来编程。小型可编程序控制器使用价格较便宜、携带方便的手持式编程器，大中型可编程序控制器则使用以小 CRT 作为显示器的便携式编程器。专用编程器只能对某一厂家的某些产品编程，使用范围有限。由于可编程序控制器的更新换代很快，致使专用编程器的使用寿命短、价格高、使用范围窄。

随着计算机的日益普及，越来越多的用户使用基于个人计算机的编程软件。目前有的可编程序控制器厂商或经销商向用户提供免费的或限时试用的编程软件，有的编程软件可通过修改计算机实时时钟的日期来解决限时的问题。几乎不需要什么费用，用户就可以得到高性能的可编程序控制器程序开发系统。对于不同厂家和不同型号的可编程序控制器，只需要更换编程软件就可以了。当前笔记本电脑和移动式电脑的价格已降到数千元，为在现场调试时使用编程软件提供了物质条件。

5. 可编程序控制器编程语言的标准化

与个人计算机相比，可编程序控制器的硬件、软件的体系结构都是封闭的。在硬件方面，各厂家的 CPU 模块和 I/O 模块互不通用，通信网络和通信协议往往也是专用的。各厂家的可编程序控制器的编程语言和指令系统的功能和表达方式也不一致，有的甚至有相当大的差异，因此各厂家的可编程序控制器互不兼容。为了解决这一问题，IEC(国际电工委员会)制定了可编程序控制器标准(IEC 1131)，其中的第 3 部分(IEC 1131 - 3)是可编程序控制器的编程语言标准。标准中共有五种编程语言，其中的顺序功能图(SFC)是一种结构块控制程序流程图，梯形图和功能块图是两种图形语言，还有两种文字语言——指令表和结构文本。除了提供几种编程语言供用户选择外，标准还允许编程者在同一程序中使用多种编程语言，这使编程者能够选择不同的语言来适应特殊的工作。

目前已有越来越多的工控产品厂商推出了符合 IEC 1131 - 3 标准的可编程序控制器指令系统或在 PC(个人计算机)上运行的软件包(软件 PLC)。如西门子公司的 STEP 7 - Micro/WIN 32 编程软件给用户提供了两套指令集，一套符合 IEC 1131 - 3 标准，另一套指令集(SIMATIC 指令集)中的大多数指令也符合 IEC 1131 - 3 标准。Schneider 公司的 PL7 Micro 软件提供了符合 IEC 1131 - 3 标准的指令表、梯形图和 Grafcet(顺序功能图)编程语言。该公司已作出规划，准备以个人计算机为基础，在 Windows 平台上开发符合 IEC 1131 - 3 标准的全新一代开放体系结构的可编程序控制器。

6. 可编程序控制器通信的易用化和"傻瓜化"

可编程序控制器的通信联网功能使它能与个人计算机和其他智能控制设备交换数字信息，使系统形成一个统一的整体，实现分散控制和集中管理；通过双绞线、同轴电缆或光纤联网，信息可以传送到几十公里远的地方；通过 Modem 和互联网可以与世界上其他地方的计算机装置通信。

目前有的厂商的可编程序控制器使用专用的通信协议来通信，或使用有较多厂商支持的通信协议和通信标准，如使用现场总线。

7. 可编程序控制器的软件化与 PC 化

个人计算机（PC）的价格便宜，有很强的数学运算、数据处理、通信和人机交互的功能。过去个人计算机主要用作可编程序控制器的编程器、操作站或人机接口终端，如果用于工业控制现场，必须使用加固型的工业控制计算机。

目前已有多家厂商推出了在 PC 上运行的可实现可编程序控制器功能的软件包。如北京同拓公司等推出的 eMbiz 低成本开放式控制与自动化方案套装软件，包含通用及嵌入式人机界面、符合 IEC 1131 − 3 标准的软逻辑控制及 Internet 功能。北京俄华通仪表技术有限公司的 TRANCE MODE 工控组态软件的逻辑控制（即开关量控制）部分、亚控公司的 King PLC、研华公司的基于 PC 的软逻辑控制器 ADAM − 5501/P31，均是按 IEC 1131 − 3 标准设计的软件 PLC，后者可在 PC 上用梯形图、顺序功能图和功能块图这 3 种 IEC 1131 − 3 标准的图形语言来编程。程序输入后，可作过程模拟仿真，以减少试车时的风险。

8. 组态软件引发的上位计算机编程革命

相当多的大中型控制系统都采用上位计算机加可编程序控制器的方案，通过串行通信接口或网络通信模块交换数据信息，以实现分散控制和集中管理。上位计算机主要完成数据通信、网络管理、人机界面（HM1）和数据处理的功能。数据的采集和设备的控制一般由可编程序控制器等现场设备完成。

使用 DOS 操作系统时，设计一个美观漂亮、使用方便的人机界面是非常困难和费时的。在 Windows 操作系统下，使用 Visual C++、Visual Basic 等可视化编程软件，可以用较少的时间设计出较理想的人机界面。但是与种类繁多的现场设备的通信相比仍然比较麻烦，实现人机界面与现场设备互动的程序的设计也比较复杂。

为了解决上述问题，用于工业控制的组态软件应运而生。国际上比较著名的组态软件有 Intouch、Fix 等，国内也涌现出了组态王、力控等一批组态软件。有的可编程序控制器厂商也推出了自己的组态软件，如西门子公司的 WINCC 和 GE − Fanuc 公司的 CIMPLICITY 等。

组态软件的出现降低了系统集成的难度，节约了大量的设计时间，提高了系统的可靠性。

9.2　PLC 的硬件结构

9.2.1　PLC 的基本结构

各种 PLC 的具体结构虽然多种多样，但其基本原理相同，都是以微处理器为核心的电子电气系统。PLC 各种功能的实现，不仅基于其硬件的作用，而且要靠其软件的支持。

PLC 内部主要由 CPU 模块、输入模块、输出模块、编程器等几部分组成。

1. CPU 模块

在可编程序控制器控制系统中，CPU 模块相当于人的大脑，它不断地采集输入信号，执行用户程序，刷新系统的输出。

2. I/O模块

输入(Input)模块和输出(Output)模块简称为I/O模块,它们是系统的眼、耳、手、脚,是联系外部现场和CPU模块的桥梁。

输入模块用来接收和采集输入信号。数字量(或称开关量)输入模块用来接收从按钮、选择开关、数字拨码开关、限位开关、接近开关、光电开关、压力继电器等来的数字量输入信号。模拟量输入模块用来接收电位器、测速发电机和各种变送器提供的连续变化的模拟量电流电压信号。

数字量输出模块用来控制接触器、电磁阀、电磁铁、指示灯、数字显示装置和报警装置等输出设备。模拟量输出模块用来控制调节阀、变频器等执行装置。

CPU模块的工作电压一般是DC 5 V,而可编程序控制器的输入/输出信号电压一般较高,如DC 24 V和AC 220 V。从外部引入的尖峰电压和干扰噪声可能损坏CPU模块中的元器件,或影响可编程序控制器的正常工作。在I/O模块中,用光耦合器、小型继电器等器件来隔离外部输入电路和负载。

I/O模块除了传递信号外,还有电平转换与隔离的作用。

3. 编程装置

编程装置用来生成用户程序,并对它进行编辑、检查和修改。手持式编程器不能直接输入和编辑梯形图,只能输入和编辑指令表程序,因此又叫做指令编程器。它的体积小、价格便宜,一般用来给小型可编程序控制器编程,或者用于现场调试和维修。

使用编程软件可以在屏幕上直接生成和编辑梯形图、指令表、功能块图和顺序功能图程序,并可以实现不同编程语言的相互转换。程序被编译后下载到可编程序控制器,也可以将可编程序控制器中的程序上传到计算机。程序可以存盘或打印,通过网络还可以实现远程编程和传送。

可以用编程软件设置可编程序控制器的各种参数。通过通信,可以显示梯形图中触点和线圈的通断情况,以及运行时可编程序控制器内部的各种参数,这对于查找故障非常有用。

给S7200编程时,应配备一台安装有STEP7 - Micro/WIN 32编程软件的计算机和一根连接计算机和可编程序控制器的PC/PPI通信电缆。该软件可以在网站WWW. ad. siemens. com. cn/S7200下载。

4. 电源

可编程序控制器使用220 V交流电源或24 V直流电源。内部的开关电源为各模块提供5 V、±12 V、24 V等直流电源。小型可编程序控制器一般都可以为输入电路和外部的电子传感器(如接近开关)提供24 V直流电源,驱动可编程序控制器负载的直流电源一般由用户提供。

9.2.2　可编程序控制器的物理结构

根据硬件结构的不同,可以将可编程序控制器分为整体式、模块式和混合式。

1. 整体式可编程序控制器

整体式PLC又叫做单元式或箱体式PLC,它的体积小、价格低。小型可编程序控制器一般采用整体式结构。

整体式可编程序控制器将 CPU 模块、I/O 模块和电源装在一个箱型机壳内，称为基本单元，S7200 称为 CPU 模块。"前盖"下面有 RUN/STOP 开关、模拟量电位器和扩展 I/O 连接器。S7200 系列可编程序控制器提供多种具有不同 I/O 点数的 CPU 模块和数字量、模拟量 I/O 扩展模块供用户选用。CPU 模块和扩展模块用扁平电缆连接，可选用全输入型或全输出型的数字量、I/O 扩展单元来改变输入/输出的比例。

整体式可编程序控制器还配备有许多专用的特殊功能模块，如模拟量输入/输出模块，热电偶、热电阻模块，通信模块等，使可编程序控制器的功能得到扩展。

2. 模块式可编程序控制器

大、中型可编程序控制器(如 S7300 和 S7400 系列)一般采用模块式结构，用搭积木的方式组成系统，它由机架和模块组成。模块插在模块插座上，后者焊在机架中的总线连接板上。可编程序控制器厂家备有不同槽数的机架供用户选用，如果一个机架容纳不下所选用的模块，可以增设一个或数个扩展机架，各机架之间用 I/O 扩展电缆相连。

用户可以选用不同档次的 CPU 模块、品种繁多的 I/O 模块和特殊功能模块，对硬件配置的选择余地较大，维修时更换模块也很方便。

整体式可编程序控制器每一 I/O 点的平均价格比模块式的便宜，在小型控制系统中一般采用整体式结构。但是模块式可编程序控制器的硬件组态方便灵活，I/O 点数的多少、输入点数与输出点数的比例、I/O 模块的种类和块数、特殊 I/O 模块的使用等方面的选择余地都比整体式可编程序控制器大得多，维修时更换模块、判断故障范围也很方便，因此较复杂的、要求较高的系统一般选用模块式可编程序控制器。

9.2.3 CPU 模块

1. CPU 芯片

CPU 是 PLC 的核心，一切逻辑运算及判断都是由其完成的，并控制所有其它部件的操作。

CPU 的主要功能包括：

(1) 将各种输入信号取入存储器；

(2) 执行指令；

(3) 把结果送到输出端；

(4) 响应各种外部设备的请求。

CPU 模块主要由微处理器(CPU 芯片)和存储器组成。可编程序控制器使用下列微处理器：

(1) 通用微处理器，如 Intel 公司的 8086、80186 到 Pentium 系列芯片；

(2) 单片微处理器(单片机)，如 Intel 公司的 MCS - 96 系列单片机；

(3) 位片式微处理器，如 AMD 2900 系列位片式微处理器。

2. 存储器

ROM——存放系统程序和用户已调好的程序；

RAM——存储用户正调试的程序；

EEPROM——存放用户程序和需长期保存的重要数据。

PLC 的存储器按功能可分为以下几个区：

（1）用户程序存储器区，用来存放用户编写的程序，其存储容量的大小是用"步"来表示的，如 2048 步的程序存储器就表示可存 2048 步程序。

（2）字数据存储器区，用来存放用户各种数学运算结果，字长为 8 位或 16 位。

（3）输入/输出继电器区，它是位数据区，可对其进行位操作。每一位是一个接点，对应外部的一个输入/输出端子，接点应为何种状态就由位是 0 还是 1 决定，也就是说该区是输入/输出继电器接点的逻辑映像区，只对该区的相应位进行操作，就可对输入/输出继电器进行控制。我们说该区有"物理继电器"与之对应。

（4）辅助继电器区，该区无"物理继电器"与之对应，即无硬接点，它是一个"软继电器"，是"逻辑继电器"，不向外设输出信号，在程序中起逻辑转换作用，正是这种"逻辑继电器"使得可编程序控制器与继电接触控制产生了本质的区别。

（5）保持继电器区，该区与辅助继电器区功能相同，差别仅在于该区的状态在 PLC 掉电后仍保持不变。保持继电器区的编号与辅助继电器区相同。

（6）时间继电器 T 区，该时间继电器也是"软继电器"，可以利用它产生不同的延时。

此外，PLC 还有计数器 C、步控制器 S、特殊继电器 F 等。

9.2.4　I/O 模块

各 I/O 点的通断状态用发光二极管显示，外部接线一般接在模块面板的接线端子上。某些模块使用可拆卸的插座型端子板，不需断开端子板上的外部连线，就可以迅速地更换模块。点数多的高密度 I/O 模块的外部接线一般用插座连接，用户可选用连接插座的电缆和端子板。

1. 输入模块

输入电路中设有 RC 滤波电路，以防止由于输入触点抖动或外部干扰脉冲引起错误的输入信号。滤波电路延迟时间的典型值为 10～20 ms(信号上升沿)和 20～50 ms(信号下降沿)，输入电流为数毫安。

直流输入电路的延迟时间较短，可以直接与接近开关、光电开关等电子输入装置连接。

2. 输出模块

输出模块的功率放大元件有驱动直流负载的大功率晶体管和场效应管、驱动交流负载的双向晶闸管，以及既可以驱动交流负载又可以驱动直流负载的小型继电器。输出电流的典型值为 0.5～2 A，负载电源由外部现场提供。

输出电流的额定值与负载的性质有关，例如 S7200 的继电器输出电路可以驱动 2 A 的电阻性负载，但是只能驱动 200 W 的白炽灯。输出电路一般分为若干组，对每一组的总电流也有限制。额定输出电流还与温度有关，温度升高时额定输出电流减小，有的可编程序控制器提供了有关的曲线。

继电器同时起隔离和功率放大作用，每一路只给用户提供一对常开触点。与触点并联

的 RC 电路和压敏电阻用来消除触点断开时产生的电弧。

继电器输出模块的使用电压范围广,导通压降小,承受瞬时过电压和过电流的能力较强,但是动作速度较慢,寿命(动作次数)有一定的限制。如果系统输出量的变化不是很频繁,建议优先选用继电器型的输出模块。

9.3 可编程序控制器的工作原理

9.3.1 用触点和线圈实现逻辑运算

在数字量控制系统中,变量仅有两种相反的工作状态,如高电平和低电平、继电器线圈的通电和断电、触点的接通和断开,可用逻辑代数中的 1 和 0 来表示它们。在波形图中,用高电平表示 1 状态,用低电平表示 0 状态。

用继电器电路或梯形图可以实现“与”、“或”、“非”逻辑运算。用多个触点的串、并联电路可以实现复杂的逻辑运算,例如图 9-1 中的继电器电路实现的逻辑运算可用逻辑代数式表示为

$$KM = (SB1 + KM) \cdot \overline{SB2} \cdot \overline{FR}$$

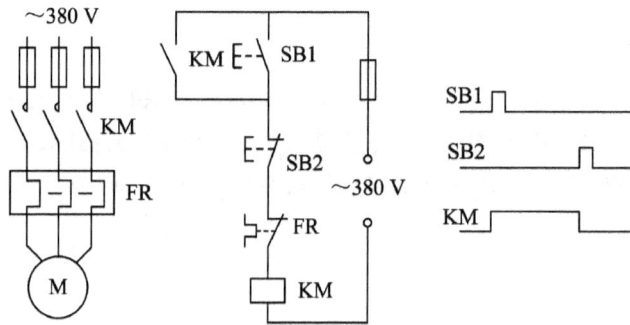

图 9-1 继电器控制电路

9.3.2 可编程序控制器的工作方式

1. 工作方式

可编程序控制器有两种工作方式,即 RUN(运行)方式与 STOP(停止)方式。

在 RUN 方式,通过执行反映控制要求的用户程序来实现控制功能。在 CPU 模块的面板上用“RUN”LED 显示当前的工作方式。

在 STOP 方式,CPU 不执行用户程序,可用编程软件创建和编辑用户程序,设置可编程序控制器的硬件功能,并将用户程序和硬件设置信息下载到可编程序控制器。

如果有致命错误,在消除它之前不允许从停止方式进入运行方式。可编程序控制器操作系统储存非致命错误供用户检查,但不会从运行方式自动进入停止方式。

2. 用方式开关改变工作方式

CPU 模块上的方式开关在 STOP 位置时,将停止用户程序的运行;在 RUN 位置时,

将启动用户程序的运行。方式开关在 STOP 或 TERM(terminal，终端)位置时，电源通电后 CPU 自动进入 STOP 方式；在 RUN 位置时，电源通电后自动进入 RUN 方式。

3. 用 STEP7 - Micro/WIN 32 编程软件改变工作方式

在用编程软件控制 CPU 的工作方式之前，首先应在编程软件与可编程序控制器之间建立起通信连接，并将方式开关设置在 RUN 或 TERM 位置。允许用编程软件改变 CPU 的工作方式，方法为在软件中单击工具条上的运行按钮可进入运行方式，单击停止按钮可进入停止方式。

选择"PLC/运行"菜单命令可进入运行方式，选择"PLC/停止"菜单命令可进入停止方式。

4. 在程序中改变工作方式

在程序中插入 STOP 指令，可使 CPU 由 RUN 方式进入 STOP 方式。

9.3.3　可编程序控制器的工作原理

可编程序控制器通电后，需要对硬件和软件做一些初始化工作。为了使可编程序控制器的输出及时地响应各种输入信号，初始化后反复不停地分阶段处理各种不同的任务，这种周而复始的循环工作方式称为扫描工作方式，如图 9 - 2 所示。

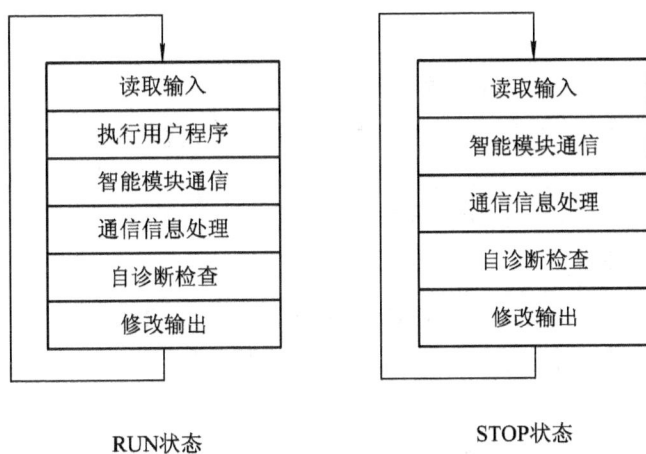

图 9 - 2　PLC 的扫描工作方式

1. 读取输入

在可编程序控制器的存储器中，设置了一片区域来存放输入信号和输出信号的状态，它们分别称为输入映像寄存器和输出映像寄存器。CPU 以字节(8 位)为单位来读写输入/输出(I/O)映像寄存器。

在读取输入阶段，可编程序控制器把所有外部数字量输入电路的 ON/OFF(1/0)状态读入输入映像寄存器。外接的输入电路闭合时，对应的输入映像寄存器为 1 状态，梯形图中对应的输入点的常开触点接通，常闭触点断开。外接的输入电路断开时，对应的输入映像寄存器为 0 状态，梯形图中对应的输入点的常开触点断开，常闭触点接通。

2. 执行用户程序

可编程序控制器的用户程序由若干条指令组成，指令在存储器中按顺序排列。在 RUN 工作方式的程序执行阶段，在没有跳转指令时，CPU 从第一条指令开始，逐条顺序地执行用户程序，直至遇到结束(END)指令。遇到结束指令时，CPU 检查系统的智能模块是否需要服务。

执行指令时，从 I/O 映像寄存器或别的位元件的映像寄存器读出其 0/1 状态，并根据指令的要求执行相应的逻辑运算，运算的结果写入到相应的映像寄存器中。因此，各映像寄存器(只读的输入映像寄存器除外)的内容随着程序的执行而变化。

在程序执行阶段，即使外部输入信号的状态发生了变化，输入映像寄存器的状态也不会随之而变，输入信号变化了的状态只能在下一个扫描周期的读取输入阶段被读入。执行程序时，对输入/输出的存取通常是通过映像寄存器，而不是实际的 I/O 点，这样做有以下好处：

(1) 程序执行阶段的输入值是固定的，程序执行完后再用输出映像寄存器的值更新输出点，使系统的运行稳定。

(2) 用户程序读写 I/O 映像寄存器比读写 I/O 点快得多，这样可以提高程序的执行速度。

(3) I/O 点必须按位来存取，而映像寄存器可按位、字节、字或双字来存取，灵活性好。

3. 智能模块通信和通信信息处理

在智能模块通信处理阶段，CPU 模块检查智能模块是否需要服务，如果需要，读取智能模块的信息并存放在缓冲区中，供下一扫描周期使用。在通信信息处理阶段，CPU 处理通信口接收到的信息，在适当的时候将信息传送给通信请求方。

4. CPU 自诊断检查

自诊断检查包括定期检查 EEPROM、用户程序存储器、I/O 模块状态以及 I/O 扩展总线的一致性，将监控定时器复位，以及完成一些别的内部工作。

5. 修改输出

CPU 执行完用户程序后，将输出映像寄存器的 0/1 状态传送到输出模块并锁存起来。梯形图中某一输出位的线圈"通电"时，对应的输出映像寄存器为 1 状态。信号经输出模块隔离和功率放大后，继电器型输出模块中对应的硬件继电器的线圈通电，其常开触点闭合，使外部负载通电工作。若梯形图中输出点的线圈"断电"，对应的输出映像寄存器中存放的二进制数为 0，将它送到继电器型输出模块，对应的硬件继电器的线圈断电，其常开触点断开，外部负载断电，停止工作。

当 CPU 的工作方式从 RUN 变为 STOP 时，数字量输出被置为系统块中的输出表定义的状态，或保持当时的状态。默认的设置是将数字量输出清零，模拟量输出保持最后写的值。

6. 中断程序的处理

如果在程序中使用了中断，中断事件发生时立即执行中断程序，中断程序可能在扫描周期的任意点上被执行。

7. 立即 I/O 处理

在程序执行过程中使用立即 I/O 指令可以直接存取 I/O 点。用立即 I/O 指令读输入点的值时，相应的输入映像寄存器的值未被更新。用立即 I/O 指令来改写输出点时，相应的输出映像寄存器的值被更新。

9.4　S7200 系列可编程序控制器性能简介

西门子公司的 SIMATIC S7200 系列属于小型可编程序控制器，可用于代替继电器的简单控制场合，也可以用于复杂的自动化控制系统。由于它有极强的通信功能，在大型网络控制系统中也能充分发挥其作用。

S7200 的可靠性高，可用梯形图、语句表（即指令表）和功能块图 3 种语言来编程。它的指令丰富、功能强，易于掌握、操作方便；内置有高速计数器、高速输出、PID 控制器、RS－485 通信/编程接口、PPI 通信协议、MPI 通信协议和自由方式通信功能；I/O 端子排可以很容易地拆卸；最大可扩展到 248 点数字量 I/O 或 35 路模拟量 I/O，最多有 26 KB 程序和数据存储空间。

S7200 在下列领域已经得到了广泛的应用：机床电气、纺织机械、印刷机械、塑料机械、包装机械、烟草机械、冲压机械、铸造机械、运输带、食品工业、化学工业、陶瓷工业、环保设备、电力自动化设备、实验室设备、电梯、中央空调、真空装置、恒压供水和化工系统中各种泵和电磁阀的控制。

9.4.1　CPU 模块

S7200 有 5 种 CPU 模块：CPU221 无扩展功能，适于用做小点数的微型控制器；CPU222 有扩展功能；CPU224 是具有较强控制功能的控制器；CPU226 和 CPU226XM 适用于复杂的中小型控制系统。

S7200 CPU 的指令功能强，有传送、比较、移位、循环移位、产生补码、调用子程序、脉冲宽度调制、脉冲序列输出、跳转、数制转换、算术运算、字逻辑运算、浮点数运算、开平方、三角函数和 PID 控制指令等，采用主程序、最多 8 级子程序和中断程序的程序结构，用户可使用 1～255 ms 的定时中断。用户程序可设 3 级口令保护，监控定时器（看门狗）的定时时间为 300 ms。

数字量输入中有 4 个用做硬件中断，6 个用于高速功能。32 位高速加/减计数器的最高计数频率为 30 kHz，可对增量式编码器的两个互差 90°的脉冲列计数，计数值等于设定值或计数方向改变时产生中断，在中断程序中可及时地对输出进行操作。两个高速输出可输出最高 20 kHz、频率和宽度可调的脉冲列。

RS－485 串行通信口的外部信号与逻辑电路不隔离，支持 PPI、DP/T、自由通信口协议和 PROFIBUS 点对点协议。

用户数据存储器可永久保存，或用超级电容和电池保持。超级电容充电 20 min，可充 60% 的电量。可选的存储器卡可永久保存程序、数据和组态信息，可选的电池卡保存数据的时间典型值为 200 天。

DC 输出型 S7200 有高速脉冲输出，边沿中断为 4 个上升沿和/或 4 个下降沿。

高速计数器的单相逻辑 1 电平为 15～30 V DC 时，时钟输入速率为 20 kHz；单相逻辑 1 电平为 15～26 V DC 时，时钟输入速率为 30 kHz。两相逻辑 1 电平为 15～30 V DC 时，时钟输入速率为 10 kHz；两相逻辑 1 电平为 15～26 V DC 时，时钟输入速率为 20 kHz。实时时钟精度在 25℃时为 2 min/月，0～55℃时为 7 min/月。

S7200 的 DC 输出型电路用场效应管（MOSFET）作为功率放大元件，继电器输出型用继电器触点控制外部负载。DC 输出的最高开关频率为 20 kHz，继电器输出的最高输出频率为 1 Hz。

9.4.2　数字量扩展模块

用户选用具有不同 I/O 点数的数字量扩展模块，可以满足不同的控制需要，节约投资费用。系统规模扩大后，增加 I/O 点数也很方便。用户可选用 8 点、16 点和 32 点的数字量输入/输出模块。除 CPU221 外，其他 CPU 模块均可配接多个扩展模块。连接时 CPU 模块放在最左侧，扩展模块用扁平电缆与左侧的模块相连。数字量扩展模块如表 9-1 所示。

表 9-1　数字量扩展模块

型　　号	各组输入点数	各组输出点数
EM221 24 V DC 输入	4，4	无
EM221 230 V AC 输入	8 点相互独立	无
EM222 24 V DC 输出	无	4，4
EM222 继电器输出	无	4，4
EM222 230 V AC 双向晶闸管输出	无	8 点相互独立
EM223 24 V DC 输入/继电器输出	4	4
EM223 24 V DC 输入/DC 输出	4	4
EM223 24 V DC 输入/继电器输出	4，4	4，4
EM223 24 V DC 输入/DC 输出	4，4	4，4
EM223 24 V DC 输入/DC 输出	8，8	4，4，8
EM223 24 V DC 输入/继电器输出	8，8	4，4，4，4

9.4.3　模拟量输入输出扩展模块

在工业控制中，某些输入量（如压力、温度、流量、转速等）是模拟量，某些执行机构（如晶闸管调速装置、电动调节阀和变频器等）要求可编程序控制器输出模拟信号，而可编程序控制器的 CPU 只能处理数字量。模拟量首先被传感器和变送器转换为标准的电流或电压（如 4～20 mA、1～5 V、0～10 V），可编程序控制器用 A/D 转换器将它们转换成数字量。这些数字量可能是二进制的，也可能是十进制的，带正负号的电流或电压在 A/D 转换后用二进制补码表示。模拟量输入输出扩展模块如表 9-2 所示。

表 9 - 2　模拟量输入输出扩展模块

模块	EM231	EM232	EM235
点数	4 路模拟量输入	2 路模拟量输出	4 路模拟量输入，1 路模拟量输出

D/A 转换器将可编程序控制器的数字输出量转换为模拟电压或电流，再去控制执行机构。模拟量 I/O 模块的主要任务就是实现 A/D 转换（模拟量输入）和 D/A 转换（模拟量输出）。

例如，在温度闭环控制系统中，炉温用热电偶或热电阻检测，温度变送器将温度转换为标准电流或标准电压后送给模拟量输入模块，经 A/D 转换后得到与温度成比例的数字量，CPU 将它与温度设定值比较，并按某种控制规律对差值进行运算，将运算结果（数字量）送给模拟量输出模块，经 D/A 转换后变为电流信号或电压信号，用来控制电动调节阀的开度，通过它控制加热用的天然气的流量，实现对温度的闭环控制。

A/D、D/A 转换器的二进制位数反映了它们的分辨率，位数越多，分辨率越高，例如 8 位 A/D 转换器的分辨率为 $1/256 = 0.39\%$。模拟量输入/输出模块的另一个重要指标是转换时间。

S7200 有 3 种模拟量扩展模块。S7200 的模拟量扩展模块中 A/D、D/A 转换器的位数均为 12 位。模拟量输入、输出有多种量程供用户选用，如 $0 \sim 10$ V，$0 \sim 5$ V，$0 \sim 20$ mA，$0 \sim 100$ mV，± 10 V，± 5 V，± 100 mV 等。量程为 $0 \sim 10$ V 时的分辨率为 2.5 mV。

A/D 转换的时间小于 250 μs，模拟量输入的阶跃响应时间为 1.5 ms（达到稳态值的 95% 时）。单极性全量程输入范围对应的数字量输出为 $0 \sim 32\ 000$，双极性全量程输入范围对应的数字量输出为 $-32\ 000 \sim +32\ 000$。输入阻抗大于等于 10 MΩ。

模拟量输出的量程有 ± 10 V 和 $0 \sim 20$ mA 两种，对应的数字量为 $-32\ 000 \sim +32\ 000$ 或 $0 \sim 32\ 000$。满量程时电压输出和电流输出的分辨率分别为 12 位和 11 位，25℃时的精度为 $\pm 0.5\%$。电压输出和电流输出的稳定时间分别为 100 μs 和 2 ms。最大驱动能力如下：电压输出时负载电阻最小 5 kΩ，电流输出时负载电阻最大 500 Ω。

9.4.4　STEP7 - Micro/WIN 编程软件简介

STEP7 - Micro/WIN 是专门为 S7200 设计的在个人计算机 Windows 操作系统下运行的编程软件，它的功能强大，使用方便，简单易学。CPU 通过 PC/PPI 电缆或插在计算机中的 CP5511、CP5611 通信卡与计算机通信。通过 PC/PPI 电缆，可以在 Windows 下实现多主站通信方式。

STEP7 - Micro/WIN 的用户程序结构简单清晰，即通过一个主程序调用子程序或中断程序，还可以通过数据块进行变量的初始化设置。用户可以用语句表（STL）、梯形图（LAD）和功能块图编程，不同的编程语言编制的程序可以相互转换，可以用符号表来定义程序中使用的变量地址对应的符号，例如指定符号"起动按钮"对应于地址 I0.0，使程序便于设计和理解。

PID 控制器、可编程序控制器之间的网络数据传输、高速计数器和 TD200 文本显示器的编程和程序设计是 S7200 程序设计中的几个难点，STEP7 - Micro/WIN 为此设计了指令向导和 TD200 向导，通过对话方式，用户只需要输入一些参数，就可以实现参数设置，自动生成用户程序。用户还可以通过系统块来完成大量的硬件设置。

STEP7 - Micro/WIN 可为用户提供两套指令集，即 SIMATIC 指令集（S7200 方式）和国际标准指令集（IEC 1131 - 3 方式）；通过调制解调器可实现远程编程，可用单次扫描和强制输出等方式来调试程序和进行故障诊断。

9.4.5　电源的选择

S7200 的 CPU 单元有一个内部电源，它为 CPU 模块、扩展模块和 DC 24 V（PLC 向外提供的电源）进行供电，应根据下述的原则来确定电源的配置。

每一个 CPU 模块都有一个 DC 24 V 传感器电源，它为本机的输入点或扩展模块的继电器线圈提供电源，如果要求的负载电流大于该电源的额定值，应增加一个 DC 24 V 电源为扩展模块供电。

CPU 模块为扩展模块提供 DC 5 V 电源，如果扩展模块对 DC 5 V 电源的需求超过其额定值，必须减少扩展模块。

S7200 的 DC 24 V 传感器电源不能与外部的 DC 24 V 电源并联，这种并联可能会使一个或两个电源失效，并使可编程序控制器产生不正确的操作，上述两个电源之间只能有一个连接。

9.5　可编程序控制器程序设计基础

9.5.1　可编程序控制器的编程语言与程序结构

1. 可编程序控制器编程语言的国际标准

IEC（国际电工委员会）是为电子技术的所有领域制订全球标准的世界性组织。IEC 于 1994 年 5 月公布了可编程序控制器标准（IEC 1131），该标准鼓励不同的可编程序控制器制造商提供在外观和操作上相似的指令。它由以下 5 部分组成：通用信息，设备与测试要求，编程语言，用户指南和通信。其中的第三部分（IEC 1131 - 3）是可编程序控制器的编程语言标准 IEC 1131 - 3。标准使用户在使用新的可编程序控制器时，可以减少重新培训的时间；对于厂家，使用标准将减少产品开发的时间，可以投入更多的精力去满足用户的特殊要求。

目前已有越来越多的生产可编程序控制器的厂家提供符合 IEC 1131 - 3 标准的产品，有的厂家推出的在个人计算机上运行的"软件 PLC"软件包也是按 IEC 1131 - 3 标准设计的。

IEC 1131 - 3 详细地说明了句法、语义和下述 5 种编程语言的表达方式：

（1）顺序功能图（Sequential Function Chart）；

（2）梯形图（Ladder Diagram）；

（3）功能块图（Function Block Diagram）；

（4）指令表（Instruction List）；

（5）结构文本（Structured Text）。

标准中有两种图形语言——梯形图(LD)和功能块图(FBD),还有两种文字语言——指令表(STL)和结构文本(ST),可以认为顺序功能图(SFC)是一种结构块控制程序流程图。PLC 的编程语言如图 9-3 所示。

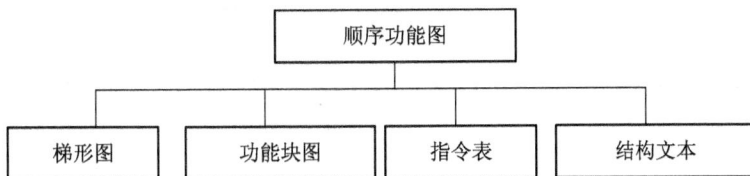

图 9-3 PLC 的编程语言

1) 顺序功能图(SFC)

这是一种位于其他编程语言之上的图形语言,用来编制顺序控制程序。顺序功能图提供了一种组织程序的图形方法,在顺序功能图中可以用别的语言嵌套编程。步、转换和动作是顺序功能图中的三种主要元件。可以用顺序功能图来描述系统的功能,根据它可以很容易地画出梯形图程序。

2) 梯形图(LAD)

梯形图由触点、线圈和用方框表示的功能块组成。触点代表逻辑输入条件,如外部的开关、按钮和内部条件等。线圈通常代表逻辑输出结果,用来控制外部的指示灯、交流接触器和内部的输出条件等。功能块用来表示定时器、计数器或者数学运算等附加指令。

在分析梯形图中的逻辑关系时,为了借用继电器电路图的分析方法,可以想像左右两侧垂直母线之间有一个左正右负的直流电源电压(S7200 的梯形图中省略了右侧的垂直母线),当图中的 I0.1 与 I0.2 的触点接通,或 M0.3 与 I0.2 的触点接通时,有一个假想的"能流"(Power Flow)流过 Q1.1 的线圈。利用能流这一概念,可以帮助我们更好地理解和分析梯形图,能流只能从左向右流动。

触点和线圈等组成的独立电路称为网络(Network),用编程软件生成的梯形图和语句表程序中有网络编号,允许以网络为单位给梯形图加注释。在网络中,程序的逻辑运算按从左到右的方向执行,与能流的方向一致。各网络按从上到下的顺序执行,执行完所有的网络后,返回最上面的网络重新执行。

使用编程软件可以直接生成和编辑梯形图,并将它下载到可编程序控制器。

3) 功能块图(FBD)

这是一种类似于数字逻辑门电路的编程语言,有数字电路基础的人很容易掌握。该编程语言用类似与门、或门的方框来表示逻辑运算关系,方框的左侧为逻辑运算的输入变量,右侧为输出变量,输入、输出端的小圆圈表示"非"运算,方框被"导线"连接在一起,信号自左向右流动。西门子公司的"LOGO1"系列微型可编程序控制器使用功能块图语言,除此之外,国内很少有人使用功能块图语言。

4) 语句表(STL)

S7200 系列可编程序控制器将指令表称为语句表(Statement List)。可编程序控制器的指令是一种与微机的汇编语言中的指令相似的助记符表达式,由指令组成的程序叫做指令表程序或语句表程序。

语句表比较适合熟悉可编程序控制器和逻辑程序设计的经验丰富的程序员，它可以实现某些不能用梯形图或功能块图实现的功能。

S7200 CPU 在执行程序时要用到逻辑堆栈，梯形图和功能块图编辑器自动地插入处理栈操作所需要的指令。在语句表中，必须由编程人员加入这些堆栈处理指令。

5）编程语言的相互转换和选用

在 S7200 的编程软件中，用户可以选用梯形图、功能块图和语句表这三种编程语言。语句表不使用网络，但是可以用 Network 这个关键词对程序分段，这样的程序可以转换为梯形图。

语句表程序较难阅读，其中的逻辑关系很难一眼看出，所以在设计复杂的开关量控制程序时一般使用梯形图语言。语句表可以处理某些不能用梯形图处理的问题，梯形图编写的程序一定能转换为语句表。

梯形图程序中输入信号与输出信号之间的逻辑关系一目了然，易于理解，与继电器电路图的表达方式极为相似，设计开关量控制程序时建议选用梯形图语言。语句表输入方便快捷，梯形图中功能块对应的语句只占一行的位置，还可以为每一条语句加上注释，便于复杂程序的阅读。在设计通信、数学运算等高级应用程序时建议使用语句表语言。

2. SIMATIC 指令集与 IEC 1131-3 指令集

供 S7200 使用的 STEP 7-Micro/WIN 32 编程软件提供两种指令集：SIMATIC 指令集与 IEC 1131-3 指令集。前者由西门子公司提供，它的某些指令不是 IEC 1131-3 中的标准指令。通常 SIMATIC 指令的执行时间短，可使用梯形图、功能块图和语句表语言，而 IEC 1131-3 指令集只提供前两种语言。

IEC 1131-3 指令集的指令较少，其中的某些"块"指令可接受多种数据格式。例如 SIMATIC 指令集中的加法指令被分为 ADD-I（整数加）、ADD-DI（双字整数加）与 ADD-R（实数加）等；IEC 1131-3 的加法指令 ADD 则未作区分，而是通过检验数据格式，由 CPU 自动选择正确的指令。IEC 1131-3 指令通过检查参数中的数据格式错误还可以减少程序设计中的错误。

在 IEC 1131-3 指令编辑器中，有些是 SIMATIC 指令集中的指令，它们作为 IEC 1131-3 指令集的非标准扩展，在编程软件的帮助文件中的指令树内用红色的"+"号标记。

3. 可编程序控制器的程序结构

S7200 CPU 的控制程序由主程序、子程序和中断程序组成。

1）主程序

主程序是程序的主体，每一个项目都必须并且只能有一个主程序。在主程序中可以调用子程序和中断程序。

主程序通过指令控制整个应用程序的执行，每次 CPU 扫描都要执行一次主程序。STEP7-Micro/WIN 32 的程序编辑器窗口下部的标签用来选择不同的程序。因为程序已被分开，所以各程序结束时不需要加入无条件结束指令，如 END、RET 或 RETI 等。

2）子程序

子程序是一个可选的指令的集合，仅在被其它程序调用时执行。使用子程序可以简化程序代码和减少扫描时间。设计得好的子程序容易移植到别的项目中去。

3）中断程序

中断程序是指令的一个可选集合，它不是被主程序调用的，其在中断事件发生时由可编程序控制器的操作系统调用。中断程序用来处理预先规定的中断事件，因为不能预知何时会出现中断事件，所以不允许中断程序改写可能在其他程序中使用的存储器。

9.5.2　存储器的数据类型与寻址方式

1. 数据在存储器中存取的方式

1）位、字节、字和双字

二进制数的 1 位（bit）只有 0 和 1 两种不同的取值，可用来表示开关量（或称数字量）的两种不同的状态，如触点的断开和接通，线圈的通电和断电等。如果该位为 1，则表示梯形图中对应的编程元件的线圈"通电"，其常开触点接通，常闭触点断开，以后称该编程元件为 1 状态，或称该编程元件 ON（接通）。如果该位为 0，对应的编程元件的线圈和触点的状态与上述状态相反，称该编程元件为 0 状态，或称该编程元件 OFF（断开）。位数据的数据类型为 BOOL（布尔）型。

2）数据的存取方式

位存储单元的地址由字节地址和位地址组成，如 I3.2，其中的区域标识符"I"表示输入（Input），字节地址为 3，位地址为 2。这种存取方式称为"字节.位"寻址方式。

输入字节 IB3（B 是 Byte 的缩写）由 I3.0～I3.7 这 8 位组成。

相邻的两个字节组成一个字，VW100 表示由 VB100 和 VB101 组成的 1 个字，VW100 中的 V 为区域标识符，W 表示字（Word），100 为起始字节的地址。

VD100 表示由 VB100～VB103 组成的双字，V 为区域标示符，D 表示存取双字（Double Word），100 为起始字节的地址。

2. 不同存储区的寻址

1）输入映像寄存器（I）寻址

输入映像寄存器的标识符为 I（I0.0～I15.7），在每个扫描周期的开始，CPU 对输入点进行采样，并将采样值存于输入映像寄存器中。

输入映像寄存器是可编程序控制器接收外部输入的开关量信号的窗口。可编程序控制器通过光耦合器，将外部信号的状态读入并存储在输入映像寄存器中，外部输入电路接通时对应的映像寄存器为 ON（1 状态）。输入端可以外接常开触点或常闭触点，也可以接多个触点组成的串并联电路。在梯形图中，可以多次使用输入位的常开触点和常闭触点。

2）输出映像寄存器（Q）寻址

输出映像寄存器的标识符为 Q（Q0.0～Q15.7），在扫描周期的末尾，CPU 将输出映像寄存器的数据传送给输出模块，再由后者驱动外部负载。如果梯形图中 Q0.0 的线圈"通电"，则继电器型输出模块中对应的硬件继电器的常开触点闭合，使接在标号为 0.0 的端子的外部负载工作。输出模块中的每一个硬件继电器仅有一对常开触点，但是在梯形图中，每一个输出位的常开触点和常闭触点都可以多次使用。

3）变量存储器（V）寻址

变量存储器在程序执行的过程中存放中间结果，或用来保存与工序或任务有关的其他数据。

4) 位存储器(M)区寻址

内部存储器标志位(M0.0～M31.7)用来保存控制继电器的中间操作状态或其他控制信息。虽然名为"位存储器",表示按位存取,但是也可以按字节、字或双字来存取。

5) 特殊存储器(SM)标志位寻址

特殊存储器用于 CPU 与用户之间交换信息,例如 SM0.0 一直为"1"状态,SM0.1 仅在执行用户程序的第一个扫描周期为"1"状态。SM0.4 和 SM0.5 分别提供周期为 1 min 和 1 s 的时钟脉冲。SM1.0、SM1.1 和 SM1.2 分别是零标志、溢出标志和负数标志。

6) 局部存储器(L)区寻址

S7200 有 64 个字节的局部存储器,其中 60 个可以作为暂时存储器,或给子程序传递参数。如果用梯形图编程,编程软件保留这些局部存储器的后 4 个字节;如果用语句表编程,可以使用所有的 64 个字节,但是建议不要使用最后 4 个字节。

I、Q、V、M、S、SM、L 均可按位、字节、字和双字来存取。

各 POU(Program Organizational Unit,程序组织单元,即主程序、子程序和中断程序)有自己的局部变量表,局部变量在它被创建的 POU 中有效。变量存储器(V)是全局存储器,可以被所有的 POU 存取。

S7200 给主程序和中断程序各分配 64 字节局部存储器,给每一级子程序嵌套分配 64 字节局部存储器,各程序不能访问别的程序的局部存储器。

因为局部变量使用临时的存储区,子程序每次被调用时,应保证它使用的局部变量被初始化。

7) 定时器存储器(T)区寻址

定时器相当于继电器系统中的时间继电器。S7200 有三种定时器,它们的时基增量分别为 1 ms、10 ms 和 100 ms,定时器的当前值寄存器是 16 位有符号整数,用于存储定时器累计的时基增量值(1～32 767)。

定时器的当前值大于等于设定值时,定时器位被置为 1,梯形图中对应的定时器的常开触点闭合,常闭触点断开。用定时器地址(T 和定时器号,如 T5)来存取当前值和定时器位,带位操作数的指令存取定时器位,带字操作数的指令存取当前值。

8) 计数器存储器(C)区寻址

计数器用来累计其计数输入端脉冲电平由低到高的次数,CPU 提供加计数器、减计数器和加减计数器。计数器的当前值为 16 位有符号整数,用来存放累计的脉冲数(1～32 767)。

计数器的当前值大于等于设定值时,计数器位被置为 1。用计数器地址(C 和计数器号,如 C20)来存取当前值和计数器位,带位操作数的指令存取计数器位,带字操作数的指令存取当前值。

9) 顺序控制继电器(SCR)寻址

顺序控制继电器(SCR)位用于组织机器的顺序操作,它提供控制程序的逻辑分段。

10) 模拟量输入(AI)寻址

S7200 将现实世界连续变化的模拟量(如温度、压力、电流、电压等)用 A/D 转换器转换为 1 个字长(16 位)的数字量,用区域标识符 AI、数据长度(W)和字节的起始地址来表示模拟量输入的地址。因为模拟量输入是 1 个字长的，故应从偶数字节地址开始存放（如 AIW2、AIW4、AIW6 等）。模拟量输入值为只读数据。

11）模拟量输出（AQ）寻址

S7200 将 1 个字长的数字用 D/A 转换器转换为现实世界的模拟量，用区域标识符 AQ、数据长度（W）和字节的起始地址来表示存储模拟量输出的地址。因为模拟量输出是 1 个字长，故应从偶数字节地址开始存放（如 AQW2、AQW4、AQW6 等）。用户不能读取模拟量输出。

12）累加器（AC）寻址

累加器是可以像存储器那样使用的读/写单元，例如可以用它向子程序传递参数，或从子程序返回参数，以及用来存放计算的中间值。CPU 提供了 4 个 32 位累加器（AC0～AC3），可以按字节、字和双字来存取累加器中的数据。按字节、字只能存取累加器的低 8 位或低 16 位，双字存取全部的 32 位，存取的数据长度由所用的指令决定。如在指令

> MOV_W AC2，VW100

中，AC2 按字（W）存取。

13）高速计数器（HC）寻址

高速计数器用来累计比 CPU 的扫描速率更快的事件，其当前值和设定值为 32 位有符号整数，当前值为只读数据。高速计数器的地址由区域标示符 HC 和高速计数器号组成，如 HC2。

14）常数的表示方法与范围

常数值可以是字节、字或双字，CPU 以二进制方式存储常数。常数也可以用十进制、十六进制、ASCII 码或浮点数形式来表示。表是常数的例子。

9.5.3　位逻辑指令

1. 触点指令

1）标准触点指令

常开触点对应的存储器地址位为 1 状态时，该触点闭合。在语句表中，分别用 LD（Load，装载）、A（And，与）和 O（Or，或）指令来表示开始、串联和并联的常开触点。

2）OLD（Or Load）指令

触点的串并联指令只能将单个触点与别的触点电路串并联。

3）ALD（And Load）指令

将电路块串并联时，每增加一个用 LD 或 LDN 指令开始的电路块的运算结果，堆栈中增加一个数据，堆栈深度加 1；每执行一条 ALD 或 OLD 指令，堆栈深度减 1。

4）立即触点

立即（Immediate）触点指令只能用于输入 I，执行立即触点指令时，立即读入物理输入点的值，根据该值决定触点的接通/断开状态，但是并不更新该物理输入点对应的映像寄存器。在语句表中，分别用 LDI、AI、OI 来表示开始、串联和并联的常开立即触点，用 LDNI、ANI、ONI 来表示开始、串联和并联的常闭立即触点。触点符号中间的"I"和"/I"表示立即常开和立即常闭。

2. 输出指令

1）输出

输出指令(＝)与线圈相对应，驱动线圈的触点电路接通时，线圈流过"能流"，指定位对应的映像寄存器为1，反之则为0。输出指令将栈顶值复制到对应的映像寄存器。输出类指令应放在梯形图的最右边，变量为BOOL型。

2）立即输出

立即输出指令(＝I)只能用于输出量(Q)，执行该指令时，将栈顶值立即写入指定的物理输出位和对应的输出映像寄存器。线圈符号中的"I"用来表示立即输出。

3）置位与复位

执行S(Set，置位或置1)与R(Reset，复位或置0)指令时，从指定的位地址开始的N个点的映像寄存器都被置位(变为1)或复位(变为0)，N＝1～255。

如果被指定复位的是定时器位(T)或计数器位(C)，将清除定时器/计数器的当前值。

4）立即置位与立即复位

执行SI(Set Immediate，立即置位)或RI(Reset Immediate，立即复位)指令时，从指定位地址开始的N个连续的物理输出点将被立即置位或复位，N＝1～128。线圈中的I表示立即。该指令只能用于输出量(Q)，新值被同时写入对应的物理输出点和输出映像寄存器。

使S、R、SI和RI指令ENO(使能输出)＝0的错误条件：SM4.3(运行时间)，0006(间接寻址)，0091(操作数超出范围)。

3. 其他指令

1）取反(NOT)

取反触点指令将它左边电路的逻辑运算结果取反，运算结果若为1则变为0，为0则变为1。该指令没有操作数，能流到达该触点时即停止，若能流未到达该触点，该触点给右侧供给能流。NOT指令将堆栈顶部的值从0改为1，或从1改为0。

2）跳变触点

正跳变触点检测到一次正跳变(触点的输入信号由0变为1)时，或负跳变触点检测到一次负跳变(触点的输入信号由1变为0)时，触点接通一个扫描周期。正/负跳变指令的助记符分别为EU(Edge Up，上升沿)和ED(Edge Down，下降沿)，它们没有操作数，触点符号中间的"P"和"N"分别表示正跳变(Positive Transition)和负跳变(Negative Transition)。

3）空操作指令

空操作指令(NOP N)不影响程序的执行，操作数N＝0～255。

9.5.4 定时器与计数器指令

定时器、计数器的当前值、设定值均为16位有符号整数(INT)，允许的最大值为32 767。

1. 定时器指令

1）通电延时定时器指令

定时器和计数器的设定值的数据类型均为INT型，除了常数外，还可以用VW、IW等作它们的设定值。

通电延时定时器(TON)输入端(IN)的输入电路接通时开始定时。当前值大于等于 PT (Preset Time,预置时间)端指定的设定值时(PT=1~32 767),定时器位变为 ON,梯形图中对应定时器的常开触点闭合,常闭触点断开。达到设定值后,当前值仍继续计数,直到最大值 32 767。

输入电路断开时,定时器被复位,当前值被清零,常开触点断开。第一次扫描时定时器位为 OFF,当前值为 0。定时器有 1 ms、10 ms 和 100 ms 三种分辨率,分辨率取决于定时器号。定时器的设定时间等于设定值与分辨率的乘积。

2) 断电延时定时器指令

断电延时定时器(TOF)用来在 IN 输入电路断开后延时一段时间,再使定时器为 OFF。它用输入从 ON 到 OFF 的负跳变启动定时。

接在定时器 IN 输入端的输入电路接通时定时器位变为 ON,当前值被清零。输入电路断开后,开始定时,当前值从 0 开始增大,当前值等于设定值时,输出位变为 OFF,当前值保持不变,直到输入电路接通。

TOF 与 TON 不能共享相同的定时器号,断电延时定时器指令不能同时使用 TON T32 和 TOF T32。

可用复位(R)指令复位定时器。复位指令使定时器位变为 OFF,定时器当前值被清零。在第一个扫描周期,TON 和 TOF 被自动复位,定时器为 OFF,当前值为 0。

3) 保持型通电延时定时器

保持型通电延时定时器(Retentive On-Delay Timer,TONR)的输入电路接通时,开始定时。当前值大于等于 PT 端指定的设定值时,定时器位变为 ON。达到设定值后,当前值仍继续计数,直到最大值 32 767。

输入电路断开时,当前值保持不变。可用 TONR 来累计输入电路接通的若干个时间间隔。复位指令(R)用来清除它的当前值,同时使定时器为 OFF。

在第一个扫描周期,定时器位为 OFF。可以在系统块中设置 TONR 的当前值有断电保持功能。

2. 计数器指令

1) 加计数器指令 CTU

当复位输入(R)电路断开时,加计数(Count Up)脉冲输入(CU)电路由断开变为接通(即 CU 信号的上升沿),计数器的当前值加 1,直至计数最大值 32 767。当前值大于等于设定值(PV)时,该计数器位被置 1。当复位输入(R)为 ON 时,计数器被复位,计数器位变为 OFF,当前值被清零。在语句表中,栈顶值是复位输入(R),加计数输入值(CU)放在栈顶下面一层。

2) 减计数器指令 CTD

在减计数(Count Down)脉冲输入 CD 的上升沿(从 OFF 到 ON),从设定值开始,计数器的当前值减 1,减至 0 时,停止计数,计数器位被置 1。装载输入(LD)为 ON 时,计数器位被复位,并把设定值装入当前值。

在语句表中,栈顶值是装载输入 LD,减计数输入 CD 放在栈顶下面一层。

3) 加减计数器指令 CTUD

在加计数脉冲输入(CU)的上升沿,计数器的当前值加 1;在减计数脉冲输入(CD)的上升沿,计数器的当前值减 1;当前值大于等于设定值(PV)时,计数器位被置位。复位输入(R)为 ON 或对计数器执行复位(R)指令时,计数器被复位。当前值为最大值 32 767 时,下一个 CU 输入的上升沿使当前值变为最小值-32 768。当前值为-32 768 时,下一个上升沿使当前值变为最大值 32 767。

在语句表中,栈顶值是复位输入 R,加计数输入 CU 放在堆栈的第 2 层,减计数输入 CD 则放在堆栈的第 3 层。

计数器的编号范围为 C0~C255。不同类型的计数器不能共用同一计数器号。定时器与计数器指令如表 9-3 所示。

表 9-3 定时器与计数器指令

通电延时定时器	TON TXXX, PT
断电延时定时器	TOF TXXX, PT
保持型通电延时定时器	TONR TXXX, PT
加计数器	CTU CXXX, PV
减计数器	CTD CXXX, PV
加减计数器	CTUD CXXX, PV

9.6　S7200PLC 在啤酒稀释中的应用

某啤酒稀释计算机监控系统由两级计算机系统组成,上位机为工业控制计算机(IPC),完成系统参数设定、控制及信息显示等功能;下位机为可编程控制器(PLC),主要完成系统中各种参数的检测、信息处理和控制功能。

9.6.1　系统功能

本系统具有以下功能:

(1) 混合酒浓度配比控制。根据原酒浓度 B_1、要求的混合酒浓度 B_2 以及输入的原酒流量 V_1 控制稀释水的流量 V_2,从而达到满足混合酒浓度的要求。

(2) 缓冲罐液位的检测与控制。根据缓冲罐上、下部压力传感器的压力信号 P_1、P_2,检测缓冲罐的液位,具有上液位的限制保护,低于下液位自动启动水处理系统。

(3) 平衡罐液位检测与控制。根据装在平衡罐底部的压力信号 P_3 检测平衡罐的液位。当平衡罐液位高于上限时,关闭进水阀;当平衡罐液位低于下限时,停止水处理系统的运行。

(4) 运行参数的监视。通过可编程控制器检测啤酒水处理系统的各种运行参数。模拟量输入信号有 9 路,分别为原酒流量 V_1、水流量 V_2、平衡罐温度 T_1、热交换器温度 T_2、平衡罐压力 P_3(表示液位)、缓冲罐上部压力 P_1、缓冲罐下部压力 P_2、稀释水 PH 值、稀释水含氧量 O_2,详见图 8-25。开关量输入信号有 9 路,分别为残氧浓度超标(5J、4DF、5DF)、F 流量开关(6J)、平衡罐进水阀(8DF、11J)、平衡罐出水阀(9DF、12J)、真空泵状态 1KM 及冷却阀 7DF、原水泵状态 2KM、回流泵状态 3KM、出水泵状态 4KM 以及泵操作选择开关 8J 状态等。

用工控机显示上述运行参数，配比系统的各种动态曲线，中间变量，原酒、水、混合酒的积累值等，同时记录上述运行参数的历史记录，以供查询。

9.6.2 系统结构

啤酒稀释水处理计算机监控系统由可编程控制器 PLC(S7226)以及工业控制计算机组成，系统结构如图 9-4 所示。

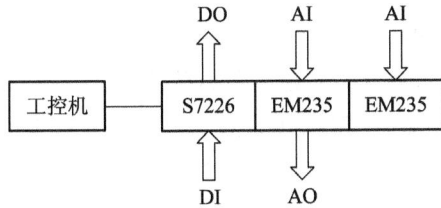

图 9-4 计算机监控系统结构

9.6.3 系统原理

1. 混合酒浓度配比系统

根据原酒(高浓度啤酒)浓度 B_1、配制浓度 B_2、原酒流量 V_1 计算出所期望的水流量 V_2^*，经分析

$$V_2^* = \frac{B_1 - B_2}{B_2} V_1 \tag{9-1}$$

式中：B_1、B_2 是已知量，由操作人员设定；V_1 是酒流量的检测值。

水流量的控制是通过改变混合泵的转速来实现的。本系统采用无静差闭环调节系统来控制水流量。系统的结构如图 9-5 所示，流量调节器采用 PID 调节器，虚框内的环节由 PLC 实现。

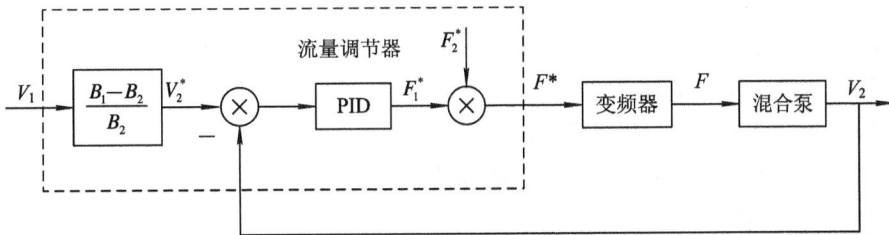

图 9-5 配比系统结构图

为了提高混合酒浓度的控制精度，对原酒和水流量的积累值进行记录，且对积累偏差进行补偿控制，在每罐 60 m³ 的容积下，水的偏差不超过 ±0.03 m³，即 ±0.05%。

在图 9-5 中，当原酒流量 $V_1 = 0$ 时，必然有 $V_2^* = 0$，PID 调节器的输出为零，变频器的频率给定为零。为了在没有酒流量的条件下能单独启动混合泵供水，本系统设置了手动控制变频器的频率给定 F^* 的功能。

在图 9-5 中，V_1、V_2 是酒、水流量计输出的 V/F 信号，设定酒流量为 40 m³/h 对应 1000 Hz，水流量为 16 m³/h 对应 1000 Hz。

2. 平衡罐的液位检测与控制

平衡罐的液位是通过装在罐底部的压力传感器 P_3 来反映的，当传感器输出值为 4～20 mA 时，对应的平衡罐液位是 0～1.5 m。

平衡罐的液位是通过上一级的变频器来控制的。当平衡罐的液位因故失控而高于上限（0.6 m）时，通过 PLC 使 Q0.4 失电，13J 失电，进水电磁阀 8DF 关闭。当平衡罐液位低于下限（0.2 m）时，通过 PLC 使水处理系统的真空泵、原水泵、回水泵以及出水泵停止运行。

3. 缓冲罐液位检测与控制

缓冲罐的液位是通过装在罐上、下部的压力传感器 P_1、P_2 的压力（P_1、P_2）来检测的。P_1、P_2 输出 4～20 mA 的电流，对应的压力为 0～0.2 MPa，则缓冲罐液位 n 为

$$n = \frac{P_1 - P_2}{1600} \times \frac{20}{16} = \frac{P_1 - P_2}{1600} \times 1.25 \text{ m} \tag{9-2}$$

式中：1600 是 PLC 的 A/D 转换电路中每毫安电流转换的数字量。

当缓冲罐液位 n 低于下限（$N_L = 0.5$ m）时，通过水处理系统对缓冲罐打水；当液位 n 高于上限（$N_H = 2.5$ m）时，使水处理系统停止运行。"键启动"是指在上位机上用鼠标点击"启动"操作指令。

9.6.4 系统主要画面

在 IPC 上开发了一套监控软件，主要由以下四个画面组成：配比系统、工艺流程、历史曲线及历史数据查询、PID 参数设定等。下面分别叙述各画面的功能。

1. 配比系统画面

打开工控机电源后，自动进入配比系统画面，正常运行时，系统主要工作在此画面。

该画面具有以下功能：

(1) 原酒浓度、配制浓度的设定，以及配比系数的计算。

(2) 原酒浓度、配制浓度、配比系数、原酒流量、水流量、总流量、原酒量、水量、总量、缓冲罐压力、缓冲罐液位、平衡罐液位、PH 值、残氧以及开机时间等参数的显示。

(3) 瞬时浓度的实时曲线显示。

(4) PLC 配比泵自动/手动切换控制。

(5) 真空泵、回流泵、原水泵、出水泵的启动/停止操作等。

2. 工艺流程画面

在配比系统画面的下方点击"工艺流程"即进入工艺流程画面，此画面以立体图形方式显示啤酒稀释系统的工艺流程图，在工艺流程图上实时显示平衡罐温度、换热器温度等参数。

3. 历史曲线及历史数据查询画面

在配比系统下方点击"历史曲线查询"即进入此画面，在该画面的下方显示瞬时浓度和平均浓度的历史曲线，一屏显示一个小时；可用屏幕下方的"左移 1 小时"、"左移 8 分钟"、

"右移 1 小时"、"右移 8 分钟"改变时间轴；分别拖动红色光标和绿色光标可查询瞬时浓度和平均浓度，并分别在屏幕的左右边显示其数值，拖动时，图标动态显示历史时间。

在该画面点击历史数据，将启动 Excel 电子表格显示各主要参数的报表。

4. PID 参数设定画面

该画面具有一定的访问权限，在配比系统画面下方登录并输入用户名和密码后方可进入该画面。在该画面下，可对配比系统的 PID 参数即比例系数、积分时间、微分时间进行设定及显示。

9.6.5　系统操作

1. PLC 控制配比系统

（1）将控制柜面板上的配比选择开关旋转至 PLC 位置，同时将配比变频器启动旋钮打到启动位置。

（2）PLC 控制配比系统又分自动控制和手动控制两种，其操作选择在上位机的配比系统画面上完成。

若鼠标点击"自动"，则"自动"灯闪烁，可实现配比系统的自动控制，根据酒流量自动控制水流量。若酒流量为零，则水流量必然为零。

若用鼠标点击"手动"，则"手动"灯闪烁，这时可通过配比系统画面中的"阀门开度"图标设定变频器的频率，0％对应 0 Hz，100％对应 50 Hz。鼠标点击该图标上方的增加图标，则阀门开度增加，即变频器频率增加；点击图标下方的减少图标则阀门开度减少，变频器频率减小，从而控制混合泵的转速，此时变频器的输出与酒流量无关。

2. 仪表控制配比系统

将控制柜面板上的配比选择开关旋转至仪表位置，同时将配比启动旋钮打到"启动"位置。此时，常规仪表将根据酒流量的大小自动调节水流量，计算机系统仅起监视作用。

3. 真空泵、回流泵、原水泵、出水泵的操作选择

若选择手动按钮控制，需将切换旋转开关打到"手动"位置，即可通过按钮控制四台泵的启动或停止。

若选择 PLC 控制，需将切换旋转开关打到"PLC"位置，然后在工控机的配比系统画面上用鼠标点击"启动"，"启动"灯闪烁。若平衡罐液位高于下限，缓冲罐液位低于上限，则四台泵自动顺序启动；若缓冲罐液位高于上限或平衡罐液位低于下限，则四台泵自动停止；当平衡罐液位高于下限，同时缓冲罐液位低于下限时，四台泵又自动顺序启动。

9.6.6　参数可调整 PID 程序设计

S7200 PLC 的 PID 回路指令（包含比例、积分、微分回路）是用来进行 PID 运算的，该指令有两个操作数：TABLE 和 LOOP。其中，TABLE 是回路表的起始地址，由此地址开始依次存放 PID 控制器的各个参数；LOOP 是回路号，可以是 0 到 7 的整数，即一个程序最多可以有 8 条 PID 指令。回路表中的参数用来控制和监视 PID 运算。这些参数均为实数，如表 9 - 4 所示。

表 9-4 PID 回路表的格式

偏移地址	变量名	描述
0	实际值（Y）	必须在 0.0～1.0 之间
4	给定值（R）	必须在 0.0～1.0 之间
8	输出值（U）	必须在 0.0～1.0 之间
12	比例系数（Kp）	可正负
16	采样时间（Ts）	单位为秒，为正
20	积分时间（Ti）	单位为分钟，为正
24	微分时间（Td）	单位为分钟，为正

系统上电执行主程序，首先进行初始化，在第一个扫描周期装入给定值、采样时间（这里 PID 回路表的起始地址为 VD100），并开中断。为了让 PID 运算以预想的采样频率工作，用定时中断服务程序执行 PID 指令。中断程序通过调用子程序 1～3 装入比例系数、积分时间和微分时间，然后执行 PID 指令，得到 PID 输出，并将其通过模拟量输出通道 AQW0 输出。常规 PID 程序分别见主程序 main 和定时中断 0 服务程序 INT_0。

```
//主程序：main
    LD      SM0.1               //上电第一扫描周期 SM0.1＝ON
    MOVR    1.0，VD104           //装入设定值 100％
    MOVR    0.1，VD116           //装入采样时间 0.1 s
    MOVB    100，SMB34           //定时中断 0 间隔为 100 ms
    ATCH    INT_0，10            //允许中断
//定时中断 0 服务程序：INT_0
    LD      SM0.0
    CALL    SBR_1               //调子程序 1
    CALL    SBR_2               //调子程序 2
    CALL    SBR_3               //调子程序 3
    MOVR    VD304，VD100
    /R      32000.0，VD100       //实际值标准化存入 Table 表
    PID     VB100，0             //执行 PID
    MOVR    VD108，AC0           //把输出值送入累加器 AC0
    *R      32000.0，AC0         //AC0 为刻度值 0～32000
    ROUND   AC0，AC0             //把实数转换为 32 位整数
    DTI     AC0，AC0             //把 32 位整数转为 16 位整数
    MOVW    AC0，AQW0            //送至 D/A 转换器输出
```

S7200 PLC 实现的参数可调整 PID 程序设计如下：

```
//主程序：main
    LD      SM0.1               //上电第一扫描周期 SM0.1＝ON
    MOVR    1.0，VD104           //装入设定值 100％
    MOVR    0.1，VD116           //装入采样时间 0.1 s
    MOVR    Kp，VD112            //装入比例系数
```

```
    MOVR    Td，VD124          //装入微分时间
    MOVB    100，SMB34         //定时中断 0 间隔为 100 ms
    ATCH    INT_0，10          //允许中断
//定时中断 0 服务程序：INT_0
    LD      SM0.0
    MOVR    VD0，VD4           //保存 en 在 VD0
    MOVR    VD104，VD0         //求 en，存入 VD0
    -R      VD100，VD0
    MOVR    VD0，VD8           //存入 VD8
    -R      VD4，VD8
    LDR=    VD0，0.0           //若 en=0，则调子程序 0，完成 PD 运算
    CALL    SBR_0
    JMP     0                 //并转到 LBL0 处
    LDR=    VD8，0.0           //若 △en=0，则调子程序 1，完成 PID 运算
    CALL    SBR_1
    JMP     0                 //并转到 LBL0 处
    LD      SM0.0
    MOVR    VD0，VD12          //若 △en·en>0，则调子程序 1，完成 PID 运算
    *R      VD8，VD12
    LDR>    VD12，0.0
    CALL    SBR_1
    JMP     0                 //并转到 LBL0 处
    LDR<    VD12，0.0          //若 △en·en<0，则调子程序 0，完成 PD 运算
    CALL    SBR_0
    LBL     0
    MOVR    VD108，AC0         //把输出值送入累加器 AC0
    *R      32000.0，AC0       //AC0 为刻度值 0～32 000
    ROUND   AC0，AC0           //把实数转换为 32 位整数
    DTI     AC0，AC0           //把 32 位整数转为 16 位整数
    MOVW    AC0，AQW0          //送至 D/A 转换器输出
//子程序 0：SBR_0              //完成 PD 运算
    LD      SM0.0
    MOVR    10000.0，VD120     //设定积分时间常数为无穷大，在此取 10 000.0
    LD      SM0.0
    ITD     AIW0，AC0
    DTR     AC0，VD304
    MOVR    VD304，AC0         //采集实际值存入 VD100
    MOVR    AC0，VD100
    /R      32000.0，VD100     //实际值标准化后存入 Table 表
    PID     VB100，0          //执行 PID
//子程序 1：SBR_1             //完成 PID 运算
    LD      SM0.0
    MOVR    Ti，VD120          //装载积分时间常数 Ti
```

```
LD      SM0.0
ITD     AIW0，AC0
DTR     AC0，VD304
MOVR    VD304，AC0              //采集实际值存入 VD100
MOVR    AC0，VD100
/R      32000.0，VD100         //实际值标准化后存入 Table 表
PID     VB100，0               //执行 PID
```

习　　题

9.1　应用 S7200 编制一个"启动—保持—停止"程序，画出硬件连接和梯形图。

9.2　一生产系统运输煤炭，按照煤流方向，共有给上煤机、振动筛、手选皮带、主皮带、回煤皮带、下给煤机等需要控制。工艺要求逆煤流启动、顺煤流停车。请画出硬件连接和顺序控制梯形图。

第 10 章　单片机控制系统设计

10.1　单片机简介

单片微型计算机是指集成在一个芯片上的微型计算机，也就是把组成微型计算机的各种功能部件，包括 CPU(Central Processing Unit)、随机存取存储器 RAM(Random Access Memory)、只读存储器 ROM(Read-Only Memory)、基本输入/输出(Input/Output)接口电路、定时器/计数器等部件都制作在一块集成芯片上，构成一个完整的微型计算机，从而实现微型计算机的基本功能。因此，一块芯片就构成了一台计算机。它已成为工业控制领域、智能仪器仪表、尖端武器、日常生活中最广泛使用的计算机。

单片机的发展历史划分为四阶段：第一阶段(1976～1978 年)为低性能单片机的探索阶段，以 Intel 公司的 MCS-48 为代表，采用了单片结构，即在一块芯片内含有 8 位 CPU、定时/计数器、并行 I/O 口、RAM 和 ROM 等，主要用于工业领域。第二阶段(1978～1982 年)为高性能单片机阶段，这一类单片机带有串行 I/O 口，8 位数据线，16 位地址线，可以寻址的范围达到 64 K 字节，还具有控制总线、较丰富的指令系统等。这类单片机的应用范围较广，并在不断地改进和发展，产品以 Intel 公司的 MCS-51 为代表。第三阶段(1982～1990 年)为 16 位单片机阶段。16 位单片机除 CPU 为 16 位外，片内 RAM 和 ROM 容量进一步增大，实时处理能力更强，体现了微控制器的特征。例如 Intel 公司的 MCS-96 主振频率为 12 MHz，片内 RAM 为 232 字节，ROM 为 8 K 字节，中断处理能力为 8 级，片内带有 10 位 A/D 转换器和高速输入/输出部件等。第四阶段(1990 年至今)为微控制器的全面发展阶段，各公司的产品在尽量兼容的同时，向高速、强运算能力、寻址范围大以及小型、廉价等方面发展。

1. 增强型 51 单片机 CPU 内核

MCS-51 是美国 Intel 公司的 8 位高档单片机系列，也是我国目前应用最为广泛的一种单片机系列。8051/80C51 是整个 MCS-51 系列单片机的核心，该系列其他型号的单片机都是在这一内核的基础上发展起来的。

MCS-51 单片机系列分为 51 和 52 子系列，并以芯片型号的末位数字加以标识。其中，51 子系列是基本型，而 52 子系列是增强型。

增强型 MCS-51 及兼容单片机芯片主要包括 Intel 公司的 8XC52/54/58 系列、Philips 公司的 P8XC52/54/58 系列(简称为 8XC5X 系列)、Atmel 公司的 AT89S51/52/53 系列(但 Atmel 公司的 AT8XC5X 系列采用标准 MCS-51 内核)、Winbond 公司的 W87E54/58 芯片等。

8XC5X 芯片由一个 8 位通用中央处理器(CPU)、程序存储器、随机读写数据存储器、常用外围电路等部分组成，如图 10-1 所示。

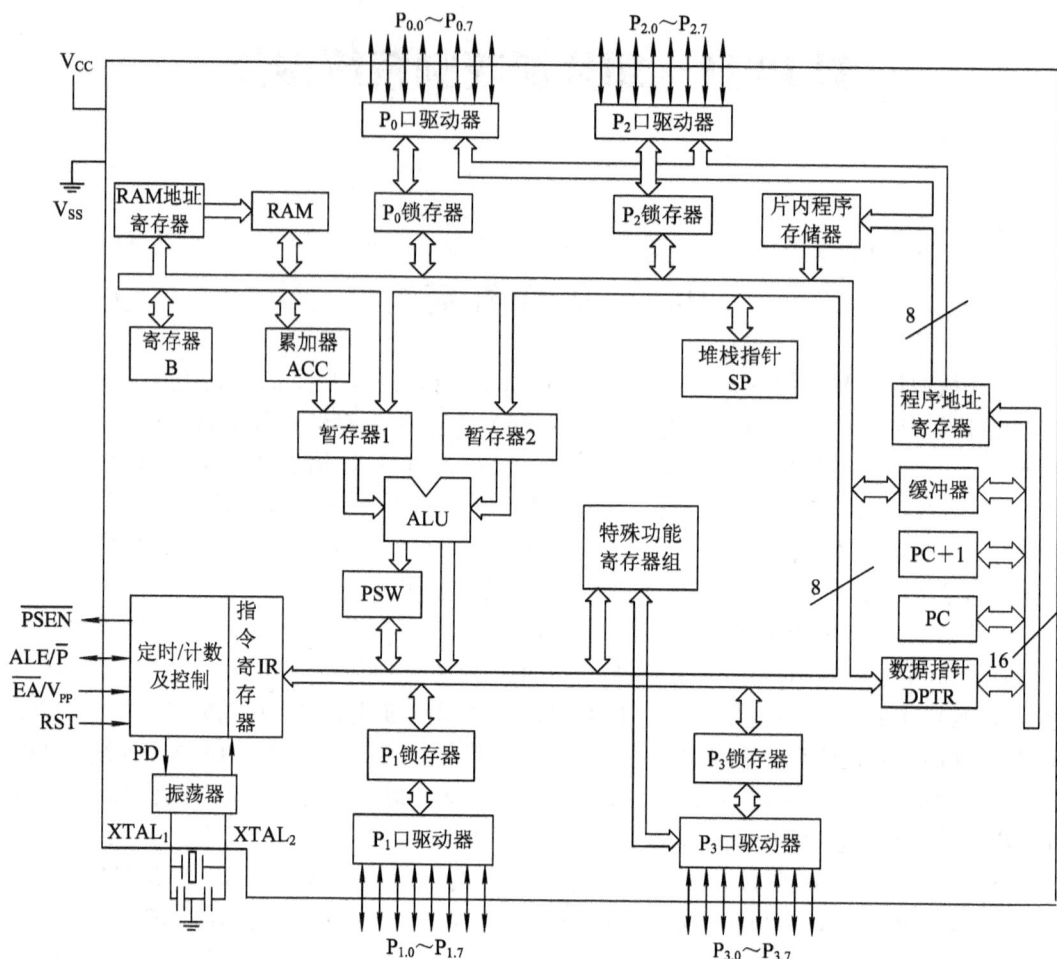

图 10-1 增强型 MCS-51 CPU 内部结构

2. 增强型 51 单片机片上资源

增强型 MCS-51 芯片内部含有三个 16 位定时/计数器，可以管理 6 个中断源的中断控制器(具有四个优先级)，用于多机通信或 I/O 口扩展的增强型全双工串行口 UART（通用异步收发器），片内振荡器及时钟电路。

3. 增强型 51 单片机的指令系统

增强型 51 单片机的指令系统与基本型 MCS-51 单片机的指令系统相同。

10.2 增强型 51 单片机的简单应用实例

图 10-2 为使用 AT89C51 控制三相步进电机的接口电路。

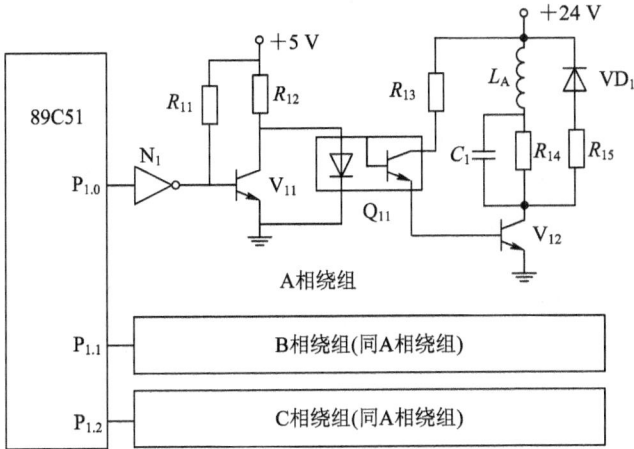

图 10-2　单片机控制三相步进电机原理图

三相步进电机的通电方式有：

（1）三相三拍通电方式：A→B→C→A。

（2）三相双三拍通电方式：AB→BC→CA→AB。

（3）三相六拍通电方式：A→AB→B→BC→C→CA。

按以上顺序通电，步进电机正转。要使电机反转，将上述步进电机各相绕组的通电相序反过来即可。表 10-1 为三相步进电机工作方式及控制字。

表 10-1　三相步进电机工作方式及控制字

工作方式	步序	P_1 口输出状态	通电绕组	控制字
三相 三拍方式	1 步	0000 0001	A 相	01H
	2 步	0000 0010	B 相	02H
	3 步	0000 0100	C 相	04H
三相 双三 拍式	1 步	0000 0011	AB 相	03H
	2 步	0000 0110	BC 相	06H
	3 步	0000 0101	CA 相	05H
三相 六拍 方式	1 步	0000 0001	A	01H
	2 步	0000 0011	AB	03H
	3 步	0000 0010	B	02H
	4 步	0000 0110	BC	06H
	5 步	0000 0100	C	04H
	6 步	0000 0101	CA	05H

步进电机程序设计的主要任务是：① 判断旋转方向；② 按相序确定控制字；③ 按顺序写入控制字，即传送控制脉冲序列；④ 控制步数。

图 10-3 为三相双三拍驱动程序流程图。

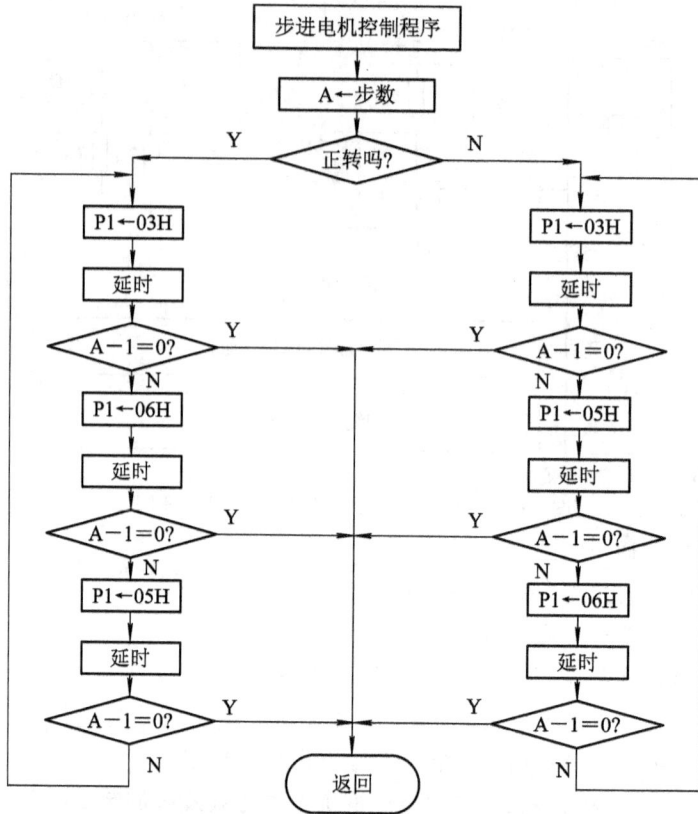

图 10-3　三相双三拍驱动程序流程图

三相双三拍步进电机控制程序如下：

```
          ORG      2000H
ROUT1：   MOV      A，♯N
          JNB      00H，LP2
LP1：     MOV      P1，♯03H
          ACALL    DELAY
          DEC      A
          JZ       DONE
          MOV      P1，♯06H
          ACALL    DELAY
          DEC      A
          JZ       DONE
          MOV      P1，♯05H
          ACALL    DELAY
          DEC      A
          JNZ      LP1
          AJMP     DONE
LP2：     MOV      P1，♯03H
          ACALL    DELAY
          DEC      A
```

```
            JZ        DONE
            MOV       P1，#05H
            ACALL     DELAY
            DEC       A
            JZ        DONE
            MOV       P1，#06H
            ACALL     DELAY
            DEC       A
            JNZ       LP2
  DONE：    RET
  DELAY：   …
            RET
```

10.3 基于 51 单片机的控制系统设计举例——温度控制系统

温度控制是工业生产过程中经常遇到的过程控制，有些工艺过程的温度控制效果直接影响着产品的质量，因而设计一种较为理想的温度控制系统是非常有价值的。本实例以 AT89S51 单片机为核心，采用高精度的温度传感器 AD590 对电热锅炉的温度进行实时精确测量，用超低温漂移高精度运算放大器 OP07 将温度-电压信号进行放大，再送入 12 位的 AD574A 进行 A/D 转换，从而实现自动检测，实时显示及越限报警。

1．系统工艺及控制要求

所设计的控制系统有以下功能：

（1）温度控制设定波动范围小于 ±1%，测量精度小于 ±1%，控制精度小于 ±2%，超调整量小于 ±4%；

（2）实现控制可以升温也可以降温；

（3）实时显示当前温度值；

（4）按键控制：设置复位键、运行键、功能转换键、加一键、减一键；

（5）越限报警。

2．系统总体方案的设计

电热锅炉温度控制系统由核心处理模块、温度采集模块、键盘显示模块以及控制执行模块等组成。采用 AT89S51 作为电路的控制核心，使用 12 位的高精度模数转换器 AD574A 进行数据转换，控制电路部分采用 PWM 控制可控硅的通断以实现对锅炉温度的连续控制。系统设计总体框图如图 10 - 4 所示。

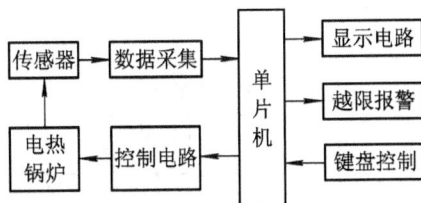

图 10 - 4 系统设计总体框图

3．系统硬件设计

硬件电路主要由两大部分组成：模拟部分和数字部分；从功能模块上来分，包括主机电路、数据采集电路、键盘显示电路、控制执行电路。

1）主机电路的设计

主机选用 Atmel 公司的 51 系列单片机 AT89S51 来实现，AT89S51 芯片时钟可达 12 MHz，运算速度快，控制功能完善。其内部具有 128 字节 RAM，而且内部含有 4 KB 的 Flash ROM，不需要外扩展存储器，可使系统整体结构更为简单、实用。

2）I/O 通道的硬件电路设计

就本实例来说，需要实时采集水温数据，然后经过 A/D 转换为数字信号，送入单片机中的特定单元，然后一部分送去显示；另一部分与设定值进行比较，通过 PID 算法得到控制量并经由单片机输出去控制电热锅炉加热或降温。

3）数据采集电路的设计

数据采集电路主要由 AD590、OP07、74LS373、AD574A 等组成。由于控制精度要求为 0.1℃，而考虑到测量干扰和数据处理误差，则温度传感器和 A/D 转换器的精度应更高才能保证控制精度的实现，这个精度可处粗略定为 0.1℃，故温度传感器需要能够区分 0.1℃。而对于 A/D 转换器，由于测量范围为 40℃～90℃，以 0.1℃ 作为响应的 A/D 区分度要求，则 A/D 需要区分 $(90-40)/0.1=500$ 个数字量，显然需要 10 位以上的 A/D 转换器。为此，选用高精度的 12 位 AD574A。

为了达到测量高精度的要求，选用温度传感器 AD590。AD590 具有较高精度和重复性（重复性优于 0.1℃，其良好的非线性可以保证优于 0.1℃ 的测量精度，利用其重复性较好的特点，通过非线性补偿，可以达到 0.1℃ 测量精度）。超低温漂移高精度运算放大器 OP07 将温度-电压信号进行放大，便于 A/D 进行转换，以提高温度采集电路的可靠性。

4）键盘及显示的设计

键盘采用软件查询和外部中断相结合的方法来设计，低电平有效。图 10-5 中按键 AN_1、AN_2、AN_3、AN_4、AN_5 的功能定义如表 10-2 所示。

按键 AN_3 与 $P_{3.2}$ 相连，采用外部中断方式，并且优先级定为最高；按键 AN_5 和 AN_4 分别与 $P_{1.7}$ 和 $P_{1.6}$ 相连，采用软件查询的方式；AN_1 则为硬件复位键，与 R、C 构成复位电路。

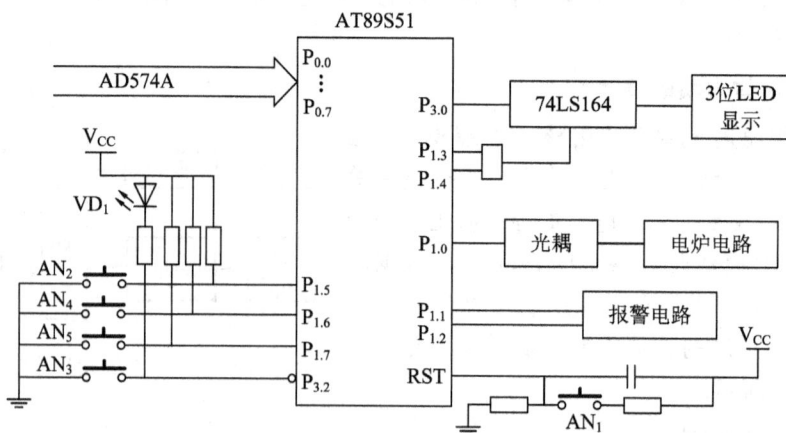

图 10-5 增强型 MCS-51 CPU 内部结构

表 10 - 2　按 键 功 能

按键	键　名	功　　能
AN₁	复位键	使系统复位
AN₂	运行键	使系统开始数据采集
AN₃	功能转换键	按键按下时，显示温度设定值；按键升起时，显示当前温度值
AN₄	加一键	设定温度渐次加 1
AN₅	减一键	设定温度渐次减 1

显示采用 3 位共阳极 LED 静态显示方式，显示内容有温度值的十位、个位及小数点后一位，这样可以只用 $P_{3.0}$(RXD)口来输出显示数据，从而节省了单片机端口资源，在 $P_{1.4}$ 口和 $P_{3.1}$(TXD)的控制下通过 74LS164 来实现 3 位静态显示。

4. 系统软件设计

系统的软件由三大模块组成：主程序模块、功能实现模块和运算控制模块。

1）主程序模块

在主程序中首先给定 PID 算法的参数值，然后通过循环显示当前温度，并且设定键盘外部中断为最高优先级，以实时响应键盘处理。软件设定定时器 T0 为 5 秒定时，在无键盘响应时每隔 5 秒响应一次，以用来采集经过 A/D 转换的温度信号。设定定时器 T1 为嵌套在 T0 之中的定时中断，初值由 PID 算法子程序提供。主程序流程图如图 10 - 6 所示。

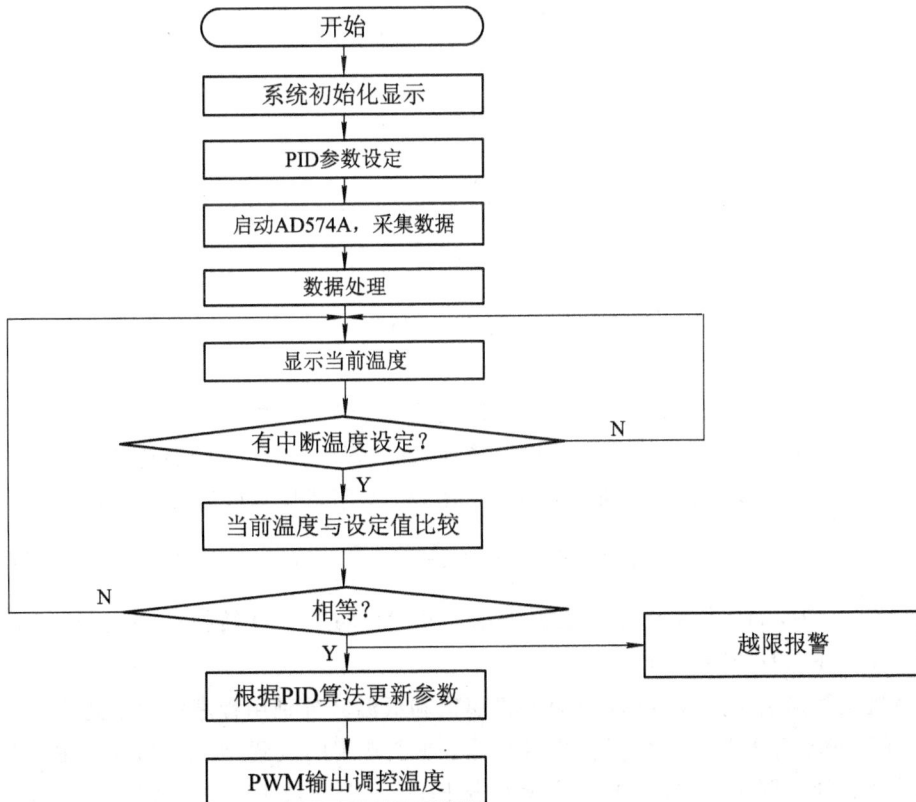

图 10 - 6　主程序流程图

2）功能实现模块

该模块用来执行对可控硅及电炉的控制。功能实现模块主要由 A/D 转换子程序、中断处理子程序、键盘处理子程序、显示子程序等部分组成。

（1）T0 中断子程序。该中断是单片机内部 5 s 定时中断，优先级设为最低，但却是最重要的子程序。在该中断响应中，单片机要完成 A/D 数据采集转换、数字滤波、判断是否越限、标度转换处理、继续显示当前温度、与设定值进行比较、调用 PID 算法子程序并输出控制信号等功能。

（2）T1 中断子程序。T1 定时中断嵌套在 T 中断之中，优先级高于 T 中断，其定时初值由 PID 算法子程序提供。T1 中断响应的时间用于输出可控硅（电炉）的控制信号。

键盘及中断流程图如图 10-7 所示。

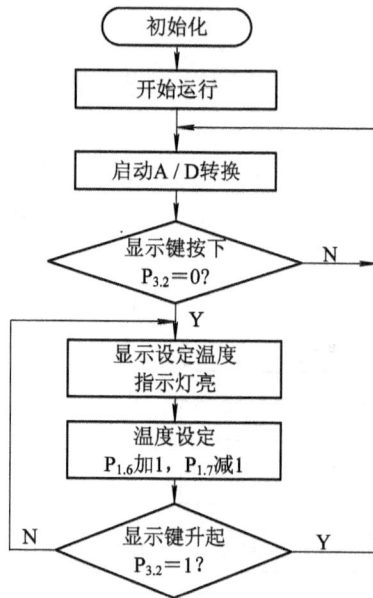

图 10-7　键盘及中断流程图

3）运算控制模块

运算控制模块涉及标度转换、PID 算法以及该算法调用到的乘法子程序等。

（1）标度转换子程序。该子程序的作用是将温度信号（00H～FFH）转换为对应的温度值，以便送显示或与设定值在相同量纲下进行比较。所用线性标度变换公式为

$$A_x = (A_m - A_0) \frac{N_x - N_0}{N_m - N_0} + A_0 \tag{10-1}$$

式（10-1）中，A_x 为实际测量的温度值；N_x 为经过 A/D 转换的温度量；$A_m = 90$；$A_0 = 40$；$N_m = \text{FEH}$；$N_0 = \text{01H}$。

单片机运算采用定点数运算，并且在高温区和低温区分别用程序作矫正处理。

（2）PID 算法子程序。系统算法控制采用工业上常用的位置型 PID 数字控制，并且结合特定的系统加以算法改进，形成了变速积分 PID-积分分离 PID 控制相结合的自动识别的控制算法。PID 控制算法的流程图如图 10-8 所示。

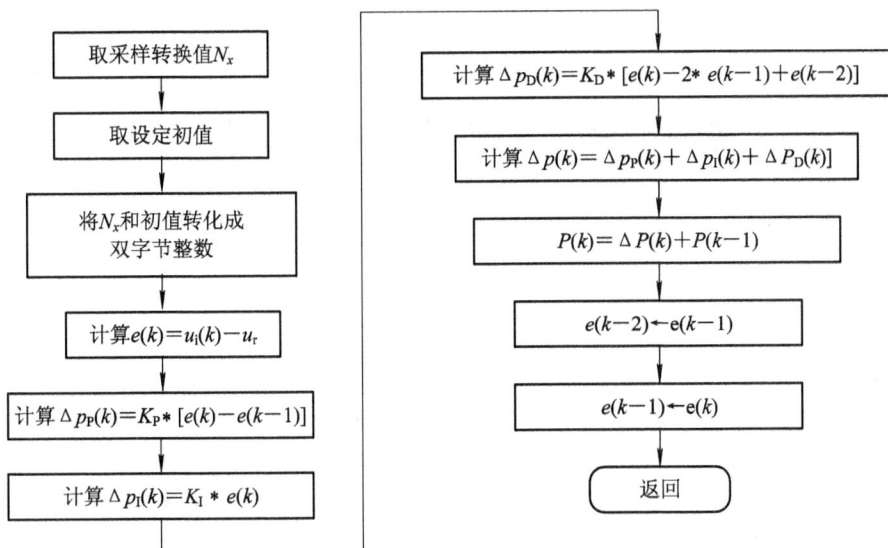

图 10-8　PID 控制算法流程图

习　　题

10.1　增强型 51 单片机相比较基本型 51 单片机具有哪些优势？

10.2　设计一个交通灯控制系统，功能如下：

(1) A 道和 B 道均有车辆要求通过时，A、B 道轮流放行。A 道放行 5 min(调试时改为 5 s)，B 道放行 4 min(调试时改为 4 s)。

(2) 一道有车辆而另一道无车辆(由开关 K0 和 K1 控制)，交通灯控制系统能立即让有车车道放行。

(3) 有紧急车辆要求通过时，系统要能禁止普通车辆通过，A、B 道均为红灯，紧急车由 K2 开关模拟，有紧急车辆时 INT0 为低电平。

(4) 绿灯转换成红灯时，黄灯亮 1 s。

第 11 章　IPC 控制系统设计

11.1　IPC 简介

工业现场由于存在各种干扰，环境条件恶劣，普通的计算机在工业现场不能正常运行。在工业现场所使用的工业控制计算机也称工业计算机 IPC（Industrial Personal Computer，简称工控机），它主要用于工业过程测量、控制、数据采集等工作。20 世纪 80 年代的工业控制计算机以 STD 总线计算机为应用主流，近年来的工业控制计算机多为基于 PC 总线（PCI 和 PCI04）的。目前，IPC 已被广泛应用于通信、工业控制现场、路桥收费、医疗、环保及人们生活的方方面面。本章主要介绍基于 PC 总线的 IPC。

11.1.1　IPC 的特点

工业控制计算机（IPC）与个人计算机（PC）相比，其主要特点如下：

（1）适应工业环境，抗干扰能力强，可靠性高。工业环境条件恶劣，情况复杂，存在着高温、高湿、震动、粉尘等情况，电磁干扰源多且复杂，这些都会给控制系统造成极大的危害。不仅如此，工业控制计算机常常用于控制不间断的生产过程，一旦发生故障会导致质量甚至生产事故。所以工业生产要求所使用的系统可靠性高，否则会造成巨大的损失。

（2）模块化板卡结构。IPC 充分利用了 PC 的硬件和操作环境，采用了模块化的硬件板卡结构。如取消了 PC 中的母板，将原来的大母板变成通用的底板总线插座系统；将母板变成 PC 插件，如 CPU 卡；把各种工业控制功能都做成各种硬件板卡，如开关量输入输出模板、模拟量输入输出模板、计数器/定时器模板、通信模板、数据采集模板、信号调理模板等基本模板，利用这些模板可以很方便地组成各种规模的控制系统。

（3）丰富的工业应用软件。为了实现工业控制，在继承了 PC 丰富的软件资源外，有许多专业软件公司开发了很多工业控制软件，这些软件是由专业人员开发并经过实际运行考验的，可靠性高，用户可以直接根据自己的需要进行选用。为了使控制效果更直观生动，这些控制软件都采用了组态技术和多媒体技术。用户也可以利用厂商提供的驱动程序，开发满足自己需要的控制程序。

（4）系统具有扩充性和开放性。随着工厂自动化水平的提高，控制规模在不断扩大，因此要求工业控制计算机具有灵活的扩充性。工业控制计算机在主机接口、网络通信、软件兼容及升级方面遵循开放性的原则，便于系统扩充、不同机种的连接和软件的移植。

11.1.2　工业控制计算机的组成

典型的工业控制计算机一般由以下几部分组成：

（1）加固型工业机箱。由于工控机应用于较恶劣的工业现场环境，因此对机箱应采取一系列的加固措施，以达到防震、防冲击的效果。机箱一般都采用全钢结构，具有良好的电磁屏蔽能力。

（2）工业电源。抗干扰能力强的工业电源同时能够防浪涌冲击，并具有过压、过流保护功能。

（3）主机板。这是工业控制计算机的核心，目前有 80386、80486、Pentium、Pentium Ⅲ等各种主机板，采用标准总线，如 ISA、PCI、PCISA 等总线。该板为四层结构，中间两层分别为地层和电源层，这种结构方式可以减弱板上逻辑信号的相互干扰和降低电源阻抗。底板可插接各种板卡，包括 CPU 卡、显示卡、控制卡、I/O 卡等。

除了机箱、工业电源和主机板外，工控机一般根据需要配有显示板、硬盘、各种输入输出接口模板、彩色显示器、键盘、鼠标和打印机等。

11.2　IPC 模板介绍

1. ISA 总线板卡介绍

1）ISA 总线模拟量输入卡

PCL - 813B 是 ISA 总线模拟量输入卡，特点如下：32 路单端模拟量输入；12 位逐次比较式 A/D 转换器。

2）ISA 总线模拟量输出卡

（1）PCL - 726。PCL - 726 是 6 路 D/A 输出卡，具有如下特点：6 路独立 D/A 输出；12 位分辨率双缓冲 D/A 转换器；多种电压范围（±10 V，±5 V，0～+5 V，0～+10 V 和 4～20 mA 电流环）；16 路数字量输入及 16 路数字量输出。

（2）PCL - 727。PCL - 727 是 12 路 D/A 输出卡，具有如下特点：12 路独立 D/A 输出；12 位分辨率双缓冲 D/A 转换器；多种输出范围（±5 V，0～+5 V，0～+10 V 和 4～20 mA 电流环）；16 路数字量输入及 16 路数字量输出。

（3）PCL - 728。PCL - 728 是 2 路隔离 D/A 输出卡，具有如下特点：多种输出范围（0～+5 V（单极性），0～+10 V（单极性），±5 V（双极性），±10 V（双极性），电流环 4～20 mA 和 0～20 mA；输入与输出之间超过 DC 500 V 时进行隔离保护；2 个 DB - 9 接口，便于接线。

3）ISA 总线非隔离数字量 I/O 卡

（1）PCL - 720＋。PCL - 720＋是数字量 I/O 和计数卡，具有如下特点：32 路 TTL 数字量输入；32 路 TTL 数字量输出；高输出驱动能力；低输入负载；3 个可编程计数器/定时器通道；用户可配置的时钟源；用于定制电路的面包板区域。

（2）PCL - 724。PCL - 724 为 24 位数字量 I/O 卡，特点如下：24 位数字量 I/O 线；仿真 8255 PPI 模式 0；提供比 8255 更高驱动能力的缓冲电路；中断处理；输出状态回读。

（3）PCL - 731。PCL - 731 是 48 位数字量 I/O 卡，特点如下：48 位数字量 I/O 卡；仿真 8255 PPI 模式 0；提供比 8255 更高驱动能力的缓冲电路；中断处理；输出状态回读。

4）ISA 总线隔离数字 I/O 卡

（1）PCL - 725。PCL - 725 是继电器输出及隔离数字量输入卡，特点如下：8 路继电器输出，8 路光隔离数字量输入；LED 继电器状态指示灯，带对应的 DB - 37 接头。

(2) PCL - 730。PCL - 730 是 32 路隔离数字量 I/O 卡，特点如下：32 路 TTL 电平 DIO 通道(16 路输入和 16 路输出)；32 路隔离 DIO 通道(16 路输入和 16 路输出)；高输出驱动能力；隔离 I/O 通道高电压隔离(DC 1000 V)；中断能力。

(3) PCL - 733。PCL - 733 是 32 路隔离数字量输入卡，特点如下：32 路隔离双向数字量输入通道；高电压隔离(DC 2500 V)；中断能力；用于隔离输入通道的 D 型接口。

(4) PCL - 734。PCL - 734 是 32 路隔离数字量输出卡，特点如下：32 路隔离数字量输出通道；高输出驱动能力；输出通道高电压隔离(DC 1000 V)；用于隔离输出通道的 D 型接口；隔离输出通道上的高汇点电流(200 mA/每通道)。

(5) PCL - 735。PCL - 735 是 12 路继电器输出卡，特点如下：12 路继电器输出；LED 继电器状态指示灯；板载 DB - 37 接头；继电器状态回读功能。

2. PCI 总线板卡介绍

1) 总线模拟量输入卡

(1) PCI - 1713。PCI - 1713 是 32 路隔离模拟量输入卡，特点如下：32 路单端或 16 路差分模拟量输入，或组合输入方式；12 位 A/D 转换分辨率；A/D 转换器的采样速率可达 100 ks/s；卡上 4096 采样 FIFO 缓冲器；2500 V DC 隔离保护；每个输入通道的增益可编程；支持软件、内部定时器触发或外部触发采样模式。

(2) PCI - 1714UL。PCI - 1714UL 是 4 通道同步 10 Ms/s 模拟量输入卡，特点如下：4 通道单端模拟量输入；12 位 A/D 转换器，转换速率可达 30 MHz；每个输入通道的增益可编程；32 k 板载 FIFO；4 个 A/D 转换器同时采样；多种 A/D 触发模式；可编程触发器/定时器；BoardID 开关。

(3) PCI - 1747U。PCI - 1747U 是 256 ks/s、16 位、64 路模拟量输入卡，特点如下：64 路单端或 32 路差分模拟量输入，或组合输入方式；16 位高分辨率；250 ks/s 采样速率；自动校准功能；单极/双极输入范围；用于 AL 的 1024 采样 FIFO；总线主控 DMA 数据传输；通用 PCI 总线；BoardID 开关。

2) PCI 总线模拟量输出卡

这是适用于 PCI 总线的隔离高密度多通道模拟量输出卡，是需要多路模拟量输出通道的工业应用的理想解决方案，还具备可选的电压、电流输出和板卡识别功能。

(1) PCI - 1720U。PCI - 1720U 是 4 通路隔离模拟量输出卡，特点如下：4 路 12 位 D/A 输出通道；多种输出范围；输出和 PCI 总线之间 2500 V DC 隔离保护；系统重启后保持输出设置和输出值；便于接线的 DB - 37 接口；通用 PCI 和板卡 ID 开关。

(2) PCI - 1721。PCI - 1721 是 12 位、4 路增强模拟量输出卡，特点如下：5 MHz 最大数字更新速率；PCI 总线数据传输；自动校准功能；每个模拟量输出通道带一个 12 位 DAC；带内部/外部触发的实时波形输出功能；同步输出功能；灵活的输入类型和范围设定。

(3) PCI - 1723。PCI - 1723 是 16 位、8 路非隔离模拟量输出卡，特点如下：自动校准功能；每个模拟量输出通道带一个 16 位 DAC；同步输出功能；系统重新热启动后保持输出值；2 端(16 路)用户定义数字量输入/输出；板卡 ID。

(4) PCI - 1724U。PCI - 1724U 是 14 位、32 路隔离模拟量输出卡，特点如下：高密度 32 路模拟量输出通道；灵活的输出范围(±10 V，0～20 mA，4～20 mA)；同步输出功能；

热重启系统后保持输出值；板卡 ID 开关。

　　3）PCI 总线非隔离数字量 I/O 卡

　　(1) PCI-1735U。PCI-1735U 是 64 路数字量 I/O 及计数器 PCI 卡，特点如下：32 路 TTL 数字量输入；32 路 TTL 数字量输出；高输出驱动能力；低输入负载；3 个可编程计数器/定时器通道；用户可配置的时钟源；用于定制电路的面包板区域。

　　(2) PCI-1737U。PCI-1737U 是 24 路数字量 I/O 卡，特点如下：24 路 TTL 数字量 I/O；仿真 8255 PPI 模式 0；中断处理；Opto-22 兼容 50 针接口；输出状态回读；通用 PCI 卡(3.3 V 和 5 V 信号)。

　　(3) PCI-1739U。PCI-1739U 是 48 路数字量 I/O 卡，特点如下：48 路 TTL 数字量 I/O；仿真 8255 PPI 模式 0；中断处理；Opto-22 兼容 50 针接口；输出状态回读；通用 PCI 卡(3.3 V 和 5 V 信号)。

　　(4) PCI-1753。PCI-1753 是 192 路 TTL 数字量 I/O 卡，特点如下：192 位数字量 I/O；仿真 8255 PPI 模式 0；提供比 8255 驱动能力更高的缓冲电路；多中断源处理能力；输出状态回读。

11.3　IPC 软件设计

11.3.1　工业控制系统软件概述

　　工业控制软件系统主要包括系统软件、工业应用软件和应用软件开发环境。系统软件是核心和基础，它的性能直接影响应用软件的开发质量。工业应用软件主要是根据用户控制和管理的需求生成的，具有专用性。

　　1. 工控软件特性

　　(1) 开放性。这是现代控制系统和工程设计系统中一个主要指标，它便于各种系统的互连和兼容。

　　(2) 实时性。工业生产过程的主要特征之一就是实时性。

　　(3) 网络化、集成化。这是由工业过程控制系统和管理系统发展趋势决定的。

　　(4) 智能化。这是软件发展的趋势。

　　(5) 友好的人机界面，包括设计和应用两个方面的人机界面。

　　(6) 多任务和多线程。现代控制管理软件应用的对象是复杂的多任务系统。

　　2. 工控软件类型

　　(1) 操作系统，以实时操作系统和多机工控网络操作系统为主，实现实时、可靠、多任务、多用户等处理目标。

　　(2) 数据采集软件，对工业过程中的各种模拟信号、开关量、脉冲信号的数据进行采集、显示，为工业生产过程管理和决策提供依据。

　　(3) 组态软件，应用于工业控制计算机开发的大多数配置工具，能够提供图形化的编程方法，容易建立工控系统。

　　(4) 过程监督和控制软件，提供数据采集、过程监督、报警、规则或连续控制、管理报告等功能。

(5) 单元监控软件,其功能由控制装置、单元级操作形式来确定。

11.3.2 基于组态王软件的工控系统软件设计

本节通过一个实例说明使用组态王软件来开发一个工控系统软件的过程。某啤酒厂的系统共有 2 个发酵罐,每个罐测量 5 个参数,即发酵罐的上中下三段温度、罐内上部气体的压力和罐内发酵液的高度;共有 6 个温度测量点、2 个压力测量点和 2 个液位测量点,因此共需检测 10 个参数。这里选用研华的 PCL813 板卡。

首先用组态王软件新建一个工程,接下来进行设备定义和数据变量定义。

1. 设备定义

设备定义主要包括新建板卡,选择板卡生产厂商,选择板卡的具体型号以及设备名称定义和设备地址定义等环节。

具体步骤如下:在组态王软件的"工程浏览器"左边的工程目录显示区包括系统、变量、站点、画面四个部分,通过 Tab 标签来进行选择;右边是当前选择目录内容显示区。本例首先在工程目录显示区选择"系统"标签,单击"设备"目录下的"板卡",右边的目录内容区出现"新建"图标,用鼠标右键单击"新建",出现如图 11 - 1 所示的界面。选择其中的"新建 板卡"菜单项,打开"设备配置向导"对话框,在其中展开树状目录中的板卡,出现如图 11 - 2 所示的界面。

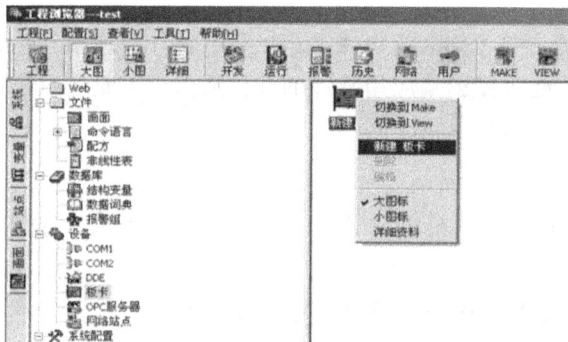

图 11 - 1　新建板卡的快捷菜单

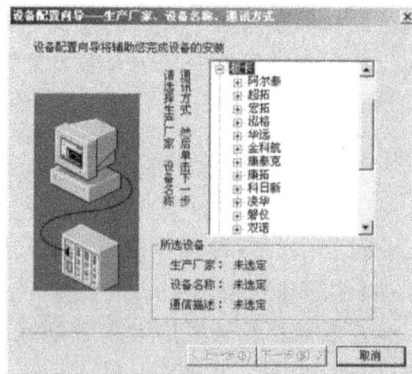

图 11 - 2　板卡生产厂商选择

选择研华公司的 PCL813 板卡，如图 11 - 3 所示，接着为这个设备指定唯一的名称，指定设备地址后就完成了设备的定义。

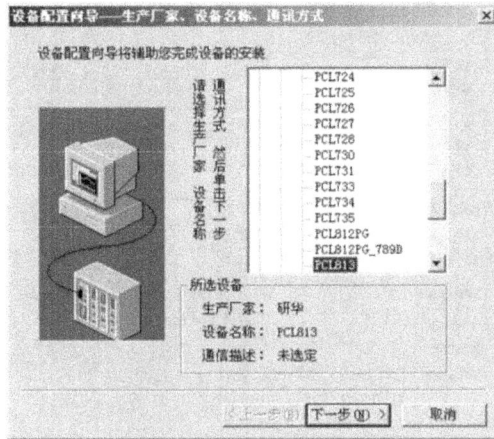

图 11 - 3　具体板卡选择

2. 数据变量定义

本系统中采集了 6 个温度变量、2 个压力变量和 2 个液位变量：t1 是 1 号罐上层温度，t2 是 1 号罐中层温度，t3 是 1 号罐下层温度，t4 是 2 号罐上层温度，t5 是 2 号罐中层温度，t6 是 2 号罐下层温度；p1 是 1 号罐压力，h1 是 1 号罐液位，p2 是 2 号罐压力，h2 是 2 号罐液位。这里以 t1 为例说明数据变量的定义。

在组态王软件的"工程浏览器"左边的工程目录显示区系统标签下，选择"数据库"下面的"数据词典"，在右边展开了数据词典内容，如图 11 - 4 所示，选择"新建"选项。

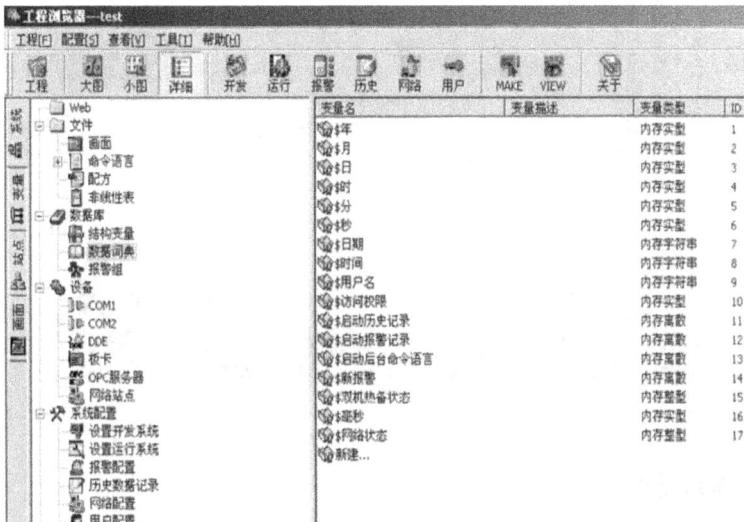

图 11 - 4　打开数据词典

用鼠标右键单击"新建"，出现如图 11 - 5 所示的界面，在这个对话框中定义变量名，选择变量类型，设置变量的最大最小值等信息。由于 t1 这个变量是板卡采集的变量而不是内存变量，所以要进行设备连接。在此对话框中的"连接设备"组合框中选择刚才定义过的板卡 PCL813，在"寄存器"组合框中选择连接的寄存器，在"数据类型"组合框中选择 SHORT 类型，按"确定"即完成此变量的定义。

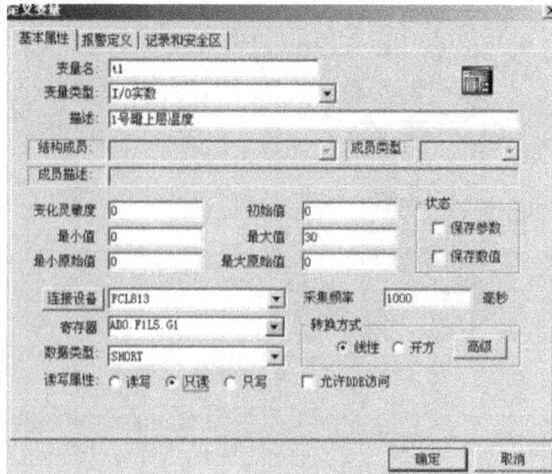

图 11-5　"定义变量"对话框

3．人机界面的设计

在组态王的"工程浏览器"左边的工程目录显示区"系统"标签下，选择"文件"下面的 "画面"选项，在右边展开了画面内容。由于此时本例还是一个新建的工程，没有任何画面，点击"新建"打开快捷菜单，选择"新建 画面"。为画面取名后进入了组态王开发系统，在这里完成人机界面的设计。给本系统设计如图 11-6 所示的画面，用于显示在生产过程中检测到的 6 个温度参数、2 个压力参数和 2 个液位参数。画面上所有的控件都采用了文本框。

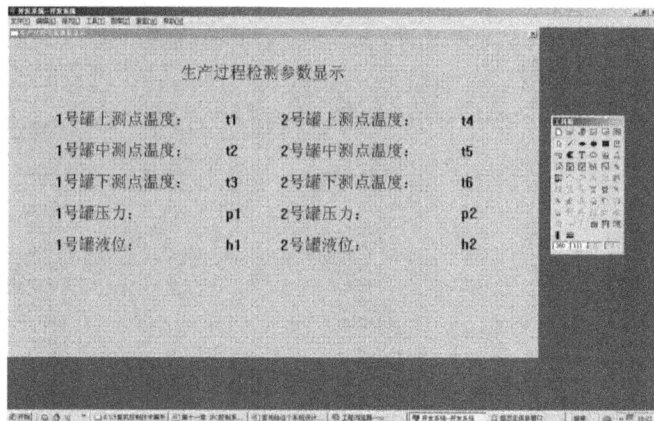

图 11-6　人机界面设计

4．静态画面与动态连接

动态连接是指将画面中的文本对象和数据库的数据变量进行连接。动态连接后，当实时检测的 I/O 变量值发生变化时，人机界面的文本也会发生相应变化。这里以 t1 为例说明变量的连接方法，其他变量的连接是相同的。在组态王开发系统中，选择 t1 这个文本框，单击鼠标右键打开快捷菜单，选择"动画连接"，打开如图 11-7 所示的"动画连接"对话框。

由于这里的 t1 是板卡采集的变量，是 I/O 变量，因而选择"动画连接"对话框中的"模拟值输出"按钮，此时弹出"模拟值输出连接"对话框，如图 11-8 所示。在此对话框中点击"?"按钮，弹出"选择变量名"对话框，如图 11-9 所示。在这里选择 t1 这个文本在运行时连接的 I/O 变量 t1 即可。运行时，t1 文本框内会显示采集的实时数据。

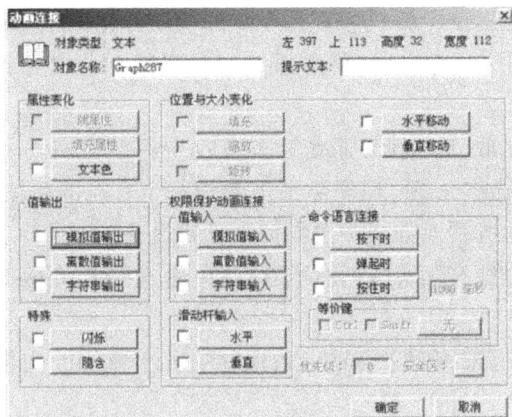

图 11-7 "动画连接"对话框

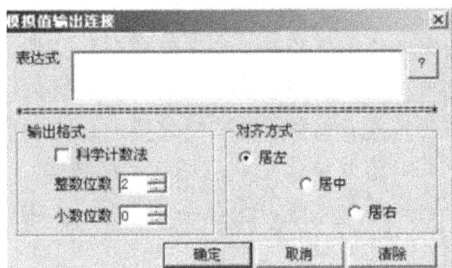

图 11-8 "模拟值输出连接"对话框

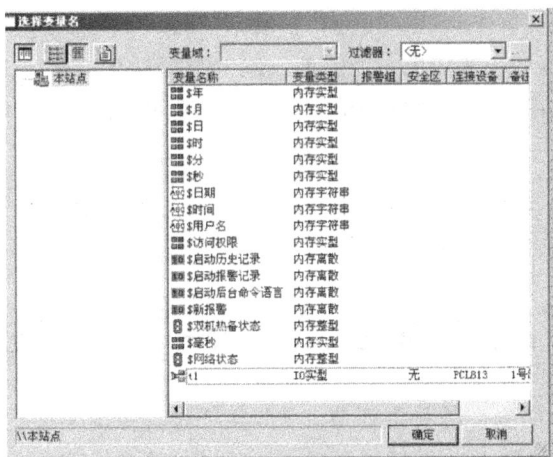

图 11-9 "选择变量名"对话框

11.4 IPC 简单应用实例

目前，IPC 已被广泛应用于通信、工业控制现场、路桥收费、医疗、环保及人们生活的方方面面。本节即以 IPC 应用于高速公路收费系统举例说明 IPC 的应用。

1. 系统要求

由于高速公路收费系统需要处在野外高温/低温、潮湿、电磁、灰尘、震动等复杂的环境条件下不间断、长时间地稳定运行，同时系统的 MTBF(平均故障间隔时间)大于 30000 小时，系统的 MTTR(平均修复时间)小于 1 小时。商用 PC 机显然难以适应如此条件，要想确保收费系统切实履行自己的收费和监控功能，只能选用工控计算机进行系统控制。选用防潮、防灰尘、防电磁能力更强的工业机箱,选用持续工作时间更长、适应更大温度范围和振动要求的工业 CPU 卡,选用工业级的各类控制卡和管理模块可以满足其要求。

2. 系统构成

若某高速公路需建设收费系统、监控(安全)系统、供电照明系统、通信系统。其中收费系统设计为开放式收费,整个收费系统分为三级计算机管理体系,即收费中心(管理处设于收费大楼内)、收费站和收费车道。收费中心通过光纤传播系统与收费站和收费站计算机进行数据通信。

整个收费系统主要由收费中心管理系统、收费站管理系统、车道收费系统三部分构成。以上我们虽然分了三部分来对整个收费系统作介绍,但实际上三者是一个有机的整体。收费中心对整个收费系统进行控制;收费站汇总收费道数据并在收费中心和收费车道之间实现数据传递;收费车道按照收费中心的要求对过往车辆实施正确车道控制。系统配置如下:

(1)槽壁挂式工业机箱,全钢结构。

(2)冷却系统,配置一个 80 mm 带过滤棉的高速冷却风扇,后端 1 个 80 mm 电源风扇。

(3)采用标准工业 CPU 主板。

(4)电源采用工业级电源。

(5)存储设备采用美国 HighPoint 公司扩展卡 Rocket100,可直接解决工控机配置硬盘容量小的问题。一片 Rocket100 能接 4 个硬盘,支持容量已超过 137 GB,并且 Rocket100 可一机多卡,故可以满足用户的大容量需求;其存储速度非常快,完全能满足客户需求。

3. 系统评价

该系统采用工控机可以稳定地在高速公路上连续工作,存储设备的容量也易于扩展,大大地提高了收费管理的工作效率。

11.5 基于 IPC 的控制系统设计举例——啤酒发酵过程控制系统

麦汁发酵过程是啤酒生产的重要环节。发酵生产过程控制是酿造业技术进步的有效措施,它可以在不增加原材料及动力消耗的前提下,增加产品产量,提高产品质量,同时还可以减轻劳动强度,改善工作条件,提高发酵工艺水平及生产管理水平。采用计算机对啤酒发酵过程进行自动控制和现代化管理,很好地解决了以上问题。这里就以啤酒发酵过程控制系统来举例说明 IPC 控制系统的设计方法。

11.5.1 系统工艺及控制要求

某啤酒厂啤酒发酵采用锥型发酵罐。在啤酒发酵期间,当罐内温度低于给定的温度时,要求关闭冷却带的阀门,使之自然发酵升温;当罐内温度高于给定温度时,则要求接通冷却带的阀门,自动将冷酒精打入冷却带循环使之降温,直至满足工艺要求为止。另外,在发酵过程中还需在各段工艺中实行保压,即要求发酵罐顶部气体压力恒定,以保证发酵过程的正确进行。系统的控制要求如下。

(1)系统共有 10 个发酵罐,每个罐测量 5 个参数,即发酵罐的上中下三段温度、罐内上部气体的压力和罐内发酵液的高度,共有 30 个温度测量点、10 个压力测量点和 10 个液位测量点,因此共需检测 50 个参数。

(2) 自动控制各个发酵罐中的上中下三段温度,使其按图 11-10 所示的工艺曲线运行,温度控制误差不大于 0.5℃,共有 30 个控制点。

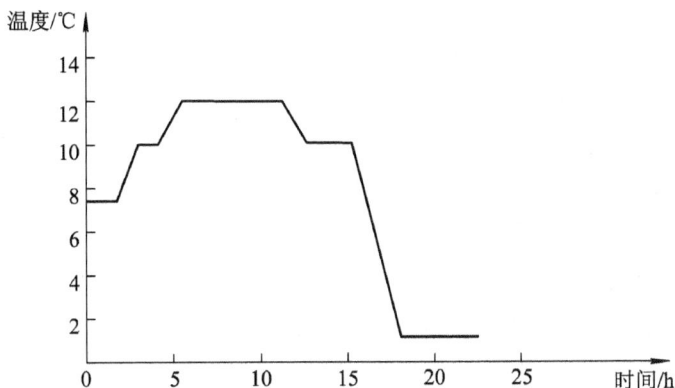

图 11-10 发酵温度曲线

(3) 系统具有自动控制、现场手动控制、控制室遥控三种工作方式。

(4) 系统具有掉电保护、报警、参数设置和工艺曲线修改设置功能。

(5) 系统具有表格、图形、曲线等显示和打印功能。

11.5.2 系统总体方案的设计

本系统的控制主机选用康拓 IPC-8500 工业控制机,并配有 A/D 和 D/A 模板来实现过程通道中的信号变换。控制系统的软件设计主要包括:采样、滤波、标度变换、控制计算、控制输出、中断、计时、打印、显示、报警、调节参数修改、温度给定曲线设定及修改、报表、图形、曲线显示等功能。

11.5.3 系统硬件选型

1. 控制系统主机及过程通道模板

本系统的控制主机选用康拓 IPC-8500 工业控制机,并配有 A/D 和 D/A 模板来实现过程通道中的信号变换。

1) IPC-8500 工业控制机

IPC-8500 工业控制机选用 All-in-one CPU 板,CPU 为 Intel 80486DX2-66,板上有二级 Watchdog(看门狗),当应用软件不能控制系统时,可触发 NMI 和 RESET。

另外,外设配置标准键盘、CRT 显示器、EPSON 1600K 打印机。

2) 过程通道模板

本系统选择康拓 IPC-5488 32 路 12 位光电隔离 A/D 板,并配有 CMB5419-1B 32 路 I/V 变换板,作为系统的模拟量输入通道。另外,选 IPC-5486 8 路 12 位光电隔离 D/A 转换板,作为模拟量输出通道。

2. 模拟量输入通道设计

本系统检测 30 个温度(t1～t30)、10 个压力(p1～p10)、10 个液位(h1～h10)。对于温度,我们选用 WZP23 铂热电阻 30 只和 RTTB-EKT 温度变送器 30 台进行温度测量和变送,即将－20℃～＋50℃变换成 4～20 mA(DC)信号,送至 32 路 I/V 变换板 CMB5419-1B,把 4～20 mA(DC)信号变换成 1～5 V(DC)信号,最后把 1～5 V(DC)信号送至 32 路 12 位光电隔离 A/D 板 IPC5488,从而实现温度的数据采集。对于压力,选用 10 台电容式压力变送器 CECY-150G,进行压力测量变送,即将 0～0.25 MPa 压力变换成 4～20 mA(DC)信号,同样经过 I/V 板送至 A/D 板。对于液位,选用 10 台电容式液位变送器 CECU-341G(实际上是单法兰差压变送器),进行液位测量和变送,即将 0～0.2 MPa 的差压转换成 4～20 mA(DC)信号,同样经 I/V 变换送至 A/D 板。

3. 模拟量输出通道设计

本系统自动控制 30 个温度,即使用 30 个电动调节阀 ZDLP-6B,通过调节阀自动调节阀门开度,从而调节冷却液(淡酒精)流量,达到控制发酵温度的目的。在模拟输出通道中,采用 8 路 12 位光电隔离 D/A 转换板 IPC5486,将计算机输出的控制量转换成 4～20 mA(DC)信号,该信号送至操作器 DFQ-2100。DFQ-2100 具有自动和手动切换功能。DFQ-2100 输出 4～20 mA(DC)信号送至电动调节阀,从而实现控制 30 个调节阀(TV1～TV30),达到控制温度的目的。

11.5.4 系统软件设计

1. 数据采集程序

首先按顺序采集 30 个温度信号,然后再采集 10 个压力信号,最后采集 10 个液位信号,这些信号共采集 5 遍并存储起来,采样周期 $T=2$ s。

2. 数字滤波程序

将每个信号的 5 次测量值排序,去掉一个最大值和一个最小值,剩余 3 个求平均值即为该信号的测量结果,即采用中位值滤波法与平均值滤波法相结合来实现数字滤波。

3. 标度变换

变送器输出的 4～20 mA(DC)信号,经 I/V 变换后产生 1～5 V(DC)信号,进行 12 位 A/D 转换后,即得 12 位二进制数 N_x,其对应的实际物理量要按下面的标度变换公式求得(对于 12 位 A/D 转换器,0～5 V(DC)时输出为 000H～FFFH):

$$A_x = A_0 + (A_m - A_0) \frac{N_x - N_0}{N_m - N_0} \qquad (11-1)$$

式(11-1)中,A_0、A_m、A_x 分别表示一次仪表的下限、上限、实际测量值;N_0、N_m、N_x 分别表示仪表的下限、上限、实际测量值对应的数字量。标度变换有温度的标度变换、压力的标度变换、液位的标度变换。

4. 给定工艺曲线的实时插补计算

给定工艺曲线由多段折线组成,每一段都是直线(如图 11-10 所示),故采用直线插补算法来计算各个采样周期的给定值 $r(k)$:

$$r(k) = r_{n-1} + \frac{r_n - r_{n-1}}{t_n - t_{n-1}}(t_k - t_{n-1}) \tag{11-2}$$

在式(11-2)中，其中 $t_{n-1} \leqslant t_k < t_n$；$(t_{n-1}, r_{n-1})$ 和 (t_n, r_n) 分别是第 n 段折线的两个端点。

5. 控制算法

针对被控对象的特性，本系统采用两种控制算法：PID 算法和施密斯(Smith)预估控制算法。

采用增量型 PID 控制算法时，有

$$\Delta u(k) = q_0 e(k) + q_1 e(k-1) + q_2 e(k-2) \tag{11-3}$$

式中

$$q_0 = k_P \left(1 + \frac{T}{T_1} + \frac{T}{T_D} \right)$$

$$q_1 = k_P \left(1 + 2\frac{T_D}{T} \right)$$

$$q_2 = k_P \left(1 + \frac{T_D}{T} \right)$$

$$e(k) = r(k) - y(k)$$

其中：$r(k)$ 为第 k 个采样周期的给定温度值；$y(k)$ 为第 k 个采样周期的实测温度值；T 为采样周期($T=2$ s)。

根据施密斯预估控制算法，如果将被控对象视为纯滞后的一阶惯性环节，即

$$G(s)\mathrm{e}^{-\tau s} = \frac{K_0}{T_0 S + 1}\mathrm{e}^{-\tau s} \tag{11-4}$$

式(11-4)中，K_0 为对象的增益，T_0 为对象的时间常数，τ 为纯滞后时间。那么 Smith 补偿器的传递函数 $G_s(s)$ 为

$$G_s(s) = \frac{K_0}{T_0 S + 1}(1 - \mathrm{e}^{-\tau s}) \tag{11-5}$$

其相应的差分方程为

$$y_\tau(k) = a y_\tau(k-1) + b[u(k-1)] - u(k-N-1) \tag{11-6}$$

式(11-6)中：$a = \mathrm{e}^{-\frac{T}{T_0}}$；$b = k_0(1 - \mathrm{e}^{-\frac{T}{T_{0f}}})$；$N = \tau/T$ 称为滞后时间常数。

11.5.5　系统的调试运行及控制效果

该系统操作简单，使用维护方便，性能可靠；采用微机控制，提高了啤酒质量，改善了劳动条件；不用人工手动操作，消除了人为因素；易于现代化管理和产品质量分析；采用表格、图形、曲线，显示直观，并有打印输出功能。

习　　题

11.1　工业 PC 机和个人计算机相比有哪些特点？

11.2　采用工业 PC 机的控制系统有什么优点？

11.3　举例说明一个采用工业 PC 机的控制系统。

第12章 嵌入式控制系统设计

12.1 嵌入式系统简介

嵌入式系统是嵌入到对象体系中的专用计算机系统。IEEE(国际电气和电子工程师协会)对嵌入式系统的定义为：嵌入式系统是"用于控制、监视或者辅助操作机器和设备的装置(Devices Used to Control, Monitor or Assist the Operation of Equipment, Machinery or Plants)"。

国内普遍认同的嵌入式系统的定义为：以应用为中心，以计算机技术为基础，软硬件可剪裁，适应应用系统对功能、可靠性、成本、体积、功耗等严格要求的专用计算机系统。相比较而言，国内的定义更全面，体现了嵌入式系统的"嵌入"、"专用性"、"计算机"等基本要素和特征。

与通用型计算机系统相比，嵌入式系统功耗低，可靠性高，功能强大，性能价格比高，实时性强，支持多任务，占用空间小，效率高，面向特定应用，可根据需要灵活定制。

按照上述定义，我们在第10章介绍的单片机控制系统也属于嵌入式系统，而业界普遍把32位微处理器及以上的系统称为嵌入式系统，而把16位及以下的微处理器仍称为单片机系统。

嵌入式系统应用广泛，几乎可应用于生活中的所有电器设备，如掌上PDA、移动计算设备、电视机顶盒、手机、数字电视、多媒体、汽车、微波炉、数码相机、家庭自动化系统、电梯、空调、安全系统、自动售货机、消费电子设备、工业自动化仪表与医疗仪器等。

12.2 ARM 内核介绍

ARM体系结构目前被公认为是业界领先的32位嵌入式RISC微处理器结构，所有ARM处理器共享这一体系结构，因而确保了开发者转向更高性能的ARM处理器时在软件开发上可以得到最大的回报。

ARM处理器核当前有6个系列产品：ARM7，ARM9，ARM9E，ARM10E，ARM11，Cortex - A8等。

1. ARM7 微处理器系列

ARM7系列微处理器为低功耗的32位RISC处理器，最适用于对价位和功耗要求较高的消费类应用。ARM7微处理器系列具有如下特点：

(1) 具有嵌入式ICE - RT逻辑，调试开发方便。

（2）极低的功耗，适合对功耗要求较高的应用，如便携式产品。

（3）能够提供 0.9 MIPS/MHz 的三级流水线结构。

（4）代码密度高并兼容 16 位的 Thumb 指令集。

（5）对操作系统的支持广泛，包括 Windows CE、Linux、Palm OS 等。

（6）指令系统与 ARM9 系列、ARM9E 系列和 ARM10E 系列兼容，便于用户的产品升级换代。

（7）主频最高可达 130 MIPS，高速的运算处理能力能胜任绝大多数的复杂应用。

ARM7 系列微处理器的主要应用领域为工业控制、Internet 设备、网络和调制解调器设备、移动电话等多种多媒体和嵌入式应用。

ARM7 系列微处理器包括如下几种类型的核：ARM7TDMI、ARM7TDMI－S、ARM720T、ARM7EJ。其中，ARM7TMDI 是目前使用最广泛的 32 位嵌入式 RISC 处理器，属低端 ARM 处理器核。TDMI 的基本含义如下：

T——支持 16 位压缩指令集 Thumb；

D——支持片上 Debug；

M——内嵌硬件乘法器（Multiplier）；

I——嵌入式 ICE，支持片上断点和调试点。

2. ARM9 微处理器系列

ARM9 系列微处理器在高性能和低功耗特性方面提供最佳的性能，具有以下特点：

（1）5 级整数流水线，指令执行效率更高。

（2）提供 1.1 MIPS/MHz 的哈佛结构。

（3）支持 32 位 ARM 指令集和 16 位 Thumb 指令集。

（4）支持 32 位的高速 AMBA 总线接口。

（5）全性能的 MMU，支持 Windows CE、Linux、Palm OS 等多种主流嵌入式操作系统。

（6）MPU 支持实时操作系统。

（7）支持数据 Cache 和指令 Cache，具有更高的指令和数据处理能力。

ARM9 系列微处理器主要应用于无线设备、仪器仪表、安全系统、机顶盒、高端打印机、数码相机和数字摄像机等。

ARM9 系列微处理器包含 ARM920T、ARM922T 和 ARM940T 三种类型，适用于不同的应用场合。

3. ARM9E 微处理器系列

ARM9E 系列微处理器为可综合处理器，使用单一的处理器内核提供了微控制器、DSP、Java 应用系统的解决方案，极大地减少了芯片的面积和系统的复杂程度。ARM9E 系列微处理器提供了增强的 DSP 处理能力，很适合于那些需要同时使用 DSP 和微控制器的应用场合。

ARM9E 系列微处理器的主要特点如下：

（1）支持 DSP 指令集，适合于需要高速数字信号处理的场合。

（2）5 级整数流水线，指令执行效率更高。

（3）支持 32 位 ARM 指令集和 16 位 Thumb 指令集。

（4）支持 32 位的高速 AMBA 总线接口。

（5）支持 VFP9 浮点处理协处理器。

（6）全性能的 MMU，支持 Windows CE、Linux、Palm OS 等多种主流嵌入式操作系统。

（7）MPU 支持实时操作系统。

（8）支持数据 Cache 和指令 Cache，具有更高的指令和数据处理能力。

（9）主频最高可达 300 MIPS。

ARM9E 系列微处理器主要应用于下一代无线设备、数字消费品、成像设备、工业控制、存储设备和网络设备等领域。

ARM9E 系列微处理器包含 ARM926EJ-S、ARM946E-S 和 ARM966E-S 三种类型，适用于不同的应用场合。

4. ARM10E 微处理器系列

ARM10E 系列微处理器具有高性能、低功耗的特点，由于采用了新的体系结构，与同等的 ARM9 器件相比较，在同样的时钟频率下，性能提高了近 50%。同时，ARM10E 系列微处理器采用了两种先进的节能方式，使其功耗极低。

ARM10E 系列微处理器的主要特点如下：

（1）支持 DSP 指令集，适合于需要高速数字信号处理的场合。

（2）6 级整数流水线，指令执行效率更高。

（3）支持 32 位 ARM 指令集和 16 位 Thumb 指令集。

（4）支持 32 位的高速 AMBA 总线接口。

（5）支持 VFP10 浮点处理协处理器。

（6）全性能的 MMU，支持 Windows CE、Linux、Palm OS 等多种主流嵌入式操作系统。

（7）支持数据 Cache 和指令 Cache，具有更高的指令和数据处理能力

（8）主频最高可达 400 MIPS。

（9）内嵌并行读/写操作部件。

ARM10E 系列微处理器主要应用于下一代无线设备、数字消费品、成像设备、工业控制、通信和信息系统等领域。

ARM10E 系列微处理器包含 ARM1020E、ARM1022E 和 ARM1026EJ－S 三种类型，适用于不同的应用场合。

5. SecurCore 微处理器系列

SecurCore 系列微处理器专为安全需要而设计，提供了完善的 32 位 RISC 技术的安全解决方案，因此，SecurCore 系列微处理器除了具有 ARM 体系结构的低功耗、高性能的特点外，还具有其独特的优势，即提供了对安全解决方案的支持。

SecurCore 系列微处理器除了具有 ARM 体系结构各种主要特点外，还在系统安全方面具有如下的特点：

（1）带有灵活的保护单元，以确保操作系统和应用数据的安全。

（2）采用软内核技术，防止外部对其进行扫描探测。

（3）可集成用户自己的安全特性和其他协处理器。

SecurCore 系列微处理器主要应用于一些对安全性要求较高的应用产品及应用系统，如电子商务、电子政务、电子银行业务、网络和认证系统等领域。

SecurCore 系列微处理器包含 SecurCore SC100、SecurCore SC110、SecurCore SC200 和 SecurCore SC210 四种类型，适用于不同的应用场合。

6. StrongARM 微处理器系列

Intel StrongARM SA－1100 处理器是采用 ARM 体系结构高度集成的 32 位 RISC 微处理器。它融合了 Intel 公司的设计和处理技术以及 ARM 体系结构的电源效率，采用在软件上兼容 ARMv4 体系结构、同时采用具有 Intel 技术优点的体系结构。

Intel StrongARM 处理器是便携式通信产品和消费类电子产品的理想选择，已成功应用于多家公司的掌上电脑系列产品。

7. Xscale 处理器

Xscale 处理器是基于 ARMv5 TE 体系结构的解决方案，是一款全性能、高性价比、低功耗的处理器。它支持 16 位的 Thumb 指令和 DSP 指令集，已应用于数字移动电话、个人数字助理和网络产品等场合。

Xscale 处理器是 Intel 目前主要推广的一款 ARM 微处理器。

12.3　ARM 核的指令系统

ARM 处理器支持 32 位的 ARM 指令集和 16 位的 Thumb 指令集（体系结构命名中有 T 的支持 Thumb 指令集，如 ARM 7TDMI），这里对 ARM 指令集做简要介绍。

12.3.1　ARM 指令的格式与条件码

1. ARM 指令的格式

ARM 指令的基本格式如下：

〈opcode〉{〈cond〉}〈S〉〈Rd〉，〈Rn〉{，〈operand2〉}

其中〈〉号内的项是必需的，{}号内的项是可选的。各项的说明如下：

opcode：指令助记符；

cond：执行条件；

S：是否影响 CPSR 寄存器的值；

Rd：目标寄存器；

Rn：第一个操作数的寄存器；

operand2：第二个操作数；灵活地使用第二个操作数"operand2"能够提高代码效率。它有如下三种形式：

① ♯immed_8r——常数表达式。

该常数必须对应 8 位位图，即一个 8 位的常数通过循环右移偶数位得到。例如：

MOV R0，♯1

```
    AND R1，R2，♯0x0F
```

② Rm——寄存器方式。

在寄存器方式下，操作数即为寄存器的数值。例如：

```
    SUB R1，R1，R2
    MOV PC，R0
```

③ Rm，shift——寄存器移位方式。

ARM 微处理器内嵌的桶型移位器（Barrel Shifter）支持数据的各种移位操作，移位操作在 ARM 指令集中不作为单独的指令使用，它只能作为指令格式中的一个字段，在汇编语言中表示为指令中的选项。数据处理指令的第二个操作数为寄存器时，就可以加入移位操作选项对它进行各种移位操作。例如：

```
    ADD R1，R1，R1，LSL ♯3      ；R1＝R1＋R1＊8＝9R1
    SUB R1，R1，R2，LSR R3      ；R1＝R1－（R2/2R3）
```

移位操作包括如下 5 种类型（ASL 和 LSL 是等价的，可以自由互换）：

• 逻辑左移 LSL（或算术左移 ASL）操作。

LSL（或 ASL）操作的格式为：

　　通用寄存器，LSL（或 ASL）操作数

LSL（或 ASL）可完成对通用寄存器中的内容进行逻辑（或算术）左移的操作，按操作数所指定的数量向左移位，低位用零来填充。其中，操作数可以是通用寄存器，也可以是立即数（0～31）。

• 逻辑右移 LSR 操作。

LSR 操作的格式为：

　　通用寄存器，LSR 操作数

LSR 可完成对通用寄存器中的内容进行右移的操作，按操作数所指定的数量向右移位，左端用零来填充。其中，操作数可以是通用寄存器，也可以是立即数（0～31）。

• 算术右移 ASR 操作。

ASR 操作的格式为：

　　通用寄存器，ASR 操作数

ASR 可完成对通用寄存器中的内容进行右移的操作，按操作数所指定的数量向右移位，左端用第 31 位的值来填充。其中，操作数可以是通用寄存器，也可以是立即数（0～31）。

• 循环右移 ROR 操作。

ROR 操作的格式为：

　　通用寄存器，ROR 操作数

ROR 可完成对通用寄存器中的内容进行循环右移的操作，按操作数所指定的数量向右循环移位，左端用右端移出的位来填充。其中，操作数可以是通用寄存器，也可以是立即数（0～31）。显然，当进行 32 位的循环右移操作时，通用寄存器中的值不改变。

• 带扩展的循环右移 RRX 操作。

RRX 操作的格式为：

　　通用寄存器，RRX 操作数

RRX 可完成对通用寄存器中的内容进行带扩展的循环右移的操作，按操作数所指定的数量向右循环移位,左端用进位标志位 C 来填充。其中,操作数可以是通用寄存器,也可以是立即数(0~31)。

2. ARM 指令的条件码

在 ARM 指令的基本格式:⟨opcode⟩{⟨cond⟩}{S}⟨Rd⟩,⟨Rn⟩{,⟨operand2⟩}中使用条件码"cond"可以实现高效的逻辑操作。

所有的 ARM 指令都可以条件执行,而 Thumb 指令只有 B(跳转)指令具有条件执行功能。如果指令不标明条件代码,将默认为无条件(AL)执行。

指令条件码说明如下:

操作码	条件助记符	标志	含义
0000	EQ	Z=1	相等
0001	NE	Z=0	不相等
0010	CS/HS	C=1	无符号数大于或等于
0011	CC/LO	C=0	无符号数小于
0100	MI	N=1	负数
0101	PL	N=0	正数或零
0110	VS	V=1	溢出
0111	VC	V=0	没有溢出
1000	HI	C=1,Z=0	无符号数大于
1001	LS	C=0,Z=1	无符号数小于或等于
1010	GE	N=V	有符号数大于或等于
1011	LT	N!=V	有符号数小于
1100	GT	Z=0,N=V	有符号数大于
1101	LE	Z=1,N!=V	有符号数小于或等于
1110	AL	任何	无条件执行(指令默认条件)
1111	NV	任何	从不执行(不要使用)

使用条件码会大大提高代码效率。

12.3.2　单寄存器存取指令

ARM 微处理器支持加载/存储指令用于在寄存器和存储器之间传送数据,加载指令用于将存储器中的数据传送到寄存器,存储指令则完成相反的操作。常用的加载存储指令介绍如下。

1. 字数据加载指令 LDR

LDR 指令的格式为

　　　LDR{条件} 目的寄存器,⟨存储器地址⟩

　　　LDR{cond}{T} Rd,⟨地址⟩;将指定地址上的字数据读入 Rd

　　　STR{cond}{T} Rd,⟨地址⟩;将 Rd 中的字数据存入指定地址

　　　LDR{cond}B{T} Rd,⟨地址⟩;将指定地址上的字节数据读入 Rd

　　　STR{cond}B{T} Rd,⟨地址⟩;将 Rd 中的字节数据存入指定地址

其中,T 为可选后缀。若指令有 T,那么即使处理器是在特权模式下,存储系统也将访问看成是在用户模式下进行的。T 在用户模式下无效,不能与前索引偏移一起使用 T。

LDR 指令用于从存储器中将一个 32 位的字数据传送到目的寄存器中。该指令通常用于从存储器中读取 32 位的字数据到通用寄存器，然后对数据进行处理。当程序计数器 PC 作为目的寄存器时，指令从存储器中读取的字数据被当作目的地址，从而可以实现程序流程的跳转。该指令在程序设计中比较常用，且寻址方式灵活多样。

2. 字节数据加载指令 LDRB

LDRB 指令的格式为：

LDR⟨条件⟩B 目的寄存器，⟨存储器地址⟩

LDR⟨cond⟩B⟨T⟩ Rd，⟨地址⟩；将指定地址上的字节数据读入 Rd

LDRB 指令用于从存储器中将一个 8 位的字节数据传送到目的寄存器中，同时将寄存器的高 24 位清零。该指令通常用于从存储器中读取 8 位的字节数据到通用寄存器，然后对数据进行处理。当程序计数器 PC 作为目的寄存器时，指令从存储器中读取的字数据被当作目的地址，从而可以实现程序流程的跳转。

3. 半字数据加载指令 LDRH

LDRH 指令的格式为：

LDR⟨条件⟩H 目的寄存器，⟨存储器地址⟩

LDR⟨cond⟩H Rd，⟨地址⟩；将指定地址上的半字数据读入 Rd

LDRH 指令用于从存储器中将一个 16 位的半字数据传送到目的寄存器中，同时将寄存器的高 16 位清零。该指令通常用于从存储器中读取 16 位的半字数据到通用寄存器，然后对数据进行处理。当程序计数器 PC 作为目的寄存器时，指令从存储器中读取的字数据被当作目的地址，从而可以实现程序流程的跳转。

4. 字数据存储指令 STR

STR 指令的格式为：

STR⟨条件⟩ 源寄存器，⟨存储器地址⟩

STR⟨cond⟩⟨T⟩ Rd，⟨地址⟩；将 Rd 中的字数据存入指定地址

STR 指令用于从源寄存器中将一个 32 位的字数据传送到存储器中。该指令在程序设计中比较常用，且寻址方式灵活多样，使用方式可参考指令 LDR。

5. 字节数据存储指令 STRB

STRB 指令的格式为：

STR⟨条件⟩B 源寄存器，⟨存储器地址⟩

STR⟨cond⟩B⟨T⟩ Rd，⟨地址⟩；将 Rd 中的字节数据存入指定地址

STRB 指令用于从源寄存器中将一个 8 位的字节数据传送到存储器中。该字节数据为源寄存器中的低 8 位。

6. 半字数据存储指令 STRH

STRH 指令的格式为：

STR⟨条件⟩H 源寄存器，⟨存储器地址⟩

STR⟨cond⟩H Rd，⟨地址⟩；将 Rd 中的半字数据存入指定地址

STRH 指令用于从源寄存器中将一个 16 位的半字数据传送到存储器中。该半字数据

为源寄存器中的低 16 位。

12.3.3　多寄存器存取指令

ARM 微处理器的多寄存器存取指令，可以一次在一片连续的存储器单元和多个寄存器之间传送数据。多寄存器存指令用于将一片连续的存储器中的数据传送到多个寄存器，多寄存器取指令则完成相反的操作。常用多寄存器存取指令如下：

| LDM | 多寄存器加载指令 |
| STM | 多寄存器存储指令 |

LDM(或 STM)指令的格式为：

LDM{cond}〈模式〉　　Rn{!}，reglist{ˆ}

STM{cond}〈模式〉　　Rn{!}，reglist{ˆ}

cond：指令执行的条件；

其中，模式为控制地址的增长方式，一共有 8 种模式：

IA——每次传送后地址加 1；

IB——每次传送前地址加 1；

DA——每次传送后地址减 1；

DB——每次传送前地址减 1；

FD——满递减堆栈；

ED——空递减堆栈；

FA——满递增堆栈；

EA——空递增堆栈；

! 为可选后缀，若选用该后缀，则当数据传送完毕之后，将最后的地址写入基址寄存器，否则基址寄存器的内容不改变。基址寄存器不允许为 R15，寄存器列表可以为 R0～R15 的任意组合。

reglist 为表示寄存器列表，可以包含多个寄存器，它们使用"，"隔开，如{R1,R2,R6 - R9}，寄存器由小到大排列。

ˆ为加入该后缀后，进行数据传送且寄存器列表不包含 PC 时，加载/存储的寄存器是用户模式下的，而不是当前模式的寄存器。若在 LDM 指令且寄存器列表中包含有 PC 时使用，那么除了正常的多寄存器传送外，还将 SPSR 也拷贝到 CPSR 中，这可用于异常处理返回。注意：该后缀不允许在用户模式或系统模式下使用。

12.3.4　数据交换指令

ARM 微处理器所支持的数据交换指令能在存储器和寄存器之间交换数据。数据交换指令有如下两条：

| SWP | 字数据交换指令 |
| SWPB | 字节数据交换指令 |

SWP/SWPB 指令的格式为：

SWP{cond}{B} Rd，Rm，[Rn]

其中，B 为可选后缀，若有 B，则交换字节，否则交换 32 位字；Rd 用于保存从存储器中读入的数据；Rm 的数据用于存储到存储器中，若 Rm 与 Rn 相同，则为寄存器与存储器中的内容进行交换；Rn 为要进行数据交换的存储器地址，Rn 不能与 Rd 和 Rm 相同。

12.3.5 数据处理指令

数据处理指令可分为数据传送指令、算术逻辑运算指令和比较指令等。数据处理指令只能对寄存器的内容进行操作，而不能对内存中的数据进行操作。所有 ARM 数据处理指令均可选择使用 S 后缀，并影响状态标志。其中 S 选项决定指令的操作是否影响 CPSR 中条件标志位的值，当没有 S 时指令不更新 CPSR 中条件标志位的值。

数据传送指令用于在寄存器和存储器之间进行数据的双向传输。

算术逻辑运算指令完成常用的算术与逻辑的运算，该类指令不但将运算结果保存在目的寄存器中，同时更新 CPSR 中的相应条件标志位。

比较指令不保存运算结果，只更新 CPSR 中相应的条件标志位。

数据处理指令简介如下。

1. 数据传送指令 MOV

MOV 指令的格式为：

    MOV{cond}{S} Rd, operand2

MOV 指令将 8 位立即数或寄存器传送到目标寄存器(Rd)，可用于移位运算等操作。

2. 数据取反传送指令 MVN

MVN 指令的格式为：

    MVN{cond}{S}   Rd, operand2

MVN 指令可完成将另一个寄存器、被移位的寄存器或将一个立即数加载到目的寄存器，与 MOV 指令不同之处是值在传送之前按位被取反了，即把一个被取反的值传送到目的寄存器中。

3. 比较指令 CMP

CMP 指令的格式为：

    CMP{cond} Rn, operand2

CMP 指令用于把一个寄存器的内容和另一个寄存器的内容或立即数进行比较，同时更新 CPSR 中条件标志位的值。该指令进行一次减法运算，但不存储结果，只更改条件标志位。

4. 反值比较指令 CMN

CMN 指令的格式为：

    CMN{cond} Rn, operand2

CMN 指令使用寄存器 Rn 的值加上 operand2 的值，根据操作的结果更新 CPSR 中的相应条件标志位，以便后面的指令根据相应的条件标志来判断是否执行。

5. 位测试指令 TST

TST 指令的格式为：

    TST{cond} Rn, operand2

TST 指令用于把一个寄存器的内容和另一个寄存器的内容或立即数按位进行与运算，

并根据运算结果更新 CPSR 中条件标志位的值。Rn 是要测试的数据，而 operand2 是一个位掩码，该指令一般用来检测是否设置了特定的位。

6. 相等测试指令 TEQ

TEQ 指令的格式为：

> TEQ{cond} Rn，operand2

TEQ 指令用于把一个寄存器的内容和另一个寄存器的内容或立即数按位进行异或运算，并根据运算结果更新 CPSR 中条件标志位的值。该指令通常用于比较 Rn 和 operand2 是否相等。

7. 加法指令 ADD

ADD 指令的格式为：

> ADD{cond}{S} Rd，Rn，operand2

ADD 指令用于把两个操作数相加，并将结果存放到目的寄存器中。

8. 带进位加法指令 ADC

ADC 指令的格式为：

> ADC{cond}{S} Rd，Rn，operand2

ADC 将 operand2 的值与 Rn 的值相加，再加上 CPSR 中的 C 条件标志位，结果保存到 Rd 寄存器。

9. 减法指令 SUB

SUB 指令的格式为：

> SUB{cond}{S} Rd，Rn，operand2

SUB 指令用寄存器 Rn 的值减去 operand2，结果保存到 Rd 中。

10. 带借位减法指令 SBC

SBC 指令的格式为：

> SBC{cond}{S} Rd，Rn，operand2

SBC 用寄存器 Rn 的值减去 operand2，再减去 CPSR 中的 C 条件标志位的非（即若 C 标志清零，则结果减去 1），结果保存到 Rd 中。

该指令可用于有符号数或无符号数的减法运算。

11. 逆向减法指令 RSB

RSB 指令的格式为：

> RSB{cond}{S} Rd，Rn，operand2

RSB 指令称为逆向减法指令，用于将 operand2 的值减去 Rn 的值，结果保存到 Rd 中。

12. 带借位的逆向减法指令 RSC

RSC 指令的格式为：

> RSC{cond}{S} Rd，Rn，operand2

RSC 指令用寄存器 operand2 的值减去 Rn 的值，再减去 CPSR 中的 C 条件标志位，结果保存到 Rd 中。

该指令可用于有符号数或无符号数的减法运算。

13. 逻辑与指令 AND

AND 指令的格式为：

　　　AND{cond}{S} Rd，Rn，operand2

AND 指令用于在两个操作数上进行逻辑与运算，并把结果放置到目的寄存器中。

14. 逻辑或指令 ORR

ORR 指令的格式为：

　　　ORR{cond}{S} Rd，Rn，operand2

ORR 指令用于在两个操作数上进行逻辑或运算，并把结果放置到目的寄存器中。

15. 逻辑异或指令 EOR

EOR 指令的格式为：

　　　EOR{cond}{S} Rd，Rn，operand2

EOR 指令用于在两个操作数上进行逻辑异或运算，并把结果放置到目的寄存器中。

16. 位清除指令 BIC

BIC 指令的格式为：

　　　BIC{cond}{S} Rd，Rn，operand2

BIC 指令用于清除操作数 1 的某些位，并把结果放置到目的寄存器中。operand2 为 32 位的掩码，如果在掩码中设置了某一位，则清除这一位。未设置的掩码位保持不变。

12.3.6　乘法指令与乘加指令

ARM 微处理器支持的乘法指令与乘加指令共有 6 条，可分为运算结果为 32 位的和运算结果为 64 位的两类。与前面的数据处理指令不同，乘法指令与乘加指令中的所有操作数、目的寄存器必须为通用寄存器，不能对操作数使用立即数或被移位的寄存器，同时，目的寄存器和操作数 1 必须是不同的寄存器。ARM7TDMI 具有三种乘法指令，分别为 32×32 位乘法指令、32×32 位乘加指令和 32×32 位结果为 64 位的乘/乘加指令。

乘法指令与乘加指令共有以下 6 条。

1. 32 位乘法指令 MUL

MUL 指令的格式为：

　　　MUL{cond}{S} Rd，Rm，Rs

MUL 指令将 Rm 和 Rs 中的值相乘，结果的低 32 位保存到 Rd 中。

2. 32 位乘加指令 MLA

MLA 指令的格式为：

　　　MLA{cond}{S} Rd，Rm，Rs，Rn

MLA 指令将 Rm 和 Rs 中的值相乘，再将乘积加上第 3 个操作数，结果的低 32 位保存到 Rd 中。

3. 64 位有符号数乘法指令 SMULL

SMULL 指令的格式为：

　　　SMULL{cond}{S} RdLo，RdHi，Rm，Rs

SMULL 指令将 Rm 和 Rs 中的值作有符号数相乘，结果的低 32 位保存到 RdLo 中，而高 32 位保存到 RdHi 中。

4. 64 位有符号数乘加指令 SMLAL

SMLAL 指令的格式为：

SMLAL{cond}{S} RdLo，RdHi，Rm，Rs

SMLAL 指令将 Rm 和 Rs 中的值作有符号数相乘，64 位乘积与 RdHi、RdLo 相加，结果的低 32 位保存到 RdLo 中，而高 32 位保存到 RdHi 中。

对于目的寄存器 Low，在指令执行前存放 64 位加数的低 32 位，指令执行后存放结果的低 32 位。

对于目的寄存器 High，在指令执行前存放 64 位加数的高 32 位，指令执行后存放结果的高 32 位。

5. 64 位无符号数乘法指令 UMULL

UMULL 指令的格式为：

UMULL{cond}{S} RdLo，RdHi，Rm，Rs

UMULL 指令将 Rm 和 Rs 中的值作无符号数相乘，结果的低 32 位保存到 RdLo 中，而高 32 位保存到 RdHi 中。

6. 64 位无符号数乘加指令 UMLAL

UMLAL 指令的格式为：

UMLAL{cond}{S} RdLo，RdHi，Rm，Rs

UMLAL 指令将 Rm 和 Rs 中的值作无符号数相乘，64 位乘积与 RdHi、RdLo 相加，结果的低 32 位保存到 RdLo 中，而高 32 位保存到 RdHi 中。

对于目的寄存器 Low，在指令执行前存放 64 位加数的低 32 位，指令执行后存放结果的低 32 位。

对于目的寄存器 High，在指令执行前存放 64 位加数的高 32 位，指令执行后存放结果的高 32 位。

12.3.7　ARM 分支指令

跳转指令用于实现程序流程的跳转。在 ARM 程序中有两种方法可以实现程序流程的跳转：

（1）使用专门的跳转指令。

（2）直接向程序计数器（PC）写入跳转地址值。

通过向程序计数器（PC）写入跳转地址值，可以实现在 4 GB 的地址空间中的任意跳转，在跳转之前结合使用

MOV LR，PC

等类似指令，可以保存将来的返回地址值，从而实现在 4 GB 连续的线性地址空间的子程序调用。

ARM 指令集中的跳转指令可以完成从当前指令向前或向后的 32 MB 的地址空间的跳转，包括以下 3 条指令。

1. 跳转指令 B

B 指令的格式为：

　　B{cond} Label

B 指令是最简单的跳转指令。一旦遇到一个 B 指令，ARM 处理器将立即跳转到给定的目标地址，从那里继续执行。注意存储在跳转指令中的实际值是相对当前 PC 值的一个偏移量，而不是一个绝对地址，它的值由汇编器来计算（参考寻址方式中的相对寻址）。它是 24 位有符号数，左移两位后有符号扩展为 32 位，表示的有效偏移为 26 位（前后 32 MB 的地址空间）。

2. 带返回的跳转指令 BL

BL 指令的格式为：

　　BL{cond} Label

BL 是另一个跳转指令，但跳转之前，会在寄存器 R14 中保存 PC 的当前内容，因此，可以通过将 R14 的内容重新加载到 PC 中来返回到跳转指令之后的那个指令处执行。该指令是实现子程序调用的一个基本但常用的手段。

3. 带状态切换的跳转指令 BX

BX 指令的格式为：

　　BX{cond} Rm

BX 指令跳转到指令中所指定的目标地址，目标地址处的指令既可以是 ARM 指令，也可以是 Thumb 指令。

12.3.8　软件中断指令

ARM 微处理器的软件中断指令为 SWI。

SWI 指令的格式为：

　　SWI{cond} immed_24

SWI 指令用于产生软件中断，以便用户程序能调用操作系统的系统例程。操作系统在 SWI 的异常处理程序中提供相应的系统服务，指令中 24 位的立即数指定用户程序调用系统例程的类型，相关参数通过通用寄存器传递。当指令中 24 位的立即数被忽略时，用户程序调用系统例程的类型由通用寄存器 R0 的内容决定，同时，参数通过其他通用寄存器传递。

12.3.9　程序状态寄存器访问指令

ARM 微处理器支持程序状态寄存器访问指令，用于在程序状态寄存器和通用寄存器之间传送数据，程序状态寄存器访问指令包括以下两条。

1. 程序状态寄存器到通用寄存器的数据传送指令 MRS

MRS 指令的格式为：

　　MRS{条件} 通用寄存器，程序状态寄存器（CPSR 或 SPSR）

　　MRS{cond} Rd, psr

MRS 指令用于将程序状态寄存器的内容传送到通用寄存器中。该指令一般用在以下几种情况：

（1）当需要改变程序状态寄存器的内容时，可用 MRS 将程序状态寄存器的内容读入通用寄存器，修改后再写回程序状态寄存器。

（2）当在异常处理或进程切换时，需要保存程序状态寄存器的值，可先用该指令读出程序状态寄存器的值，然后保存。

2. 通用寄存器到程序状态寄存器的数据传送指令 MSR

MSR 指令格式 1：

　　　MSR{cond} psr_fields，♯immed_8r

MSR 指令格式 2：

　　　MSR{cond} psr_fields，Rm

MSR{条件} 程序状态寄存器(CPSR 或 SPSR)_<域>，操作数

MSR 指令用于将操作数的内容传送到程序状态寄存器的特定域中。其中，操作数可以为通用寄存器或立即数。<域>用于设置程序状态寄存器中需要操作的位，32 位的程序状态寄存器可分为 4 个域：

（1）位[31：24]为条件标志位域，用 f 表示；

（2）位[23：16]为状态位域，用 s 表示；

（3）位[15：8]为扩展位域，用 x 表示；

（4）位[7：0]为控制位域，用 c 表示。

该指令通常用于恢复或改变程序状态寄存器的内容，在使用时，一般要在 MSR 指令中指明将要操作的域。

12.3.10　ARM 伪指令

ARM 伪指令不属于 ARM 指令集中的指令，是为了编程方便而定义的。伪指令可以像其它 ARM 指令一样使用，但在编译时这些指令将被等效的 ARM 指令代替。ARM 伪指令有四条，分别为 ADR、ADRL、LDR 和 NOP。下面介绍常用的 LDR 伪指令和 NOP 伪指令。

1. 大范围的地址读取指令 LDR

LDR 伪指令用于加载 32 位的立即数或一个地址值到指定寄存器。在汇编编译源程序时，LDR 伪指令被编译器替换成一条合适的指令。若加载的常数未超出 MOV 或 MVN 的范围，则使用 MOV 或 MVN 指令代替该 LDR 伪指令，否则汇编器将常量放入文字池，并使用一条程序相对偏移的 LDR 指令从文字池中读出常量。

LDR 伪指令格式：

　　　LDR{cond} register，＝expr

其中，cond 为指令执行的条件码；register 为加载的目标寄存器；＝expr 为基于 PC 的地址表达式或外部表达式。

注意：从指令位置到文字池的偏移量必须小于 4 KB；与 ARM 指令的 LDR 相比，伪指令 LDR 的参数有"＝"号。

2. 空操作伪指令 NOP

NOP 伪指令在汇编时将会被代替成 ARM 中的空操作，比如可能是"MOV R0，R0"指令等。NOP 可用于延时操作。

NOP 伪指令格式：

NOP

12.4 嵌入式操作系统介绍

嵌入式操作系统(Embedded Operating System)是一种实时的、支持嵌入式系统应用的操作系统软件，它是嵌入式系统(包括硬、软件系统)极为重要的组成部分。目前，嵌入式操作系统的品种较多，仅用于信息电器的嵌入式操作系统就有 40 种左右，其中较为流行的主要有 VxWorks、Windows CE、嵌入式 Linux 和 μC/OS-II 等。

12.4.1 嵌入式操作系统的发展

作为嵌入式系统(包括硬、软件系统)极为重要的组成部分的嵌入式操作系统，通常包括与硬件相关的底层驱动软件、系统内核、设备驱动接口、通信协议、图形界面、标准化浏览器等。嵌入式操作系统具有通用操作系统的基本特点，如能够有效管理越来越复杂的系统资源；能够把硬件虚拟化，使得开发人员从繁忙的驱动程序移植和维护中解脱出来；能够提供库函数、驱动程序、工具集以及应用程序。与通用操作系统相比较，嵌入式操作系统在系统实时高效性、硬件的相关依赖性、软件固态化以及应用的专用性等方面具有较为突出的特点。

12.4.2 使用实时操作系统的必要性

嵌入式实时操作系统在目前的嵌入式应用中用得越来越广泛，尤其在功能复杂、系统庞大的应用中显得愈来愈重要。

(1) 嵌入式实时操作系统提高了系统的可靠性。在控制系统中，出于安全方面的考虑，要求系统起码不能崩溃，而且还要有自愈能力。不仅要求在硬件设计方面提高系统的可靠性和抗干扰性，而且也应在软件设计方面提高系统的抗干扰性，尽可能地减少安全漏洞和不可靠的隐患。长期以来的前后台系统软件设计在遇到强干扰时，使得运行的程序产生异常、出错、跑飞甚至死循环，造成了系统的崩溃。而实时操作系统管理的系统，这种干扰可能只是引起若干进程中的一个被破坏，可以通过系统运行的系统监控进程对其进行修复。通常情况下，这个系统监视进程用来监视各进程运行状况，遇到异常情况时采取一些利于系统稳定可靠的措施，如把有问题的任务清除掉。

(2) 嵌入式实时操作系统提高了开发效率，缩短了开发周期。在嵌入式实时操作系统环境下，开发一个复杂的应用程序，通常可以按照软件工程中的解耦原则将整个程序分解为多个任务模块。每个任务模块的调试、修改几乎不影响其他模块。商业软件一般都提供了良好的多任务调试环境。

(3) 嵌入式实时操作系统充分发挥了 32 位 CPU 的多任务潜力。32 位 CPU 比 8、16 位CPU 快，另外它本来是为运行多用户、多任务操作系统而设计的，特别适于运行多任务实时系统。32 位 CPU 采用利于提高系统可靠性和稳定性的设计,使其更容易做到不崩溃。例如,CPU 运行状态分为系统态和用户态。将系统堆栈和用户堆栈分开,以及实时地给出 CPU 的运行状态等,允许用户在系统设计中从硬件和软件两方面对实时内核的运行实施保护。如果还是采用以前的前后台方式,则无法发挥 32 位 CPU 的优势。从某种意义上说,没有操作系统的计算机(裸机)是没有用的。在嵌入式应用中,只有把 CPU 嵌入到系统中,同时又把操作系统嵌入进去,才是真正的计算机嵌入式应用。

12.4.3　几种代表性嵌入式操作系统

1. VxWorks

VxWorks 操作系统是美国 WindRiver 公司于 1983 年设计开发的一种嵌入式实时操作系统(RTOS),是 Tornado 嵌入式开发环境的关键组成部分。VxWorks 以其良好的持续发展能力、高性能的内核以及友好的用户开发环境,在嵌入式实时操作系统领域逐渐占据一席之地。

VxWorks 具有可裁剪微内核结构,高效的任务管理功能,灵活的任务间通讯,微秒级的中断处理;支持 POSIX 1003.1b 实时扩展标准,支持多种物理介质及标准的、完整的 TCP/IP 网络协议等。

然而其价格昂贵。由于操作系统本身以及开发环境都是专有的,价格一般都比较高,通常需花费人民币 10 万元以上才能建起一个可用的开发环境,对每一个应用一般还要另外收取版税。VxWorks 一般不提供源代码,只提供二进制代码。由于它们都是专用操作系统,需要专门的技术人员开发和维护,所以软件的开发和维护成本都非常高。此外,其支持的硬件数量也有限。

2. Windows CE

Windows CE 是微软公司嵌入式、移动计算平台的基础,它是一个开放的、可升级的 32 位嵌入式操作系统,是基于掌上电脑的电子设备操作系统,它是精简的 Windows 95。Windows CE 的图形用户界面相当出色。Windows CE 与 Windows 系列有较好的兼容性,无疑是 Windows CE 推广的一大优势。其中 Win CE3.0 是一种小容量、移动式、智能化、32 位、了解设备的模块化实时嵌入式操作系统,为建立针对掌上设备、无线设备的动态应用程序和服务提供了一种功能丰富的操作系统平台,它能在多种处理器体系结构上运行,并且通常适用于那些对内存占用空间具有一定限制的设备。它是从整体上为有限资源的平台设计的多线程、完整优先权、多任务的操作系统。它的模块化设计允许它对从掌上电脑到专用的工业控制器的用户电子设备进行定制。操作系统的基本内核需要至少 200 KB 的 ROM。由于嵌入式产品的体积、成本等方面有较严格的要求,所以处理器部分占用空间应尽可能小。系统的可用内存和外存数量也受到限制,而嵌入式操作系统就运行在有限的内存(一般在 ROM 或快闪存储器)中,因此对操作系统的规模、效率等提出了较高的要求。从技术角度讲,Windows CE 作为嵌入式操作系统有很多缺陷:没有开放源代码,使应用开发人员很难实现产品的定制;在效率、功耗方面的表现并不出色,而且和 Windows 一样占用过多的系统内存,运行程序庞大;版权许可费也是厂商不得不考虑的因素。

3. 嵌入式 Linux

这是嵌入式操作系统的一个新成员,其最大的特点是源代码公开并且遵循 GPL 协议,在近一年多以来成为研究热点。据 IDG 预测，嵌入式 Linux 将占未来两年的嵌入式操作系统份额的 50%。

嵌入式 Linux 的源代码公开，人们可以任意修改，以满足自己的应用，并且查错也很容易，其遵从 GPL，无需为每例应用交纳许可证费，且有大量的应用软件可用，其中大部分都遵从 GPL，是开放源代码和免费的，可以稍加修改后应用于用户自己的系统。嵌入式 Linux 有大量免费的优秀的开发工具，且都遵从 GPL，是开放源代码的；有庞大的开发人员群体，无需专门的人才，只要懂 Unix/Linux 和 C 语言即可。随着 Linux 在中国的普及，这类人才越来越多。因此，其软件的开发和维护成本很低。其具有优秀的网络功能，这在 Internet 时代尤其重要。此外，稳定——这也是 Linux 本身具备的一个很大的优点。其内核精简，运行所需资源少，十分适合嵌入式应用。

嵌入式 Linux 支持的硬件数量庞大。嵌入式 Linux 和普通 Linux 并无本质区别，PC 上用到的硬件嵌入式 Linux 几乎都支持，而且各种硬件的驱动程序源代码都可以得到，为用户编写自己专有硬件的驱动程序带来很大方便。

在嵌入式系统上运行 Linux 的一个缺点是 Linux 体系提供实时性能需要添加实时软件模块，而这些模块运行的内核空间正是操作系统实现调度策略、硬件中断异常和执行程序的部分。由于这些实时软件模块是在内核空间运行的，因此代码错误可能会破坏操作系统从而影响整个系统的可靠性，这对于实时应用将是一个非常严重的弱点。

4. μC/OS-Ⅱ

μC/OS-Ⅱ是著名的源代码公开的实时内核，是专为嵌入式应用设计的，可用于 8 位、16 位和 32 位单片机或数字信号处理器(DSP)。它在原版本 μC/OS 的基础上作了重大改进与升级，并有了近十年的使用实践，有许多成功应用该实时内核的实例。它的主要特点如下：

(1) 公开源代码，很容易就能把操作系统移植到各个不同的硬件平台上。

(2) 可移植性，绝大部分源代码是用 C 语言写的，便于移植到其他微处理器上。

(3) 可固化。

(4) 可裁剪性，有选择地使用需要的系统服务，以减少所需的存储空间。

(5) 占先式，完全是占先式的实时内核，即总是运行就绪条件下优先级最高的任务。

(6) 多任务，可管理 64 个任务，任务的优先级必须是不同的，不支持时间片轮转调度法。

(7) 可确定性，函数调用与服务的执行时间具有其可确定性，不依赖于任务的多少。

(8) 实用性和可靠性，成功应用该实时内核的实例，是其实用性和可靠性的最好证据。

由于 μC/OS-Ⅱ仅是一个实时内核，这就意味着它不像其他实时存在系统那样提供给用户的只是一些 API 函数接口，还有很多工作需要用户自己去完成。

12.5 嵌入式处理器介绍

嵌入式系统的核心是嵌入式微处理器。嵌入式微处理器一般具备以下 4 个特点：

(1) 对实时多任务有很强的支持能力，能完成多任务并且有较短的中断响应时间，从而使内部的代码和实时内核的执行时间减少到最低限度。

（2）具有功能很强的存储区保护功能。这是由于嵌入式系统的软件结构已模块化，而为了避免在软件模块之间出现错误的交叉作用，需要设计强大的存储区保护功能，同时也有利于软件诊断。

（3）可扩展的处理器结构，能最迅速地扩展出满足应用的最高性能的嵌入式微处理器。

（4）嵌入式微处理器必须功耗很低，尤其是用于便携式的无线及移动的计算和通信设备中靠电池供电的嵌入式系统更是如此，其所需要的功耗只有毫瓦(mW)甚至微瓦(μW)级。

根据其现状，嵌入式处理器可以分成下面 4 类。

1. 嵌入式微处理器(MicroProcessor Unit, MPU)

嵌入式微处理器是由通用计算机中的 CPU 演变而来的。它的特征是具有 32 位以上的处理器，具有较高的性能，当然其价格也相应较高。但与计算机处理器不同的是，在实际嵌入式应用中，只保留和嵌入式应用紧密相关的功能硬件，去除其他的冗余功能部分，这样就以最低的功耗和资源实现嵌入式应用的特殊要求。和工业控制计算机相比，嵌入式微处理器具有体积小、重量轻、成本低、可靠性高的优点。目前主要的嵌入式处理器类型有 Am186/188、386EX、SC-400、Power PC、68000、MIPS、ARM/StrongARM 系列等。其中，ARM/StrongARM 是专为手持设备开发的嵌入式微处理器，属于中档机。

2. 嵌入式微控制器(MicroController Unit, MCU)

嵌入式微控制器的典型代表是单片机。从 20 世纪 70 年代末单片机出现到今天，虽然已经经过了 30 多年，但这种 8 位的电子器件目前在嵌入式设备中仍然有着极其广泛的应用。单片机芯片内部集成 ROM/EPROM、RAM、总线、总线逻辑、定时/计数器、看门狗、I/O、串行口、脉宽调制输出、A/D、D/A、Flash RAM、EEPROM 等各种必要功能和外设。和嵌入式微处理器相比，微控制器的最大特点是单片化，体积大大减小，从而使功耗和成本下降，可靠性提高。微控制器是目前嵌入式系统工业的主流。微控制器的片上外设资源一般比较丰富，适合于控制，因此称微控制器。

由于 MCU 价格低廉，功能优良，所以品种和数量较多，比较有代表性的包括 8051、MCS-251、MCS-96/196/296、P51XA、C166/167、68K 系列以及 MCU 8XC930/931、C540、C541，并且有支持 I^2C、CAN-Bus、LCD 及众多专用 MCU 的兼容系列。目前 MCU 占嵌入式系统约 70% 的市场份额。近来 Atmel 出产的 Avr 单片机由于其集成了 FPGA 等器件，所以具有很高的性价比，势必将推动单片机获得更高的发展。

3. 嵌入式 DSP 处理器(Embedded Digital Signal Processor, EDSP)

DSP 处理器专门用于信号处理，其在系统结构和指令算法方面进行了特殊设计，具有很高的编译效率和指令执行速度，在数字滤波、FFT、谱分析等各种仪器上获得了大规模的应用。

DSP 的理论算法在 20 世纪 70 年代就已经出现，但是由于专门的 DSP 处理器还未出现，所以这种理论算法只能通过 MPU 等由分立元件实现。MPU 较低的处理速度无法满足 DSP 的算法要求，其应用领域仅仅局限于一些尖端的高科技领域。随着大规模集成电路技术的发展，1982 年世界上诞生了首枚 DSP 芯片，其运算速度比 MPU 快了几十倍，在语音合成和编码解码器中得到了广泛应用。至 80 年代中期，随着 CMOS 技术的进步与发展，第二代基于 CMOS 工艺的 DSP 芯片应运而生，其存储容量和运算速度都得到成倍提高，成为语音处理、图像硬件处理技术的基础。到 80 年代后期，DSP 的运算速度进一步提高，应用领域也从上述范围扩大到了通信和计算机方面。90 年代后，DSP 发展到了第五代产品，集成度更高，使用范围也更加广阔。

目前最为广泛应用的是 TI 的 TMS320C2000/C5000 系列，另外如 Intel 的 MCS - 296 和 Siemens 的 TriCore 也有各自的应用范围。

4. 嵌入式片上系统(System on Chip，SoC)

SoC 追求产品系统最大包容的集成器件，是目前嵌入式应用领域的热门话题之一。SoC 最大的特点是成功实现了软硬件无缝结合，直接在处理器片内嵌入操作系统的代码模块。而且 SoC 具有极高的综合性，在一个硅片内部运用 VHDL 等硬件描述语言，实现一个复杂的系统。用户不需要再像传统的系统设计那样绘制庞大复杂的电路板，只需要使用精确的语言，综合时序设计直接在器件库中调用各种通用处理器的标准，然后通过仿真之后就可以直接交付芯片厂商进行生产。由于绝大部分系统构件都在系统内部，因而整个系统特别简洁，不仅减小了系统的体积和功耗，而且提高了系统的可靠性，提高了设计生产效率。

由于 SoC 往往是专用的，所以大部分都不为用户所知。比较典型的 SoC 产品是 Philips 的 Smart XA。少数通用系列如 Siemens 的 TriCore、Motorola 的 M - Core、某些 ARM 系列器件、Echelon 和 Motorola 联合研制的 Neuron 芯片等。

12.6　μC/OS - Ⅱ 在 LPC2210 上的移植

1. μC/OS - Ⅱ 在 LPC2210 上的移植

Philips 公司生产的 LPC2210 位控制器是一个基于支持实时仿真和跟踪的 16/32 位 ARM7TDMI - STM CPU 的微控制器。片内有 128 位宽度的存储器接口和独特的加速结构，使 32 位代码能够在最大时钟频率下运行，对代码规模有严格控制的应用可以使用 16 位的 Thumb 模式将代码规模降低超过 30%，而性能的损失却很小。

LPC2210 具有 144 个引脚，极低的功耗，多个 32 位定时器，8 路 10 位 ADC 以及 9 个外部中断，因此特别适用于工业控制、医疗系统、访问控制和 POS 机。

为了移植实时操作系统 μC/OS - Ⅱ 到 LPC2210 微控制器上，需要编写与处理器相关的代码和进行一些 μC/OS - Ⅱ 设置。移植 μC/OS - Ⅱ 需要一个 C 编辑器，因为 μC/OS - Ⅱ 是一个可剥夺型内核，用户只有通过 C 编辑器来产生可重入代码，C 编辑器还要支持汇编语言程序。μC/OS - Ⅱ 的移植需要满足以下要求：

(1) 处理器的 C 编译器可以产生可重入代码。

(2) 可以使用 C 程序调用进入和退出临界区代码。

(3) 处理器必须支持硬件中断，并且需要一个定时中断源。

(4) 处理器需要能够容纳一定数据的硬件堆栈。

(5) 处理器需要有能够在 CPU 寄存器与内核和堆栈间交换数据的指令。

基于 ARM7 的 LPC2210 处理器完全满足上述要求。

μC/OS - Ⅱ 的软件体系结构如图 12 - 1 所示。应用程序软件是用户根据需求编写的；

与应用相关的代码定制合适的内核服务功能，实现对 μC/OS-Ⅱ 的裁剪；与处理器无关的代码就是操作系统的内核，μC/OS-Ⅱ 内核提供所有的系统服务，这部分代码完全公开，文中采用 μC/OS-Ⅱ v2.52 版本，内核将应用程序与底层硬件有机结合成一个实时系统；与处理器相关的代码可看做是内核与硬件之间的中间层，它实现同一内核于不同硬件体系的目标，处理器不同，这部分代码也不同，由用户自行编写。

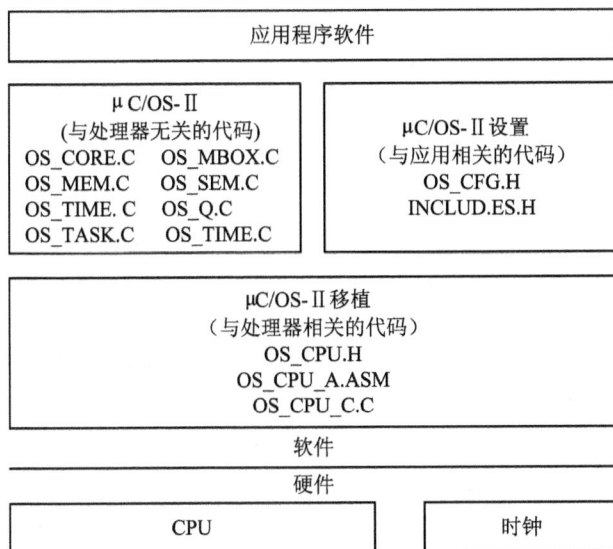

图 12-1　μC/OS-Ⅱ 文件结构

移植工作主要集中在与处理器相关的 3 个文件：OS_CPU.H、OS_CPU_C.C 和 OS_CPU_A.ASM。其中 OS_CPU.H 文件中主要包含与编译器相关的数据类型定义、堆栈类型定义、两个宏定义和几个函数说明。由于 ADSv1.2 的 C 语言编译器只支持满递减堆栈，因此这里定义堆栈的增长方向为从上往下。

OS_CPU_C.C 中包含与移植有关的 6 个 C 函数，它们为 OSTaskStkInit()、OSTaskCreateHook()、OSTaskDelHook()、OSTaskSwHook()、TaskStatHook() 和 OSTimeTickHook()。除第一个任务堆栈初始化函数外的 5 个函数为钩子函数，它们需要声明，没有实际内容。这些函数由系统函数调用，以便用户能在操作系统中加入自己需要的功能。OS_CPU_A.ASM 中包含与移植有关的 4 个汇编语言函数，它们是 OSStartHighRdy()、OSCtxSw()、OSIntCtxSw() 和 OSTickISR()。

此外，移植工作还包括配置两个头文件 Includes.h 和 Config.h：μC/OS-Ⅱ 要求所有 .c 的文件都要包含头文件 Includes.h，这样使得用户项目中的每个文件不用去分别考虑它实际上需要哪些头文件。但使用 Includes.h 的缺点是它可能会包含一些实际不相关的头文件，这意味着每个文件的编译时间可能会有所增加，但可以增强代码的可移植性。

μC/OS-Ⅱ 要求所有用户程序必须包含 Config.h，在 Config.h 中包含 Includes.h 以及特定的头文件和配置项。而 μC/OS-Ⅱ 的系统文件依然只包含 Includes.h，即 μC/OS-Ⅱ 的系统文件完全不必改动。所有的配置改变（包括头文件的增减）均在 Config.h 中进行，而 Includes.h 定下来之后不必改动（μC/OS-Ⅱ 的系统文件需要包含的东西是固定的）。这样，μC/OS-Ⅱ 的系统文件需要编译的次数大大减少，编译时间随之减少。

2. OS_CPU. H 文件移植

（1）μC/OS-Ⅱ不使用 C 语言中 short、int 和 long 等数据类型定义，因为它们与处理器类型相关，隐含不可移植性，所以必须对其进行移植。H 文件中主要包含与编译器相关的数据类型定义、堆栈类型定义、两个宏定义和几个函数说明。数据类型定义代码如下：

```
typedef unsigned char BOOLEAN;          /* 布尔变量 */
typedef unsigned char INT8U;            /* 无符号 8 位整型变量 */
typedef signed char INT8S;              /* 有符号 8 位整型变量 */
typedef unsigned short INT16U;          /* 无符号 16 位整型变量 */
typedef signed short INT16S;            /* 有符号 16 位整型变量 */
typedef unsigned int INT32U;            /* 无符号 32 位整型变量 */
typedef signed int INT32S;              /* 有符号 32 位整型变量 */
typedef float FP32;                     /* 单精度浮点数(32 位长度) */
typedef double FP64;                    /* 双精度浮点数(64 位长度) */
typedef INT32U OS_STK;                  /* 堆栈是 32 位宽度 */
```

（2）编写 SWI 服务函数。为了使底层接口函数与处理器状态无关，同时在任务调用相应的函数时不需要知道函数的位置，本移植使用软中断指令 SWI 作为底层接口，使用不同的功能号区分不同的函数。SWI 服务函数定义如下：

```
__swi(0x00) void OS_TASK_SW(void);           /* 任务级任务切换函数 */
__swi(0x01) void _OSStartHighRdy(void);      /* 运行优先级最高的任务 */
__swi(0x02) void OS_ENTER_CRITICAL(void);    /* 关中断 */
__swi(0x03) void OS_EXIT_CRITICAL(void);     /* 开中断 */
__swi(0x40) void * GetOSFunctionAddr(int Index);   /* 获取系统服务函数入口 */
__swi(0x41) void * GetUsrFunctionAddr(int Index);  /* 获取自定义服务函数入口 */
__swi(0x42) void OSISRBegin(void);           /* 中断开始处理 */
__swi(0x43) int OSISRNeedSwap(void);         /* 判断中断是否需要切换 */
__swi(0x80) void ChangeToSYSMode(void);      /* 任务切换到系统模式 */
__swi(0x81) void ChangeToUSRMode(void);      /* 任务切换到用户模式 */
__swi(0x82) void TaskIsARM(INT8U prio);      /* 任务代码是 ARM 代码 */
__swi(0x83) void TaskIsTHUMB(INT8U prio);    /* 任务代码是 THUMB */
```

（3）开 / 关中断的实现。在 μC/OS-Ⅱ中开 / 关中断的实现是通过 OS_ENTER_CRITICAL()和 OS_EXIT_CRITICAL()两个宏来实现的。μC/OS-Ⅱ与其他实时内核一样，在访问临界区代码之前必须关中断，访问之后开中断。而这两个宏保证了 μC/OS-Ⅱ的临界区代码不会被多个任务或中断服务程序同时访问，避免造成 μC/OS-Ⅱ全局变量的不一致。

3. OS_CPU_C. C 文件移植

每个任务要有自己的堆栈空间，以便进行任务切换时能将当时处理器现场保存到任务堆栈空间中，在下次执行时再恢复出来。因此必先确定任务堆栈结构，而任务堆栈结构与 CPU 体系结构、编译器密切关联。在 ARM 体系下，处理器现场通常指{PC, LR, R0～R12, CPSR, SPSR}。本移植堆栈结构如图 12-2 所示，任务堆栈由高到低依次将保存在 PC, LR, R12, R11, R10, …, R1, R0, CPSR 等中。每个任务有独立的 OSEnterSum，在任务切换时保存和恢复各自的 OSEnterSum 值。各个任务开关中断的状态可不同，这样实现了开关中断的嵌套。

任务入栈的其他数据
PC
LR
R12
R11
R10
R9
R8
R7
R6
R5
R4
R3
R2
R1
R0
CPSR
OSEnterSum
空闲空间

图 12-2 LPC2210 的任务堆栈结构图

μC/OS-Ⅱ 中共定义了 6 个函数在文件 OS_CPU_C. C 中，但最重要的是 OSTaskStkInit()，其它都是对系统内核扩展时使用的。OSTaskStkInit()是在用户建立任务时由系统内部函数 OSTaskCreate()和 OSTaskCreateExt()调用的，用于对用户任务的堆栈进行初始化，使建立好的进入就绪态任务的堆栈与系统发生中断并且将环境变量保存完毕时的栈结构一致，这样就可以用中断返回指令使就绪态的任务运行起来。OSTaskStkInit()的代码如下：

```
OS_STK  * OSTaskStkInit (void ( * task)(void * pd), void * pdata, OS_STK * ptos, INT16U
opt)
{
    OS_STK * stk;
    opt = opt;                          /* 'opt' 没有使用，作用是避免编译器警告 */
    stk = ptos;                         /* 获取堆栈指针 */
/* 建立任务环境，ADS1.2 使用 满递减堆栈 */
    * stk = (OS_STK) task;              /* pc */
    * ――stk = (OS_STK) task;           /* lr */
    * ――stk = 0;                       /* r12 */
    * ――stk = 0;                       /* r11 */
    * ――stk = 0;                       /* r10 */
    * ――stk = 0;                       /* r9 */
    * ――stk = 0;                       /* r8 */
    * ――stk = 0;                       /* r7 */
```

```
*  --stk = 0;                              /* r6 */
*  --stk = 0;                              /* r5 */
*  --stk = 0;                              /* r4 */
*  --stk = 0;                              /* r3 */
*  --stk = 0;                              /* r2 */
*  --stk = 0;                              /* r1 */
*  --stk = (unsigned int) pdata;           /* r0，第一个参数使用 R0 传递 */
*  --stk = (USER_USING_MODE|0x00);         /* spsr，允许 IRQ、FIQ 中断 */
*  --stk = 0;                              /* 关中断计数器 OSEnterSum; */
   return (stk);
}
```

另外还有几个系统规定的 hook 函数：OSTaskGreateHook()、OSTaskDelHook()、OSTaskSwHook()、OSTaskStatHook()、OSTimeTickHook()。本移植将它们都设置为空函数。

此外，该文件中还编写了软中断 C 语言处理部分 SWI_Exception() 函数，通过软件中断来调用该函数，根据功能号来调用不同的函数。处理临界段代码的开关中断的函数 OS_ENTER_CRITICAL() 和 OS_EXIT_CRITICAL() 就是在此函数中实现的。

4. OS_CPU_A. S 文件移植

此文件包括的 4 个函数都涉及对寄存器的处理，和处理器有关。由于不同处理器有不同寄存器，所以操作系统在这个文件里给用户留下 4 个函数接口，以便用户根据所选处理器编写相应的汇编程序以完成固定功能。这 4 个函数分别为：多任务启动函数中调用的 OSStartHighRdy()、任务切换函数 OSCtxsw()、中断任务切换函数 OSIntCtxSw() 和时钟节拍服务函数 OSTickISR()。

多任务启动函数中调用 OSStartHightRdy() 函数，μC/OS‐Ⅱ 启动多任务环境的函数是 OSStart()，用户在调用该函数之前，必须建立一个或更多任务。OSStart() 最终调用函数 OSStartHighRdy() 运行优先级最高的任务。

在任务级代码中调用宏 OS_TASK_SW()，从而通过 OS_TASK_SW() 调用函数 OSCtxSw() 来实现的任务的切换。任务级切换是通过 SWI 人为制造的中断来实现的。这一中断完成的功能：保存任务的环境变量（主要是寄存器的值，通过入栈来实现）；将当前 SP 存入任务 TCB 中；载入就绪最高优先级任务的 SP；恢复就绪最高优先级任务的环境变量；中断返回。当然，OSCtxSw() 不是必需的，也可以在 OS_CPU. H 文件中定义好 OS_TASK_SW()，以实现任务级任务切换。

OSIntCtxSw() 是中断级任务切换函数，在中断退出时由函数 OSIntExit() 调用。在中断服务程序中，当发现有高优先级任务等待时钟信号到来时，在中断退出后并不返回被中断任务，而是直接调度就绪的最高优先级任务执行，从而尽快响应高优先级任务，保证系统实时性。OSIntCtxSw() 函数的基本原理与任务级切换相同，只是由于进入中断时已保存了被中断任务的环境变量，就不进行类似操作，只需要对堆栈指针进行调整。中断任务切换函数 OSIntCtxSw() 部分代码如下：

```
MSR        CPSR_c，#(NoInt | SVC32Mode)        ;进入管理模式
MOV        SP，R4                              ;设置堆栈指针
```

LDMFD	SP!，{R4，R5}		; CPSR，OSEnterSum
LDR	R3，=OSEnterSum		
STR	R4，[R3]		; 恢复新任务的 OSEnterSum
MSR	SPSR_cxsf, R5		; 恢复 CPSR
LDMFD	SP!，{R0－R12, LR, PC }⁻		; 运行新任务

12.7　嵌入式控制系统设计实例——基于 ARM 的变频空调室内控制系统

　　房间空调市场正在不断扩大，节能和舒适一直是产业界和用户共同关注的焦点。变频技术较传统控制方式能节能 30% 以上，并且保持恒定的室温。

　　当前房间空调在企事业单位中得到了普遍应用，在绝大多数早期办公楼宇的智能化改造过程中，通常也会因难以安装中央空调而选择房间空调。

　　变频家电是国际家电业发展的大趋势，通过将 32 位 ARM 处理器与实时操作系统 μC/OS-Ⅱ 引入空调控制系统，建立一个标准化的开发平台，将当今计算机技术和网络技术发展的成果应用于房间空调这一传统的白色家电制造业中。通过功能分解、任务分配，实现了一种高内聚、低耦合的软件结构，方便了软件复用。将嵌入式操作系统和网络技术引入空调中，为产品进一步的智能化、信息化、网络化打好了基础，提供了一种解决变频空调行业当前面临的两个重要问题(一是技术含量高，开发周期长；二是现场服务(故障诊断、事故处理)质量不能满足市场要求)的方法。

　　在空调室内机中，空调室内控制系统以基于 ARM7-TDMI 处理器的主控板为控制系统核心，直接控制室内机各部件的运行。它以电流载波的方式与室外机的 DSP 主控板进行通信，控制室外机的运行。同时通过 RS-485 总线与便携式维修仪、PC 机控制软件进行交互，也能通过以太网基于 TCP/IP 协议与远程计算机上的控制软件交互，从而实现系统状态监测与控制、个性化设置、软件升级更新等新功能。图 12-3 给出了系统的应用框架。

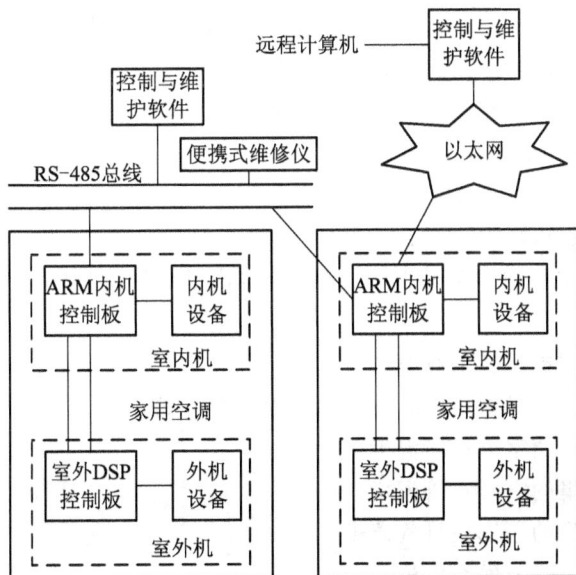

图 12-3　系统的应用框架

1. 系统的主要控制部件

室内控制系统可以保证空调正确稳定运行，起着联系与控制空调中的各种单独的物理部件的作用。它管理着室内机的各种资源，控制它们的正确运行。

需要进行直接管理的部件有：

（1）遥控接收：接收遥控器发出的数据，从而响应用户的指令。

（2）PG 电机：PG 电机带动风扇运转，通过对它的控制达到调节风量的目的。

（3）步进电机：空调的风门摆动是通过步进电机的转动来带动的，必须通过对步进电机的控制达到让风门在设定的范围和速度下，按用户要求摆动或停止的目的。

（4）室内温度采集：根据室内温度的状态调节室内机部件和室外机的运行。

（5）室内盘管温度采集：根据室内盘管温度的状态控制室内风扇和室外机的运转。

（6）蜂鸣器：蜂鸣器的叫声被用来提示用户，确认指令或者报警。

（7）LED 指示灯：指示空调的运行状况，如开关机状态、制冷、制热模式等。

（8）应急按键：可通过应急按键开关机，或者进入特殊诊断运行状态。

2. 系统与室外机交互的功能设计

空调室外机控制系统将自身运转状况汇报给室内机，同时也从室内机获取运行所需的参数指令；室内机获取室外机状况，结合从用户界面获取的运行参数和自身状况向室外机发送控制参数。通过分析，得到了室内、室外机分别所需发出的信息如下。

室内机需要向室外机发送控制命令、室内状况等。新增与 PC 通信的功能后所需要的与室外机联系的功能主要有：

（1）包括关机、制冷、制热、除湿在内的运转模式。

（2）当前设定的室内环境温度。

（3）当前室内环境温度。

（4）当前室内盘管温度。

（5）健康功能、高效模式、额定能力测试、加氟模式等室内机运转状态。

（6）内机部件发生故障后的保护模式。

（7）设置开关四通阀、电磁阀、压缩机、室外风机风速挡位等。

（8）除霜开关，除霜运行频率挡位。

（9）指定压缩机按某一频率运行。

（10）指示查看或更改外机参数。

室外机需向室内机发送室外状况等。空调新增与 PC 通信的功能后所需要的与室内机联系的功能主要包括：

（1）当前室外压缩机运转的频率。

（2）室外机部件产生异常后，室外机所处的保护模式。

（3）由传感器采集的室外环境温度。

（4）由传感器采集的室外盘管温度。

（5）由传感器采集的压缩机排气温度。

（6）室外机运行时输入的总电流。

（7）室外机输出侧电压。

（8）系统除霜、回油、预热等运行状态。

（9）室外机运转所需的各种参数状态。

空调室内控制系统设计成能通过 RS-485 总线和以太网与电脑连接，以实现作为一个可扩展的通用平台的功能，在实际应用中根据应用需求和成本要求它能裁减成单独使用 RS-485 或网络的形式。

基于 μC/OS-Ⅱ 的控制系统软件部分的开发摆脱了空调开发时以硬件资源为核心、由开发人员考虑和实现各种功能调度的传统开发方式，通过采用操作系统，开发人员可以面向各控制功能来开发应用程序，以编写驱动的方式提供各控制部件的调用接口。各应用程序由操作系统负责调度，它们通过操作系统调用各种驱动程序来控制系统硬件，从而实现各种功能，这样就形成操作系统层、驱动层、应用层分层开发的模式，这也是现代计算机应用系统的普遍开发模式。

系统通过一组公共参数来进行通信。这样既保证了通信的有效性，也比采用传统的主程序调用方式或者操作系统的信号传递方式更为简洁、可靠。软件架构图如图 12-4 所示。

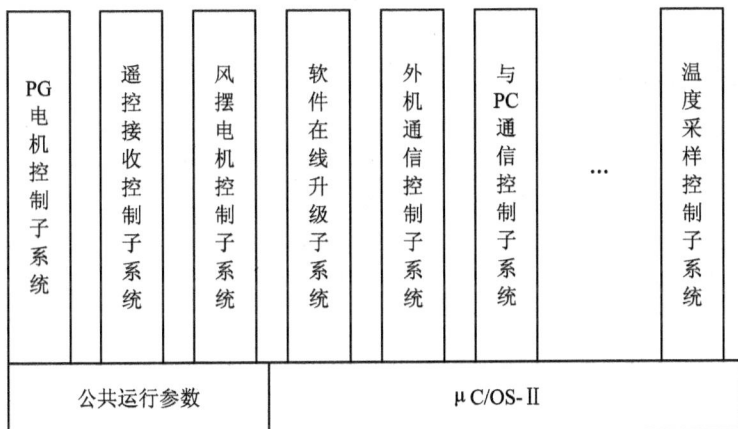

图 12-4　软件架构图

3. 多任务系统的设计

系统的公共运行参数是一个具有全局属性的结构体变量，它记录了当前空调的运行状态信息，同时也记录用户设定的参数，如下所示：

```
//空调工作状态与用户设定参数        //枚举都按从 0 开始
Typedef enum {AUTO, COOL, HEAT, VENTILATE, DEHUMIDIFY,
DEFROST, UNDEF} WorkingState;       //工作模式类型
typedef struct{
    uint8 WorkState;                //工作模式
    uint8 SetState;                 //设定工作模式
    uint8 isAutoRunning;            //是否自动运转
    uint8 isEmergency;              //是否应急运转
    uint8 isPowerCool;              //是否强制制冷
    uint8 isInTiming;               //系统是否有定时事件
    uint8 iIndoorPanguan;           //室内盘管温度
```

```
    uint8 iIndoorTemp;                    //室内实时温度
    int16 iIndoorFanSpeed;                //室内风机风速
    uint8 iIndoorFanRank;                 //室内风机风速等级
    uint8 bSetTemp;                       //设定温度
    uint8 inFanSetRank;                   //风机速度等级设定
    uint8 isPowerOn;                      //空调是否开机
    uint8 isSetTimeOn;                    //是否设定开机时间
    uint8 bSetOnHour;                     //定时开机小时
    uint8 bSetOnMin;                      //定时开机分钟
    uint8 isSetTimeOff;                   //是否设定定时关机
    uint8 bSetOffHour;                    //定时关机小时
    uint8 bSetOffMin;                     //定时关机分钟
    uint8 SwingWorkMode;                  //风摆工作状况
    uint8 isSwingOpen;                    //风摆是否打开
    uint32 OutFrequence;                  //外机频率
}RoomSystemStatus；
```

4. A/D 驱动程序的实现

系统需要检测室内温度和室内盘管温度，因而使用了两路 A/D 转换器，采用 8 位转换，通过将电压与温度对应，调用驱动程序会直接返回温度值。驱动程序如下：

```
//ADC_to_temp[256]存储了每一种采样值所对应的实际温度
uint8 ADC_to_temp[256]=(10，10，10，10，10，10，10，10，10，10，
10，10，12，14，16，17，18，20，22，23，
……
160，160，160，160，160，160，160，160，160，160，
160，160，160，160，160，160
Void Adinit(void)                    //A/D初始化
{
    PINSEL2 |= 0x600010;             //引脚选择
    ADCR = Fpclk/1000000−1           //CLKDIV，Fpclk/1000000−1，即转换时钟为 1 MHz
    (0<<16);                         //BURST =0，软件控制转换操
    (1<<18);                         //CLKS = 0，使用 11clock 转换
    (1<<21);                         //PDN =1，正常工作模式(非掉电转换模式)
    (0<<22);                         //TEST1：O= 00，正常工作模式(非测试模式)
    (1<< 24 );                       //START=1，直接启动 ADC 转换
    (0<<27);                         //EDGE= 0 (CAP/MAT 引脚下降沿触发 ADC 转换)
}
uint8 get_room_temp(void)            //获取室内温度
{
    uint32 ADC_room;                 //存储传感器电压值
    ADCR= (ADCR&0xFFFFFF00)|0x10|(1<< 24);    //开始采样
    ……
    return(ADC_to_temp[ADC_room]); //返回温度值
```

```
    }
    uint8 get_pipe_temp(void)              //获取室内盘管温度
    {
    }
```

5. RTC 时钟驱动

实时时钟 RTC 在当今电子设备中的应用非常普遍。在本系统中，RTC 起着非常重要的作用，系统的运行时间、定时功能、睡眠功能、向 PC 发送数据所带的时间戳等一系列功能都需要 RTC 来辅助实现。对 RTC 的控制主要是读写 RTC 控制器里的相关寄存器。系统提供的 RTC 驱动函数包括：

　　void RTCInit(void)：完成 RTC 的初始化，主要是设置系统的总线频率、工作方式；

　　void getdate(date * today)：完成对 RTC 当前日期的读取；

　　void gettime(time * now)：完成对 RTC 当前时间的读取；

　　void setdate(date * today)：完成对 RTC 当前日期的设置；

　　void settime(time * now)：完成对 RTC 当前时间的设置。

6. 应用程序的设计与实现

系统应用程序是由多个独立运行的部件或子系统控制程序组合而成的，在运行时它们表现为单个或者一组任务。这些子系统包括 PG 电机控制子系统、遥控接收控制子系统、风摆电机控制子系统、软件在线升级子系统、外机通信控制子系统、与 PC 通信控制子系统、温度采样控制子系统等。下面将给出部分子系统示例。

1) PG 电机控制子系统

在空调室内机中，室内机风扇的旋转由 PG 电机带动，它关系到空调运转时产生的噪音、能耗、震动，本系统能将风扇稳定地保持在 500 rpm～1200 rpm 之间的任一点上，并且误差小于±20 rpm，能很好地满足各种型号的性能需求。PG 电机控制子系统通过速度反馈控制可控硅的导通角来调整输出电压，实现 PG 电机的调压调速。LPC 2210 利用中断对电机转速反馈信号进行检测，并计算出当前转速，然后根据与设定转速的差距，设置可控硅延时导通时间。

(1) 程序设计与实现。PG 电机控制共用到了三个中断：一个时间中断，两个外部中断，被分成三个任务来运行。为了达到实时性要求，转速反馈信号检测在外中断 EINT1 服务程序完成，每次进入中断记录当前定时器 TIMER1 中计时器的值，并在一全局变量中记录，此时中断服务函数不可重入，即不可嵌套，所以把耗时较多的计算任务放在任务中进行，任务 TaskPGpi 每 100 ms 对存储的数据进行计算得到速度。PID 调节也在任务 TaskPGpi 中进行，它通过消息邮箱将调节指令发送到任务 TaskPGcontact；任务 TaskPGcontact 通过对定时器 TIMER1 进行设置实现触发控制，故障检测任务 TaskInfan-Diag 定时检测各个标志位是否被修改，以确定系统是否存在故障。

(2) 函数定义如下：

```
    uint32 PG_speed_max(uint32 p, uint32 n);     //计算时间限定值, p 为电机内霍尔个数, n
                                                 //为电机最大转速
    extem uint32 PG_speed_min(uint32p , uint32n );  //计算时间限定值, p 为电机内霍尔个数 , n
                                                 //为电机最小转速
```

```
uint32 INFAN_SPEED(uint32 TC_nu m);          //风机速度计算
uint8 PIcal(uint32 set_Speed, uint32 now Speed);   //PI调节
void PGcontact(uint8 control);                //触发控制
uint8 INFAN_DIAG_SUB(void);                  //故障检测
uint32 infan_Time;                           //风机速度
uint8 PG_con_char;                           //风机转速反馈字
int8 PG_start;                               //风机开关
void Eint1_Exception(void);                  //风机转速中断
void Eint2_Exception(void);                  // 电压同步中断
void Timer1_Exception(void);                 //定时器中断服务，控制导通关闭
void set_putout(void);                       //风机电导通
void set_noputout(void);                     //风机电关断
void set_time_int(uint8 time);               //内风机延迟时间设定
void PG_stop(void);                          //风机停止
void PG_start_fun(void);                     //风机打开
uint32 InfanModeSpeed(void);                 //确定特定模式下设定风速
uint16 fanspeed set[8];                      //设定风速
```

2）遥控接收控制子系统

用户通常通过遥控器实现对空调的使用，本系统在硬件上出于成本的考虑没有使用专用遥控解码芯片，因而为系统软件的实现带来了难度。遥控信号的采样过程具有很高的实时性要求，既要保证接收的高可靠性，也必须保证不会干扰其他任务的正常运行。

考虑到采样的实时性和连贯性要求，红外采样部分被放到红外触发中断外中断 EINT3 的中断处理程序 Eint3_Exception 中进行，并且 EINT3 被定义成具有最高优先级的中断，防止在执行过程中嵌套其他中断，造成采样时间数据不准，最终无法通过校验的情况产生。Eint3_ Exception 保存每次采样值，当达到 15 个字节后发送信号给红外接收任务 TaskIrc，任务 TaskIrc 在获得由 Eint3_Exception 发送的信号后开始执行校验程序，如通过则继续进行解码和系统设置，不通过则让采样存储区归零。遥控结构功能部分伪码如下：

```
Uint8 IRC_get(void)        //处理中断，得到接收数据
{
    OSMboxPend(IRC_time_num, 0, &err);
    If(OSMboxAccept(IRC_receive_signal))
    Converte();
    return 0;
}
Void Eint3_Exception(void) //红外中断接收
{
    ......
}
void converter(void)        //译码解码
{
    //检查头码
```

```
    //校验数据
    //判断当前状态
    //根据当前状态设定公共参数 CurrentStatus 的值
}
```

7. 结束语

通过将 IT 技术的发展成果引入家电领域解决了传统空调控制系统普遍用 8 位单片机作为硬件平台带来的不便。硬件上采用 32 位的 ARM 架构处理器取代了传统的单片机，为开发智能化、网络化的产品提供了可能，以在操作系统调度下多任务独立并行的形式对空调进行了抽象化处理，极大地简化了开发，方便了维护，使其具备了远程管理维护和软件在线更新等新功能，降低了产品的维护成本，提升了用户的舒适感，进一步提高了能源的利用效率。

习　　题

12.1　嵌入式系统有哪些基本要素和特征？

12.2　在 ARM 程序中有哪两种方法可以实现程序流程的跳转？

12.3　在嵌入式系统中为什么多使用实时操作系统？

参 考 文 献

[1] 孙延才，王杰. 工业控制计算机组成原理. 北京：清华大学出版社，2001

[2] 魏克新. 自动控制综合应用技术. 北京：机械工业出版社，2008

[3] 曾庆波. 微型计算机控制技术. 成都：电子科技大学出版社，2007

[4] 施宝华. 计算机控制技术. 武汉：华中科技大学出版社，2007

[5] 夏阳. 计算机控制技术. 北京：机械工业出版社，2004

[6] 王平. 计算机控制系统. 北京：高等教育出版社，2004

[7] 张秀红. 单片机控制技术的抗干扰技术探讨. 机电产品开发与创新，2009，(1)

[8] 潘新民，王燕芳. 微型计算机控制技术实用教程. 北京：电子工业出版社，2006

[9] 于海生. 微型计算机控制技术. 北京：清华大学出版社，2008

[10] 黄一夫. 微型计算机控制技术. 北京：机械工业出版，1999

[11] 王锦标，方崇智. 过程计算机控制. 北京：清华大学出版社，1991

[12] 潘丰，张开如. 自动控制原理. 北京：北京大学出版社，2006

[13] 谢剑英. 微型计算机控制技术. 北京：国防工业出版社，1991

[14] 朱玉玺，崔如春，邝小磊. 计算机控制技术. 北京：电子工业出版社，2005

[15] 余永权，汪明慧，黄英. 单片机在控制系统中的应用. 北京：电子工业出版社，2003

[16] 王建华. 计算机控制技术. 北京：高等教育出版社，2003

[17] 艾德才. 微型计算机原理与接口技术. 北京：高等教育出版社，2001

[18] 姜学军. 计算机控制技术. 北京：清华大学出版社，2005

[19] 夏建全. 工业计算机控制技术原理与应用. 北京：清华大学出版社，2008

[20] 王用伦. 微机控制技术. 重庆：重庆大学出版社，2004

[21] 李敬兆. 8086/8088 和基于 ARM 核汇编语言程序设计. 合肥：中国科技大学出版社，2008

[22] 陈方兴. 基于 ARM 的变频空调室内控制系统的设计与实现. 上海：上海大学出版社，2007

[23] 李正军. 计算机控制系统. 北京：机械工业出版社，2005

[24] 邴志刚，等. 计算机控制：基础·技术·工具·实例. 北京：清华大学出版社，2005

[25] Graham C, Goodwin & Stefan F, Graebe & Mario E Salgado. 控制系统设计（英文影印版）. 北京：清华大学出版社，2002